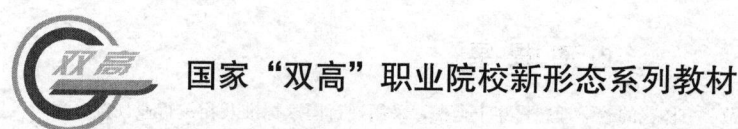

国家"双高"职业院校新形态系列教材

岩土工程勘察

（第三版）

凌浩美　王　娟　段鸿海　主编

地质出版社

·北京·

内 容 提 要

本书基于生产过程将"教学做"一体化的教学理念贯穿于全书，采用现行国家标准及相关行业规范，在每个教学任务中设置了学习目标，包括知识目标、能力目标和思政目标，有机融入思政元素和新一代信息技术，并给出学习思维导图及相关的思考训练，使学生在学习过程中掌握知识，提高技能，增强本领。本书内容包括：岩土工程勘察认知、岩土工程现场勘察、岩土工程勘察成果、岩土工程勘察设计、特殊条件下的岩土工程勘察。

本书可作为水文与工程地质、工程地质勘查、地质工程、土木工程、建筑工程、环境工程等专业高职教材，也可供从事岩土工程勘察相关专业的技术人员参考。

图书在版编目（CIP）数据

岩土工程勘察 / 凌浩美等主编. —3版. —北京：地质出版社，2023.2
国家"双高"职业院校新形态系列教材
ISBN 978-7-116-13531-4

Ⅰ.①岩… Ⅱ.①凌… Ⅲ.①岩土工程－地质勘探－高等职业教育－教材 Ⅳ.①TU412

中国国家版本馆CIP数据核字（2023）第001902号

YANTU GONGCHENG KANCHA

责任编辑：	李惠娣
责任校对：	张 冬
出版发行：	地质出版社
社址邮编：	北京市海淀区学院路31号，100083
电 话：	(010)66554646（邮购部）；(010)66554579（编辑室）
网 址：	https://www.gph.clmpg.com
印 刷：	固安华明印业有限公司
开 本：	787mm×1092mm 1/16
印 张：	17.5
字 数：	426千字
版 次：	2023年2月北京第3版
印 次：	2023年2月河北第1次印刷
印 数：	1—2000册
定 价：	45.00元
书 号：	ISBN 978-7-116-13531-4

（版权所有·侵权必究；如本书有印装问题，本社负责调换）

前　言

为深入贯彻习近平新时代生态文明建设思想，适应新形势下高职教育改革发展，体现现代职业教育理念，融合互联网新技术和课程思政教育，根据近年来岩土工程勘察新技术、新设备、新工艺对"十二五"职业教育国家规划教材《岩土工程勘察（第二版）》（凌浩美、郭超英，2016年，地质出版社）进行修订。

"岩土工程勘察"课程是高职水文与工程地质专业的一门专业核心课程，具有较强的实践性，本次修订在继承原有教材体系、结构和内容的基础上，进一步优化教材内容，反映了我国当前岩土工程勘察新技术、新设备、新工艺，践行"生命至上""绿色勘查"理念，力求教材内容与专业需求和行业发展紧密结合，体现教材与时俱进的特色。

针对"岩土工程勘察"课程特点，为了使学生更加直观地了解勘察设备结构特点、工艺流程及现场试验过程，同时便于教师教学讲解，本教材紧密围绕课程建设，服务专业人才培养，以"互联网＋"的模式，将纸质教材与线上教学资源有机融合，开发了视频、动画、微课、虚拟仿真等丰富的教学资源，学生可通过扫描书中所附的二维码实现线上学习。此外，学生还可通过扫描二维码拓展学习资料、了解相关标准规范等内容，对课内外相应知识点进行拓展学习。

为培养大学生理想信念、价值取向、政治信仰、社会责任，全面提高大学生缘事析理、明辨是非的能力，本教材紧紧围绕"价值塑造、能力培养、知识传授"课程建设目标，深挖"课程思政"元素，设置思政目标，通过典型案例、知识点等以润物细无声的方式向学生传递价值追求。

为保证教材的科学性与先进性，使其更加贴合生产实际和高职学生学习需求，本教材由学校教师和企业专家共同编写。

全书包括预备知识和四个项目。其中预备知识是学习和从事岩土工程勘察工作必备的基本知识。项目一和项目二为岩土工程勘察工作过程，项目三是在完成项目一和项目二的学习后应掌握的勘察初步设计工作，项目四为特殊条件下岩土工程勘察的工作内容。

前言、预备知识、项目一之任务一、任务二由凌浩美（江西应用技术职业学院）、吴寒（江西省地质局有色地质大队）共同编写；项目一之任务三、任务四由刘永祥

（湖北国土资源职业学院）、李福生（江西省勘察设计研究院）共同编写；项目二由段鸿海（河北地质职工大学）、何招智（上海地矿工程勘察院）共同编写；项目三由王娟（江西应用技术职业学院）、程宏生（湖南工程职业技术学院）共同编写；项目四由徐俊（云南国土资源职业学院）、罗小龙和马文君（江西省地质局第七地质大队）共同编写；动画脚本由江西应用技术职业学院王娟、刘磊、陈国鹦编写；微课由江西应用技术职业学院凌浩美、王娟、刘磊、胡雷、张晟，江西应职院测试研究有限公司王粤和江西应职院科技产业有限公司罗建林拍摄完成；全书最后由凌浩美、王娟统编定稿。

　　教材编写过程中，参考和引用了部分教材和书籍的内容，引用了部分生产工程案例，得到了相关生产单位专家的指点和帮助；同时，有些照片和图片选自相关教材和课件，对上述文献的作者表示诚挚的感谢。

　　由于时间有限，教材难免存在疏漏和不妥，恳请读者提出中肯意见。对此，编者谨表诚挚谢意！

编　者

2022 年 11 月

目　录

预备知识　岩土工程勘察认知 …………………………………………………… (1)
　预备知识一　岩土工程勘察基本知识 ………………………………………… (2)
　　一、岩土工程及岩土工程勘察 …………………………………………… (2)
　　二、岩土工程勘察的目的、任务和重要术语 …………………………… (3)
　　三、岩土工程勘察的重要性 ……………………………………………… (4)
　　四、我国岩土工程勘察发展阶段 ………………………………………… (5)
　预备知识二　岩土工程勘察基本技术要求 …………………………………… (6)
　　一、岩土工程勘察分级 …………………………………………………… (7)
　　二、岩土工程勘察阶段划分 ……………………………………………… (10)
　　三、岩土工程勘察方法 …………………………………………………… (12)
　　四、常用技术规范 ………………………………………………………… (13)
　预备知识三　岩土工程勘察工作程序 ………………………………………… (13)
　　一、前期工作 ……………………………………………………………… (14)
　　二、现场勘察 ……………………………………………………………… (21)
　　三、成果编制与送审 ……………………………………………………… (21)
项目一　岩土工程现场勘察 ……………………………………………………… (23)
　任务一　工程地质测绘与调查 ………………………………………………… (23)
　　一、工作准备 ……………………………………………………………… (25)
　　二、实地测绘 ……………………………………………………………… (31)
　　三、成果整理 ……………………………………………………………… (34)
　任务二　岩土工程勘探 ………………………………………………………… (37)
　　一、地球物理勘探工程 …………………………………………………… (38)
　　二、坑探工程 ……………………………………………………………… (42)
　　三、钻探工程 ……………………………………………………………… (45)
　任务三　原位测试 ……………………………………………………………… (65)
　　一、载荷试验 ……………………………………………………………… (66)
　　二、静力触探试验 ………………………………………………………… (79)
　　三、圆锥动力触探试验 …………………………………………………… (87)
　　四、标准贯入试验 ………………………………………………………… (95)
　　五、十字板剪切试验 ……………………………………………………… (99)
　　六、旁压试验 ……………………………………………………………… (103)
　　七、抽水试验 ……………………………………………………………… (108)

任务四　现场检验与监测 …………………………………………………… (113)
　　　　一、地基基础检验与监测 ……………………………………………… (114)
　　　　二、不良地质作用和地质灾害监测 …………………………………… (124)
　　　　三、地下水监测 ………………………………………………………… (125)
项目二　岩土工程勘察成果 ……………………………………………………… (128)
　　任务一　岩土工程勘察成果编制 ………………………………………… (128)
　　　　一、岩土参数分析与选定 ……………………………………………… (130)
　　　　二、岩土工程分析评价 ………………………………………………… (140)
　　　　三、岩土工程勘察图表的绘制 ………………………………………… (144)
　　　　四、岩土工程勘察报告的编写 ………………………………………… (150)
　　任务二　岩土工程勘察成果送审 ………………………………………… (156)
项目三　岩土工程勘察设计 ……………………………………………………… (161)
　　任务一　岩土工程勘察技术方案设计 …………………………………… (161)
　　　　一、房屋建筑勘探工作量布置 ………………………………………… (163)
　　　　二、岩土工程勘察经费预算 …………………………………………… (173)
　　任务二　岩土工程勘察设计书编制 ……………………………………… (192)
项目四　特殊条件下的岩土工程勘察 …………………………………………… (199)
　　任务一　建设场地地下水勘察 …………………………………………… (199)
　　任务二　不良地质作用和地质灾害勘察 ………………………………… (210)
　　　　一、岩溶勘察 …………………………………………………………… (212)
　　　　二、滑坡勘察 …………………………………………………………… (217)
　　　　三、危岩和崩塌勘察 …………………………………………………… (224)
　　　　四、泥石流勘察 ………………………………………………………… (226)
　　　　五、场地和地基地震效应勘察 ………………………………………… (229)
　　任务三　特殊性岩土勘察 ………………………………………………… (244)
　　　　一、湿陷性土勘察 ……………………………………………………… (245)
　　　　二、红黏土勘察 ………………………………………………………… (250)
　　　　三、软土勘察 …………………………………………………………… (253)
　　　　四、填土勘察 …………………………………………………………… (255)
　　　　五、其他特殊类土勘察 ………………………………………………… (257)
主要参考资料 ……………………………………………………………………… (262)
附录 ………………………………………………………………………………… (264)
　　附录1　《岩土工程勘察规范（2009年版）》（GB 50021—2001）强制性条文 …… (264)
　　附录2　工程勘察必备记录资料 …………………………………………… (267)

预备知识　岩土工程勘察认知

岩土工程勘察是各类工程建设中重要的必不可少的工作，是建筑工程设计和施工的基础。由于工程类别不同、工程规模大小不同，勘察设计、施工要求也有所不同，岩土工程勘察工作质量的好坏，将直接影响建设工程的效应。预备知识就是让初学者了解进行岩土工程勘察工作必备的勘察基本常识、基本技术要求和所依据的规范及标准，为进一步学习岩土工程勘察相关知识和掌握岩土工程勘察基本技能做好铺垫，为今后更好地开展岩土工程勘察工作和为工程建设服务奠定良好基础。通过预备知识的学习，让学生在掌握岩土工程勘察基本知识、知晓在各类工程建设中岩土工程勘察的必要性的同时，了解我国工程建设发展历史，树立民族自豪感，增强科技强国意识，树立科技创新理念。

导学图

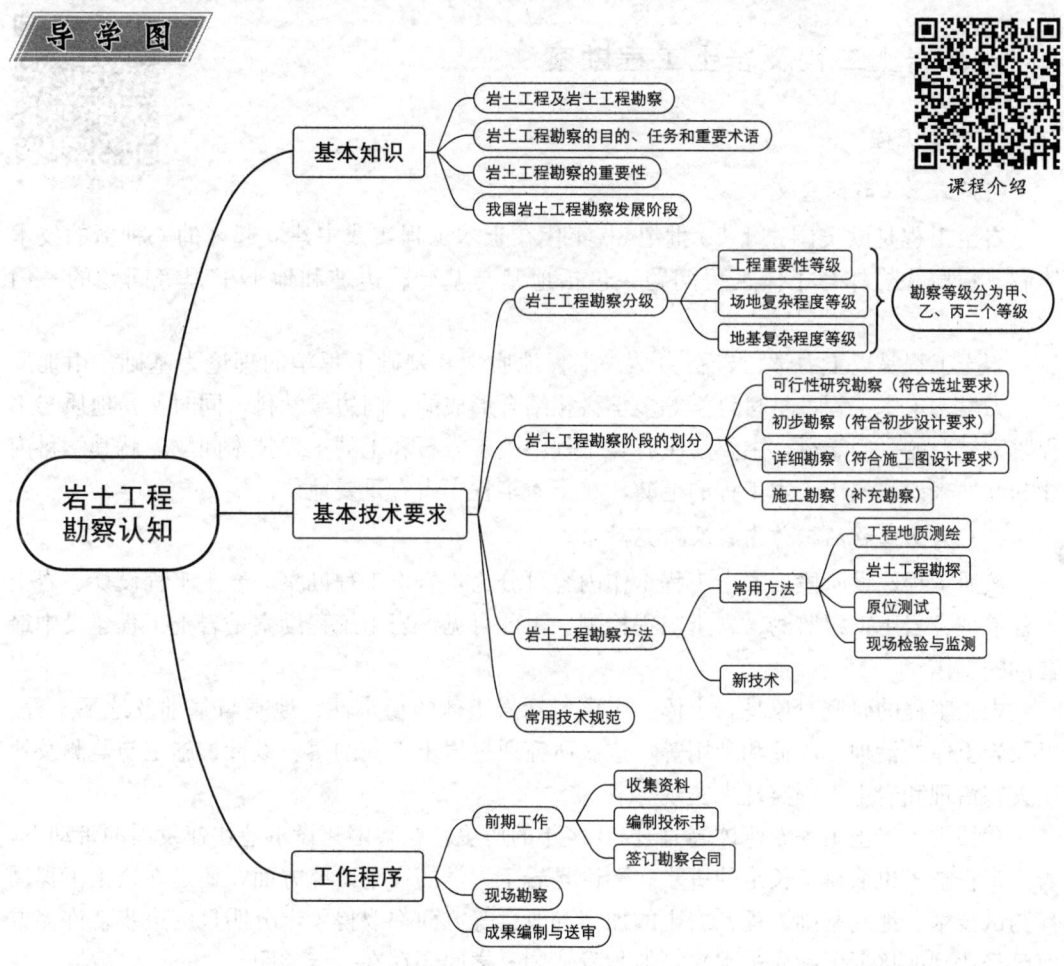

课程介绍

预备知识一　岩土工程勘察基本知识

> **知识目标**

1. 掌握岩土工程和岩土工程勘察的基本概念。
2. 理解岩土工程勘察的目的、任务及要求。

> **能力目标**

具有使用国家规范和行业规范的能力。

> **思政目标**

树立合理利用有效空间的观念，倡导绿色勘查。

一、岩土工程及岩土工程勘察

1. 岩土工程

（1）岩土工程的含义

课程概述

岩土工程是欧美国家于 20 世纪 60 年代在土木工程实践中建立起来的一种新的技术体制，以解决岩体与土体工程问题，包括地基与基础、边坡和地下工程等问题的一门学科。

岩土工程是以土力学、岩石力学、工程地质学和基础工程学的理论为基础，由地质学、力学、土木工程、材料科学等多学科相结合形成的一门边缘学科，同时又是地质与工程紧密结合的一门学科，主要解决各类工程中关于岩石和土的工程技术问题，就其学科内涵和属性来说，属于土木工程的范畴，在土木工程中占有重要地位。

（2）岩土工程的工作内容及研究对象

按照工程建设阶段，岩土工程工作内容可分为：岩土工程勘察、岩土工程设计、岩土工程治理、岩土工程监测、岩土工程检测。由此可见，岩土工程勘察是岩土工程建设中最基础的工作。

岩土工程的研究对象是岩土体，主要包括岩土体的稳定性、地基与基础及地下工程，以及岩土体的治理、改造和利用等，这些研究通过岩土工程勘察、设计、施工与监测及地质灾害治理和岩土工程监理来实现。

我国引入岩土工程专业体制只有 30 多年的历史，在我国建设事业快速发展的带动下，岩土工程技术也取得了长足的进步。无论是岩土力学的理论研究方面，还是在岩土工程勘察测试技术、地基基础工程、岩土的加固和改良等方面都取得了十分明显的进步，许多方面已经达到或接近国际先进水平，但与发达国家之间还存在一定差距。

与混凝土、钢材等人工材料不同，岩土体作为一种特殊的工程材料是自然的产物，随着自然环境的不同表现出不同的工程特性，这就导致了岩土工程的复杂性和多变性，而且土木工程的规模越大，岩土工程问题就越突出、越复杂。在实际工程中，岩土问题、地基问题往往是影响投资和制约工期的主要因素，如果处理不当，就可能带来灾难性后果。随着人类建设的土木工程规模不断扩大，岩土工程有了不同的分支学科，岩土工程勘察就是岩土工程的一门重要分支学科。

2. 岩土工程勘察

岩土工程勘察是根据建设工程的要求，查明、分析、评价建设场地的地质、环境特征和岩土工程条件，编制勘察文件的活动。

为满足工程建设的要求，岩土工程勘察具有明确的针对性和需要一定的技术方法，不同的工程要求和地质条件，应采用不同的技术方法。

任何一项土木工程，在建设之初，都要进行建筑场地及环境地质条件的评价。根据建设单位的要求，对建筑场地及环境进行地质调查，为建设工程服务，最终提交岩土工程勘察报告的过程就是岩土工程勘察的主要工作内容。

根据工程项目类型，岩土工程勘察可分为：房屋建筑勘察、水利水电工程勘察、公路工程和铁路工程勘察、市政工程勘察、港口码头工程勘察等；根据地质条件不同，岩土工程勘察可分为不良地质现象勘察和特殊土勘察等。

二、岩土工程勘察的目的、任务和重要术语

1. 岩土工程勘察的目的

岩土工程勘察是岩土工程技术体制中的首要环节，各项工程建设在设计和施工之前，必须进行岩土工程勘察，目的就是查明建设场地的工程地质条件，解决工程建设中的岩土工程问题，为工程建设服务。

2. 岩土工程勘察的任务

（1）基本任务

按照工程建设所处的不同勘察阶段的要求，正确反映工程地质条件，查明不良地质作用和地质灾害，并对勘察结果进行分析，提交资料完整、评价正确的勘察报告，为工程设计、施工以及岩土体加固、开挖支护和降水等工程提供工程地质资料和必要的技术参数，同时对存在的有关岩土工程问题做出论证和评价。

（2）具体任务

1）查明建筑场地的工程地质条件，对场地的适宜性和稳定性做出评价，选择最优的建筑场地。

2）查明工程范围内岩土体的分布、性状和水文地质条件，提供设计、施工、整治所需要的地质资料和岩土工程参数。

3）分析、研究工程中存在的岩土工程问题，并做出评价。

4）对场地内建筑总平面布置、各类岩土工程设计、岩土体加固处理、不良地质现象整治等具体方案进行论证并提出修改意见。

5）预测工程施工和运营过程中可能出现的问题，提出防治措施和整治建议。

3. 重要术语

（1）工程地质条件

工程地质条件指与工程建设有关的各种地质条件的综合。这些地质条件包括拟建场地的地形地貌、地质构造、地层岩性、水文地质条件、不良地质现象、人类工程活动和天然建筑材料等。

工程地质条件复杂程度直接影响工程建筑物地基基础的投资额以及未来建筑物的安全运行。因此，任何类型的工程建设在进行勘察时必须首先查明建筑场地的工程地质条件，这是岩土工程勘察的基本任务。只有在查明建筑场地的工程地质条件的前提下，才能正确运用土力学、岩石力学、工程地质学、结构力学、工程机械、土木工程材料等学科的理论和方法对建筑场地进行深入细致的研究。

（2）岩土工程问题

岩土工程问题是拟建建筑物与岩土体之间存在的、影响拟建建筑物安全运行的地质问题。岩土工程问题因建筑物的类型、结构和规模以及地质环境不同而异。

岩土工程问题复杂多样。例如，房屋建筑与构筑物主要的岩土工程问题是地基承载力和沉降问题。由于建筑物的功能和高度不同，对地基承载力的要求差别也较大，允许沉降的要求也不同。而地下洞室主要的岩土工程问题是围岩稳定性，还有边坡稳定、地面变形和施工涌水等问题。

岩土工程问题的分析与评价是岩土工程勘察的核心任务，在进行岩土工程勘察时，对存在的岩土工程问题必须给予正确的评价。

（3）不良地质现象

不良地质现象指能够对工程建设产生不良影响的动力地质现象，主要指由地球内外动力地质作用引起的各种地质现象，如岩溶、滑坡、崩塌、泥石流、土洞、河流冲刷以及渗透变形等。

不良地质现象不仅影响建筑场地的稳定性，也对地基基础、边坡工程、地下洞室等工程的安全、经济和正常使用产生不利影响。因此，在复杂地质条件下进行岩土工程勘察时必须查明它们的规模、分布规律、形成机制、形成条件、发展演化规律和特点，预测其对工程建设的影响或危害程度，并提出防治对策与措施。

三、岩土工程勘察的重要性

1. 工程建设场地选择的空间有限性

我国是一个人口众多的国家，良好的工程建设场地越来越少。对一般条件的拟建场地，只有通过岩土工程勘察，查明场地及其周边地区的水文地质工程地质条件，对场地进行可行性和稳定性评价，对场地岩土体进行改造和再利用，才能满足目前我国对工程建设场地的要求。

2. 建设工程带来的岩土工程问题日益突显

随着我国基础建设的发展，房屋建筑向空中和地下发展，南水北调、北煤南运、西气东输工程等带来的地基沉降、基坑变形、人工边坡、崩塌和滑坡等各种岩土工程问题日益突出，因此岩土工程勘察必须提供更详细、更具体、更可靠的有关岩土体整治、改造及工程设计、施工的地质资料，对可能出现或隐伏的岩土工程问题进行分析评价，提出有效的预防和治理措施，以便在工程建设中及时发现问题，实时预报，及早预防和治理，把经济损失降到最低。

3. 国家经济建设中的重要环节

各项工程建设在设计和施工之前必须按基本建设程序进行岩土工程勘察，岩土工程勘察的重要性和其质量的可靠性越来越为各级政府所重视。《中华人民共和国建筑法》《建设工程质量管理条例》《建设工程勘察设计管理条例》《实施工程建设强制性条文标准监督规定》和《建设工程勘察质量管理办法》等法律、法规对此都有规定。勘察工作直接影响建筑物的质量，决定建筑物的安全、稳定、正常使用及建筑造价。同时随着对生态环境保护要求的提高，提倡实行绿色勘查。因此，学习这门课程以及今后从事这项工作，都具有非常重要的意义。

关注点：《岩土工程勘察规范（2009年版）》（GB 50021—2001）强制性条文规定：各项建设工程在设计和施工之前，必须按基本建设程序进行岩土工程勘察。《建筑地基基础设计规范》（GB 50007—2011）中也明确规定：地基基础设计前应进行岩土工程勘察。

四、我国岩土工程勘察发展阶段

1. 岩土工程勘察体制的形成和发展

（1）中华人民共和国成立初期

由于国民经济建设的需要，在城建、水利、电力、铁路、公路、港口等领域，岩土工程勘察体制沿用"苏联"模式，建立了工程地质勘察体制，岩土工程勘察工作很不统一，各行业对岩土工程勘察、设计及施工有不同的行业标准，这些标准或多或少都有一定的不足，主要表现在：①勘察与设计、施工严重脱节；②专业分工过细，导致岩土工程勘察工作仅局限于查清条件和提供参数，而对如何设计和处理很少涉及，再加上行业分割和地方保护严重，岩土工程勘察从业人员知识面窄，工作范围小，影响了岩土工程经济效益及勘察从业人员社会地位的提高。

（2）20世纪80年代

针对工程地质勘察体制中存在的问题，我国自1980年开始进行了建设工程勘察、设计专业体制改革，引进了岩土工程体制。这一技术体制是市场经济国家普遍实行的专业体制，是为工程建设全过程服务的，因此，很快就显示出其突出的优越性。它要求勘察与设计、施工、监测密切结合，要求服务于工程建设的全过程，要求在获得资料的基础上，对岩土工程方案进一步进行分析论证，并提出合理的建议。

（3）20世纪90年代

随着我国工程建设的迅猛发展，高层建筑、超高层建筑以及各项大型工程越来越多，对天然地基稳定性计算与评价、桩基计算与评价、基坑开挖与支护、岩土加固与改良等方面，都提出了新的研究课题，要求对勘探、取样、原位测试和监测的仪器设备、操作技术和工艺流程等不断创新。勘察工作与设计、施工、监测相结合积累了许多勘察经验和资料。10多年来，勘察行业体制改革虽然取得了明显的成绩，但是真正的岩土工程体制改革还没有到位，勘察工作仍存在许多问题，缺乏法定的规范、规程和技术监督。此外，某些地区岩土工程勘察市场比较混乱，勘察质量不高。

（4）21世纪以来

为加强建筑工程勘察质量管理，查明、分析、评价建设场地地质环境特征和岩土工程条件，保证勘察资料的真实性和可靠性，进一步规范工程勘察外业行为，各省住房和城乡建设厅依据《建筑工程勘察质量管理办法》（建设部第115号令）分别制定了关于加强工程勘察外业见证工作的相关规定，推行了工程勘察外业人员持证上岗制度，提高了勘察管理水平和勘察质量。

2. 岩土工程勘察规范的发展

为了使岩土工程行业能够真正形成岩土工程勘察体制，适应社会主义市场经济的需要并与国际接轨，规范岩土工程勘察工作，做到技术先进、经济合理，确保工程质量，并提高经济效益，由中华人民共和国建设部会同有关部门共同制定了《岩土工程勘察规范》（GB 50021—1994），于1995年3月1日正式实施。该规范是对《工业与民用建筑工程地质勘察规范》（TJ 21—77）的修订，标志着岩土工程勘察体制的正式实施，它既总结了中华人民共和国成立以来工程实践的经验和科研成果，又尽量与国际标准接轨。在该规范中首次提出了岩土工程勘察等级，以便在工程实践中按工程的复杂程度和安全等级区别对待；对岩土工程勘察的目标和任务提出了新的要求，加强了岩土工程评价的针对性；对岩土工程勘察与设计、施工、监测密切结合提出了更高的要求；对各类岩土工程如何结合具体工程进行分析、计算与论证做出了相应的规定。

2002年，中华人民共和国建设部又对《岩土工程勘察规范》（GB 50021—1994）进行了修改和补充，颁布了《岩土工程勘察规范》（GB 50021—2001）。

2009年，中华人民共和国住房和城乡建设部对《岩土工程勘察规范》（GB 50021—2001）进行了修订，颁布了《岩土工程勘察规范（2009年版）》（GB 50021—2001），使部分条款的表达更加严谨，与相关标准更加协调。该规范是目前我国岩土工程勘察行业实行的强制性国家标准，指导着我国岩土工程勘察工作的正常进行与顺利发展。

预备知识二　岩土工程勘察基本技术要求

知识目标

1. 掌握岩土工程勘察等级的划分依据和方法。
2. 掌握岩土工程勘察阶段的划分及内容。
3. 掌握岩土工程勘察方法及适用范围。

能力目标

1. 学会判定岩土工程勘察等级。
2. 学会根据工程情况选择勘察阶段。

思政目标

树立规范意识,严格按照国家和行业规范开展勘察工作。

一、岩土工程勘察分级

岩土工程勘察等级

1. 目的、依据及分级

(1) 岩土工程勘察分级目的

岩土工程勘察分级的主要目的是为了勘察工作的布置及勘察工作量的确定。进行任何一项岩土工程勘察工作,首先应对岩土工程勘察等级进行划分。

显然,工程规模较大或较重要、场地地质条件以及岩土体分布和性状较复杂者,所投入的勘察工作量较大,反之则较小。

(2) 岩土工程勘察分级依据

按《岩土工程勘察规范(2009年版)》(GB 50021—2001)规定,岩土工程勘察等级是由工程重要性等级、场地复杂程度等级和地基复杂程度等级三项因素决定的。

(3) 岩土工程勘察分级

岩土工程勘察等级分为甲级、乙级和丙级。

2. 岩土工程勘察等级的判别

(1) 工程重要性等级判别

根据工程的规模和特征,以及由于岩土工程问题造成工程破坏或影响正常使用的后果,工程重要性等级划分为三级,见表0-2-1。

表0-2-1 工程重要性等级划分

工程重要性等级	工程的规模和特征	破坏后果
一级	重要工程	很严重
二级	一般工程	严重
三级	次要工程	不严重

对于不同类型的工程,应根据工程的规模和特征具体划分。目前房屋建筑与构筑物的设计等级已在《建筑地基基础设计规范》(GB 50007—2011)中明确规定:地基基础设计应根据地基复杂程度、建筑物规模和功能特征以及由于地基问题可能造成建筑物破坏或影响正常使用的程度分为三个设计等级,设计时应根据具体情况按表0-2-2选用。

目前,地下洞室、深基坑开挖、大面积岩土处理等尚无工程重要性等级划分的具体规定,可根据实际情况确定。大型沉井和沉箱、超长桩基和墩基、有特殊要求的精密设备和超高压设备、有特殊要求的深基坑开挖和支护工程、大型竖井和平硐、大型基础托换和补强工程,以及其他难度大、破坏后果严重的工程,列为一级工程重要性等级为宜。

(2) 场地复杂程度等级判别

场地复杂程度等级是由建筑抗震稳定性、不良地质作用发育程度、地质环境破坏程度、

表 0-2-2 设计等级划分

设计等级	工程的规模	建筑和地基类型
甲级	重要工程	重要的工业与民用建筑物；30层以上的高层建筑物；体型复杂，层数相差超过10层的高低层连成一体的建筑物；大面积的多层地下建筑物（如地下车库、商场、运动场等）；对地基变形有特殊要求的建筑物；复杂地质条件下的坡上建筑物（包括高边坡）；对原有工程影响较大的新建建筑物；场地和地基条件复杂的一般建筑物；位于复杂地质条件及软土地区的二层及二层以上地室的基坑工程；开挖深度大于15 m的基坑工程；周边环境条件复杂、环境保护要求高的基坑工程
乙级	一般工程	除甲级、丙级以外的工业与民用建筑物；除甲级、丙级以外的基坑工程
丙级	次要工程	场地和地基条件简单，荷载分布均匀的七层及七层以下的民用建筑物及一般工业建筑物，次要的轻型建筑物。 非软土地区且场地地质条件简单、基坑周边环境条件简单、环境保护要求不高且开挖深度小于0.5 m的基坑工程

地形地貌条件和地下水五个条件确定的。

1) 建筑抗震稳定性地段的划分。

《建筑抗震设计规范（2016年版）》（GB 50011—2010）有如下规定。

危险地段　地震时可能发生滑坡、崩塌、地陷、地裂、泥石流等及发震断裂带上可能发生地表错动的部位。

不利地段　软弱土，液化土，条状突出的山嘴，高耸孤立的山丘，陡坡、陡坎，河岸和边坡的边缘，平面分布上成因、岩性、状态明显不均匀的土层（如故河道、疏松的断层破碎带、暗埋的塘浜沟谷和半填半挖地基），高含水量的可塑黄土，地表存在结构性裂缝等地段。

有利地段　稳定基岩，坚硬土，开阔、平坦、密实、均匀的中硬土等地段。

2) 不良地质作用发育程度。

强烈发育　指泥石流沟谷、崩塌、滑坡、土洞、塌陷、岸边冲刷、地下水强烈潜蚀等极不稳定的场地，这些不良地质作用直接威胁着工程安全。

一般发育　指虽有上述不良地质作用，但并不十分强烈，对工程安全的影响不严重。

3) 地质环境破坏程度。地质环境指人为因素和自然因素引起的地下采空、地面沉降、地裂缝、化学污染、水位上升等。地质环境破坏对岩土工程实践的负影响是不容忽视的，往往对场地稳定性构成威胁。

受到强烈破坏　指对工程的安全已构成直接威胁，如浅层采空、地面沉降盆地的边缘地带、横跨地裂缝、因蓄水而沼泽化等。

受到一般破坏　指已有或将有上述地质环境的干扰破坏，但不强烈，对工程安全的影响不严重。

4) 地形地貌条件。主要指地形起伏和地貌单元（尤其是微地貌单元）的变化情况。

复杂　指山区和丘陵地区场地地形起伏大，工程布局较困难，挖填土体积较大，土层分布较薄且下伏基岩面高低不平，一个建筑场地可能跨越多个地貌单元。

较复杂　指地貌单元分布较复杂。

简单　指场地地形平坦，地貌单元均一，土层厚度大且结构简单。

5）地下水。地下水是影响场地稳定性的重要因素。地下水的埋藏条件、类型和水位等直接影响工程及其建设。

根据建筑抗震稳定性、不良地质作用发育程度、地质环境破坏程度、地形地貌条件和地下水，场地复杂程度可分为三个等级，见表0-2-3。

表0-2-3 场地复杂程度等级划分

场地复杂程度等级	建筑抗震稳定性	不良地质现象发育程度	地质环境破坏程度	地形地貌条件	地下水条件
一级（复杂场地）	危险地段	强烈发育	已经或可能受到强烈破坏	复杂	影响工程的多层地下水、岩溶裂隙水或其他水文地质条件复杂，需专门研究的场地
二级（中等复杂场地）	不利地段	一般发育	已经或可能受到一般破坏	较复杂	基础位于地下水位以下的场地
三级（简单场地）	有利地段（或抗震设防烈度等于或小于Ⅵ度）	不发育	基本未受破坏	简单	地下水对工程无影响

注：一、二级场地各条件中只要符合其中任一条件者即可。从一级开始，向二级、三级推定，以最先满足为准。

（3）地基复杂程度等级判别

依据岩土种类、地下水、特殊土，地基复杂程度也划分为三级，见表0-2-4。

表0-2-4 地基复杂程度等级划分

地基复杂程度等级	岩土条件	特殊性岩土
一级	岩土种类多，很不均匀，性质变化大，需特殊处理	严重湿陷、膨胀、盐渍、污染的特殊性岩土，以及其他情况复杂，需作专门处理的岩土
二级	岩土种类较多，不均匀，性质变化较大	除上述规定之外的特殊性岩土
三级	岩土种类单一，均匀，性质变化不大	无特殊性岩土

注：一、二级场地各条件中只要符合其中任一条件者即可。从一级开始，向二级、三级推定，以最先满足者为准。多年冻土情况特殊，勘察经验不多，也应列为一级地基。"严重湿陷、膨胀、盐渍、污染的特殊性岩土"，是指Ⅲ级和Ⅲ级以上的自重湿陷性土、Ⅲ级膨胀性土等，其他需进行专门处理的，以及变化复杂，同一场地上存在多种强烈程度不同的特殊性岩土时，也应列为一级地基。

（4）勘察等级判别

综合上述三项因素的分级，即可划分岩土工程勘察等级。根据工程重要性等级、场地复杂程度等级和地基复杂程度等级，可按下列条件划分岩土工程勘察等级，见表0-2-5。

表0-2-5 岩土工程勘察等级划分

等级	内容
甲级	在工程重要性、场地复杂程度和地基复杂程度等级中，有一项或多项为一级
乙级	除勘察等级为甲级和丙级以外的勘察项目
丙级	工程重要性、场地复杂程度和地基复杂程度等级均为三级

关注点：建筑在岩质地基上的一级工程，当场地复杂程度等级和地基复杂程度等级均为三级时，岩土工程勘察等级可定为乙级。

岩土工程勘察等级可在勘察工作开始前，通过收集已有资料确定，但随勘察工作的开展及对自然认识的深入，岩土工程勘察等级也可能发生改变。

案例讲解

某工程安全等级为一级，拟建在地下水强烈潜蚀地段，其地形地貌较简单，地基为粗砂土，应按哪种等级布置岩土工程勘察工作？为什么？

解：（1）工程重要性等级判别：安全等级为一级，故工程重要性为一级。

（2）场地复杂程度等级判别：地形地貌较简单，地下水强烈潜蚀地段，故为不良地质作用发育强烈区，场地复杂程度判定为一级场地。

（3）地基复杂程度等级判别：地基为粗砂土，且岩性单一，故地基复杂程度判定为三级。

（4）勘察等级判别：经上述条件综合判定，该工程应按甲级布置岩土工程勘察工作。

案例分析

1）在判定岩土工程勘察等级时，应按照工程重要性等级、场地复杂程度等级、地基复杂程度等级逐一判别。

2）要特别注意每个等级判别的依据和内容。

二、岩土工程勘察阶段划分

为保证工程建筑物自规划设计到施工和使用全过程达到安全、经济、适用的标准，使建筑物场地、结构、规模、类型与地质环境、场地工程地质条件相适应，任何工程的规划设计过程必须遵照循序渐进的原则，即科学地划分为若干阶段进行。

按照《岩土工程勘察规范（2009年版）》（GB 50021—2001）要求，岩土工程勘察工作可划分为可行性研究勘察、初步勘察、详细勘察和施工勘察四个阶段。可行性研究勘察应符合选择场址方案的要求；初步勘察应符合初步设计的要求；详细勘察应符合施工图设计的要求；场地条件复杂或有特殊要求的工程或出现施工现场与勘察结果不一致时，宜进行施工勘察。场地较小且无特殊要求的工程可合并勘察阶段。当建筑物平面布置已经确定，且场地或其附近已有岩土工程勘察资料时，可根据实际情况，直接进行详细勘察。

每个勘察阶段的目的、任务及要求不同，详见表0-2-6。

据勘察对象的不同，勘查工程可分为：水利水电工程（主要指水电站、水工构筑物）、铁路工程、公路工程、港口码头、大型桥梁及工业、民用建筑等。由于水利水电工程、铁路工程、公路工程、港口码头等工程一般比较重大、投资造价及重要性高，国家分别对这些类别的工程勘察进行了专门的分类，编制了相应的勘察规范、规程和技术标准等，这些工程的勘察称为工程地质勘察。因此，通常所说的岩土工程勘察主要指工业、民用建筑工程的勘察，勘察对象主体主要包括房屋楼宇、工业厂房、学校楼舍、医院建筑、市政工程、管线及架空线路、岸边工程、边坡工程、基坑工程、地基处理等。勘察对象不同，其勘察阶段的划分也不同，见表0-2-7。

表 0-2-6 岩土工程勘察阶段划分

内容	可行性研究勘察（选址勘察）	初步勘察	详细勘察	施工勘察
目的	根据建设条件进行论证，提出设计比较方案	密切结合工程初步设计的要求，提出岩土工程方案设计和论证	对岩土工程设计、施工提出有利加固不良地质现象的防治工程进行计算与评价，以满足施工图设计的要求	施工勘察视工程的实际需要而定，对条件复杂或有特殊施工要求的重大工程地基，需进行施工勘察，对一些规模不大且工程地质条件简单的场地，或者有建筑经验的地区，可简化
任务	对场地稳定性和适宜性做出岩土工程评价；进行技术、经济论证和方案比较，满足确定场地方案的要求	在可行性研究勘察的基础上，对场地做出岩土工程评价，为建筑物地基基础方案、对不良地质现象的防治工程方案进行论证	提出详细的岩土工程资料和设计、施工所需的岩土参数；并做出岩土工程评价，对地基类型、地基处理、基坑支护、工程降水和不良地质作用的防治等提出建议	
要求	（1）收集区域地质、岩土工程和建筑经验等资料； （2）在充分收集和分析已有资料的基础上，通过踏勘了解场地工程地质条件； （3）拟建场地条件复杂，已有资料不能满足要求时，应进行测绘和勘探； （4）当有两个或两个以上拟选场地时应进行比选分析	（1）收集拟建工程的有关资料以及地形图； （2）初步查明工程地质条件； （3）查明场地的不良地质作用，做出稳定性评价； （4）对抗震设防烈度Ⅵ度以上场地，进行初步评价； （5）季节性冻土地区，调查场地标准冻结深度； （6）初步判定水和土对建筑材料的腐蚀性； （7）高层建筑初步勘察时，对可能采取的地基基础类型、基坑开挖与支护等进行初步评价	（1）收集建筑平面图及建筑物的结构、基础型式等资料； （2）查明不良地质作用，提出整治方案的建议； （3）查明岩土层的特性，评价地基的稳定性； （4）需进行沉降计算的建筑，提供地基变形计算参数； （5）查明埋藏的河道、孤石等对工程不利的埋藏物； （6）查明地下水的埋藏条件及其变化幅度； （7）在季节性冻土地区，提供场地土的标准冻结深度； （8）判定水和土对建筑材料的腐蚀性	

表 0-2-7 不同工程类别勘察阶段的划分

工程名称	勘察阶段					采用的勘察规范
房屋建筑物和构筑物	可行性研究勘察		初步勘察	详细勘察	施工勘察（不是固定阶段）	《岩土工程勘察规范（2009年版）》（GB 50021—2001）
水利水电工程	规划	可行性研究	初步设计	招标设计	施工详图设计	《水利水电工程地质勘察规范》（GB 50487—2008）
公路工程	预可行性研究（简称预可勘察）	工程可行性研究（简称工可勘察）	初步设计（简称初步勘察）	施工图设计（简称详细勘察）		《公路工程地质勘察规范》（JTG C 20—2011）
铁路工程		踏勘	初测	定测	补充定测	《铁路工程地质勘察规范》（TB 10012—2019）

三、岩土工程勘察方法

1. 常用方法

岩土工程勘察常用方法或技术手段有以下几种。

(1) 工程地质测绘

工程地质测绘是采用收集资料、调查访问、地质测量、遥感解译等方法，查明场地的工程地质要素，并绘制相应的工程地质图件的勘察方法。

工程地质测绘是岩土工程勘察的基础工作，也是认识场地工程地质条件最经济、最有效的方法，一般在勘察的初期阶段进行。在地形地貌和地质条件较复杂的场地，必须进行工程地质测绘；但对地形平坦、地质条件简单且较狭小的场地，可采用调查代替工程地质测绘。高质量的测绘工作能相当准确地推断地下地质情况，起到有效地指导其他勘察方法的作用。

(2) 岩土工程勘探

岩土工程勘探是岩土工程勘察的一种手段，包括物探、钻探、坑探、井探、槽探、动探、触探等。它可用来调查地下地质情况，并且可利用勘探工程取样、进行原位测试和监测。应根据勘察目的及岩土特性选用不同勘探方法。

物探 是一种间接勘探手段，可初步了解地下地质情况。

钻探 是一种直接勘探手段，能可靠地了解地下地质情况，在岩土工程勘察中必不可少，是一种使用最为广泛的勘探方法。在实际工作中，应根据地层类别和勘察要求选用不同的钻探方法。

坑探 当钻探方法难以查明地下地质情况时，可采用坑探方法。它也是一种直接勘探手段，在岩土工程勘察中必不可少。

(3) 原位测试

原位测试可为分析评价岩土工程问题提供所需的技术参数，包括岩土的物性指标、强度参数、固结变形特性参数、渗透性参数及应力、应变与时间关系的参数等。原位测试一般都借助勘探工程进行，是详细勘察阶段的一种主要勘察方法。

(4) 现场检验与监测

现场检验 指采用一定手段，对勘察成果或设计、施工措施的效果进行核查，是对先前岩土工程勘察成果的验证核查以及岩土工程施工的监理和质量控制。

现场监测 在现场对岩土性状和地下水的变化，岩土体和结构物的应力、位移进行系统监视和观测。主要包括施工作用和各类荷载对岩土反应性状的监测、施工和运营中的结构物监测和对环境影响的监测等。

现场检验与监测是构成岩土工程系统的一个重要环节，大量工作在施工和运营期间进行，但是这项工作一般需在高级勘察阶段开始实施，所以又被列为一种勘察方法。它的主要目的在于保证工程质量和安全，提高工程效益。现场检验与监测所获取的资料，可以反求出某些工程技术参数，并以此为依据及时修正设计，使之在技术和经济方面优化。此项工作主要在施工期间进行，但对有特殊要求的工程以及一些对工程有重要影响的不良地质现象，应在建筑物竣工运营期间继续进行。

依据建筑工程和岩土类别，岩土工程勘察可采用以上几种或全部手段对场地工程地质条件进行定性或定量分析评价，编制满足不同阶段所需的成果报告文件。

2. 岩土工程勘察新技术的应用

随着科学技术的飞速发展，在岩土工程勘察领域中不断引进高新技术。例如，工程地质综合分析、工程地质测绘制图及不良地质现象监测中的遥感（RS）、地理信息系统（GIS）和全球卫星定位系统（GPS）即"3S"技术的引进；勘探工作中地质雷达和地球物理层析成像技术（CT）的应用；数值化勘察技术（数字化建模方法、数字化岩土勘察工程数据库系统）、取样机器人等的应用，对岩土工程勘察的发展有积极的促进作用。

由于岩土工程的特殊性，大多情况无法采用直接、直观手段实现对地基岩土性状的调查和获取其工程特性指标，这就要求岩土工程勘察技术人员掌握相关规范、规程，确保岩土工程勘察工作有条不紊地开展，从而使岩土工程勘察成果满足设计的使用要求，最终确保工程建设安全、高效运行，实现国民经济社会的可持续发展。

四、常用技术规范

岩土工程勘察涉及许多规范、标准和工具书，对于从事岩土工程勘察的技术人员来说，应熟悉并能准确、认真执行。本教材所依据的标准、规范和规程等主要有：

1)《岩土工程勘察规范（2009年版）》（GB 50021—2001）；
2)《工程地质手册》（第五版）；
3)《建筑地基基础设计规范》（GB 50007—2011）；
4)《建筑桩基技术规范》（JGJ 94—2008）；
5)《建筑抗震设计规范（2016年版）》（GB 50011—2010）；
6)《高层建筑岩土工程勘察标准》（JGJ/T 72—2017）；
7)《建筑工程地质勘探与取样技术规程》（JGJ/T 87—2012）；
8)《岩土工程勘察报告编制标准》（CECS：9988）；
9)《工程勘察设计收费管理规定》（计价格〔2002〕10号）；
10)《工程岩体分级标准》（GB/T 50218—2014）。

预备知识三　岩土工程勘察工作程序

知识目标

1. 掌握岩土工程勘察工作程序。
2. 了解岩土工程勘察投标文件编制要点及流程。
3. 了解岩土工程勘察合同内容。

能力目标

1. 具有使用国家规范和行业规范的能力。
2. 能够编制岩土工程勘察纲要。

> **思政目标**

树立规范意识、质量意识。诚实守信，严格按照勘察工作程序开展勘察工作，杜绝"阴阳"合同。

工作程序是岩土工程勘察质量控制的基本保障，应按照规范确定的勘察目的、任务和要求合理设置。

岩土工程勘察工作程序主要包括：前期工作、现场勘察及成果编制与送审。具体可分为：勘察投标书的编制、勘察合同的签订；工程地质测绘、岩土工程勘探、原位测试、现场检验与监测；岩土参数分析与选定、岩土工程分析评价与报告编写、报告审定与出版存档等。

体现岩土工程勘察工作程序的三大项九个单项工作之间，既相对独立又相互联系，各单项工作循环实施，才能体现一个完整的岩土工程勘察过程的有效性。岩土工程勘察项目实施的基本过程模式如图0-3-1所示。

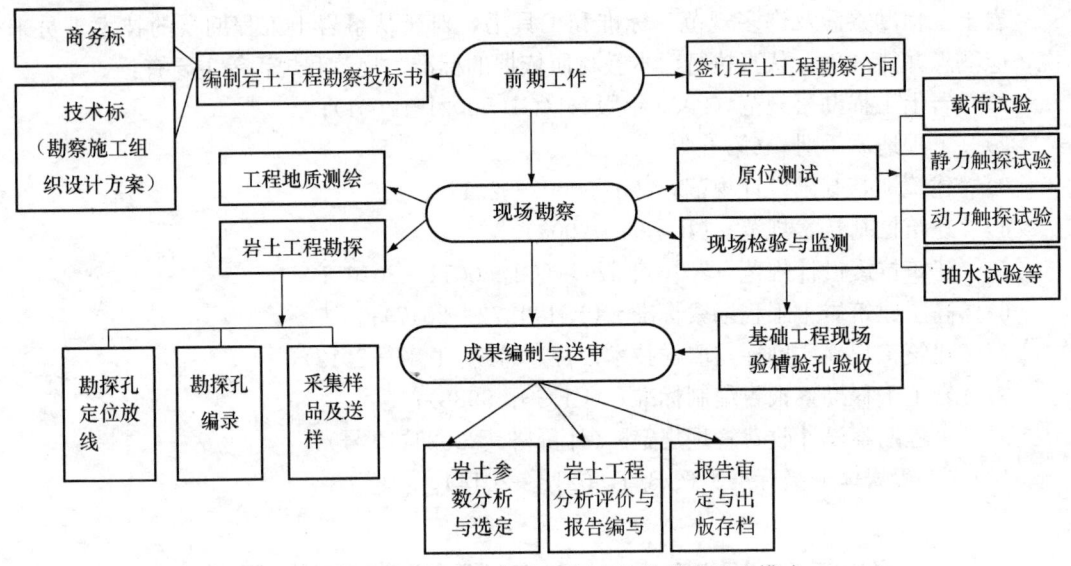

图0-3-1 岩土工程勘察项目实施的基本过程模式

一、前期工作

岩土工程勘察前期工作，主要包括收集资料、编制岩土工程勘察投标书和签订岩土工程勘察合同等工作。通常是在收集相关资料的基础上，通过现场踏勘了解项目现场基本情况后，编制岩土工程勘察投标书参与投标，项目中标后，与甲方签订岩土工程勘察合同，编制勘察纲要。其目的是勘察者在勘察前明确建筑结构概况，弄清建筑设计对勘察的要求。其中岩土工程勘察投标工作是勘察项目经营工作中的重要一环，在一定程度上是投标技术工作水平、勘察工作实践经验、质量管理水平及勘察单位整体实力的体现，也是勘察单位经营工作水平及在行业中形象的体现。

1. 收集资料

资料收集是否齐全、准确，是保证工程项目顺利完成的前提，必须高度重视。主要包括建筑方提供的各种平面图（数字化电子版）、勘察技术要求等。勘察方还应收集场地区域地质资料、水文地质资料及周边建筑物情况等。

目前勘察市场中仍存在前期资料收集不全，拟建工程的结构型式、场地整平标高、勘探点坐标等情况不清，设计单位的勘察技术要求缺乏，对工程场地原有地形地貌、不良地质作用及地质灾害不进行调查等情况，对工程顺利完成造成了一定影响。

关注点：《岩土工程勘察规范（2009年版）》（GB 50021—2001）中的强制性条文明确规定：详勘时应收集附有坐标和地形的建筑总平面图，建筑物的性质、规模、荷载、结构特点、基础型式、埋置深度、地基允许变形等资料。

2. 编制岩土工程勘察投标书

岩土工程勘察投标书是进行岩土工程勘察的前提条件，在工程建设中起到"龙头"作用，是提高工程项目投资效益、社会效益和环境效益的最重要因素。其技术标（勘察施工组织设计方案）既是投标的主要文件，又是指导岩土工程勘察施工的主要内容，具体内容包括：工程概况、勘察方案、勘察成果分析及报告书编写、本工程投入技术力量及施工设备、进度计划、工期保证措施、工程质量保证措施、安全保证措施、承诺及报价等。

（1）岩土工程勘察投标文件编制要求

细致又全面，准确又快捷，对招标文件的理解和响应不允许出现任何偏差或疏漏，投标文件是评标的主要依据，对投标人中标与否起着极其重要的作用。因此，在编制岩土工程勘察投标文件之前，要认真学习招标文件，熟悉所要投标工程项目的地理位置、交通运输、供水等环境条件，了解工程项目的工作内容、工作量（招标书上的工作清单）、工作期限及各种要求。

岩土工程勘察招投标

（2）岩土工程勘察投标文件编制要点

A. 认真阅读招标文件

投标工作有其独特的专业性、系统性和连续性，因此必须进行科学、严密的组织和筹划，充分调动全体编标人员的积极性，确保投标工作顺利进行。在进行投标前，应认真阅读招标文件条款内容，做到有的放矢，不走弯路；熟悉招标文件中规定的投标文件格式的规定，如要求的投标文件正副本数，商务、技术、综合部分如何装订，封面签字盖章要求、内容签字盖章要求、标书密封要求、原件是否验证及如何装订、密封等格式及制作要求。

一般招标文件由五部分组成，即：①投标须知及投标须知前附表；②合同条款及格式；③工程勘察技术要求；④地形图、总平面图及工程量清单；⑤投标文件格式。熟悉招标文件内容是做好投标文件的基本要求。

B. 熟知投标文件内容

一般情况下，投标文件可分为商务标、技术标和综合部分（资格审查资料）。内容上依据招标文件要求的格式和顺序制作，不要缺项、多项、改变招标文件格式。

商务标主要包括：法定代表人资格证明书、授权委托书、工程勘察单价表、投标书等,其中工程勘察单价表包括工作费报价和勘察工作费计算清单。勘察工作费报价一般分两种,一种是综合报价(岩层和土层综合一起报价);另一种是分不同土层、岩层分别报价。勘察工作费报价是投标方综合考虑工程所在地的地质条件、工作环境及本单位的工作经验和技术条件给出的一个合理价格。

技术标主要包括:①工程建设项目概况;②对招标文件提供的场区基本地质资料的分析;③勘察目的与方案;④勘察手段和工作布置;⑤勘探、测试手段的数量、深度;⑥岩土试样的采取与试验要求;⑦工程的组织和技术质量及安全保证措施;⑧拟投入的主要施工机械设备和人员计划;⑨勘察工作计划进度;⑩勘察费用预算及报价;⑪拟提交的勘察报告的主要章节目录及其他需要说明或建议的内容。

关注点:技术标,即勘察、施工、组织、设计方案,具体详见"项目三 岩土工程勘察设计"中的编制内容及要求。

综合部分即资格审查资料,主要包括:公司的营业执照、资质证书、安全生产许可证、项目经理证、业绩等,需要根据招标文件的具体要求确定。

(3) 岩土工程勘察投标文件编制流程

岩土工程勘察投标文件编制流程主要包括:准备阶段、编制阶段和反馈阶段。应了解每个阶段的具体内容及工作要求,才能提高招标文件编制质量,以保证勘察项目投标成功。

但目前岩土工程勘察市场中仍存在:在无设计要求和建筑结构概况不明的情况下,勘察单位仅凭业主的陈述,按其要求进行勘察,最终导致岩土工程勘察报告的深度和广度不符合建筑设计的要求。

例如,某单层厂房设计行车为60 t,单柱最大荷重6000 kN,而勘察人员认为单层厂房为很次要的工程,按天然地基浅基础进行勘察,当设计人员想设计桩基础时,勘察报告不能满足要求。又例如,在某工程场地内有防空洞入口通向该拟建场地,可勘察人员在报告中不予查明、评价,又不提请注意。

3. 签订岩土工程勘察合同

项目中标后,与甲方签订岩土工程勘察合同,双方按合同履约。

(1) 岩土工程勘察合同签订原则

岩土工程勘察合同属于商务合同,应遵守自愿原则、平等原则、公平原则、等价有偿原则、诚实守信原则、禁止权利滥用原则和公序良俗原则。

(2) 岩土工程勘察合同签订条件

建设工程勘察合同

1) 初步设计建设工程总概算要经国家或主管部门批准,并编制所需投资和物资的计划。

2) 建设工程主管部门要指定一个具有法人资格的筹建班子。

3) 接受要约的具有法人资格的施工单位,要有能够承担此项目的设备、技术、施工力量(如果是国家重点工程,必须按国家规定要求,不能延误工期)。

(3) 岩土工程勘察合同主要内容

主要内容包括:发包方与承包方;合同价款;发包人工作与承包人工作条款;合同价款及调整条款;工程预付款条款;工程进度款条款;违约条款;争议与工程分包条款;关

于补充条款；无效合同等。

应特别强调的是，补充条款必须符合国家、现行的法律、法规，另行签订的有关书面协议应与主体合同精神一致，要杜绝"阴阳合同"。

以下几种情况视为无效合同：①合同主体不具备资格；②借用营业执照和资质证书；③越级承包；④非法转包；⑤违反法定建设程序。

关注点：《建筑法》第二十八条规定，禁止承包单位将其承包的全部建筑工程转包给他人，禁止承包单位将其承包的全部建筑工程分解后以分包的名义分别转包给他人。凡以上述禁止形式进行非法转包的建筑工程合同，属无效合同。

4. 编制勘察纲要

勘察纲要是工程勘察工作的基础文件，通过技术交底等形式贯彻于勘察工作全过程。为规范勘察行业行为，提高岩土工程勘察成果质量，满足工程设计需要，各类岩土工程勘察在编写设计之前，都应编写岩土工程勘察纲要或勘察大纲，纲要制定的正确与否对勘察的运行和实施具有重要的影响。因此，在编制纲要之前，对场地的工程地质条件和自然条件应有全面的掌握。

（1）编制要求

应在充分收集、分析已有资料和现场踏勘的基础上，依据勘察目的、任务和相应技术标准的要求，针对拟建工程的特点（如区域地质、工程性质、岩土体特性、不良地质等）有针对性地编写勘察工作纲要及工作计划，目的是指导勘察工作，预计勘察工作量，申请勘察经费。

（2）编制内容

A. 主要编制内容

内容包括：①工程概况；②概述拟建场地环境、工程地质条件；③勘察任务要求及需解决的主要技术问题；④执行的技术标准；⑤选用的勘探方法；⑥勘探工作量布置；⑦勘探孔（槽、井、洞）回填；⑧拟采取的质量控制、安全保证和环境保护措施；⑨拟投入的仪器设备、人员安排、勘察进度计划；⑩相关图表。

B. 勘探工作量布置

勘探工作量布置是勘察纲要中重要内容之一，总的要求是以尽可能少的工作量取得尽可能多的地质资料。

勘探设计之前，应明确各项勘察工作执行的规范、标准，除应遵守国家有关规范、标准外，还应遵守地方及行业有关规范、标准，特别是国家强制性规范、标准，必须予以执行，并应符合规范的具体要求。为此，在进行勘探设计时，必须熟悉勘探区已取得的地质资料，并明确有关规范、标准及勘探的目的和任务，将每一个勘探工程都布置在关键地点，且发挥其综合效益。

勘探工作布置的一般原则如下：

1) 勘探工作应在工程地质测绘基础上进行。通过工程地质测绘，对地下地质情况有一定的判断后，才能明确通过勘探工作进一步解决哪些地质问题，以取得好的勘探效果。否则，勘探将有一定的盲目性。

2) 无论是勘探的总体布置还是单个勘探点的设计，都要考虑其综合利用。既要突出重点,又要照顾全面,点面结合,使各勘探点在总体布置的有机联系下发挥更大的效用。

3)勘探布置应与勘察阶段相适应。不同的勘察阶段,勘探的总体布置、勘探点的密度和深度、勘探手段和方法的选择及要求等均有所不同。一般地说,勘察阶段从初期到后期,勘探总体布置由线状到网状;范围由大到小;勘探点、线距离由稀到密;勘探深度由浅到深;勘探布置的依据,由以工程地质条件为主过渡到以建筑物的轮廓为主。初期勘察阶段的勘探手段以物探为主,配合少量钻探和轻型坑探工程,后期勘察阶段则以钻探和重型坑探工程为主。

4)勘探布置应随建筑物的类型和规模而异。不同类型的建筑物,其总体轮廓、荷载作用的特点以及可能产生的岩土工程问题不同,勘探布置也应有所区别。道路、隧道、管线等线性工程,多采用勘探线的形式,且沿线隔一定距离布置一条垂直于它的勘探剖面。房屋建筑与构筑物应按基础轮廓布置勘探工程,常呈正方形、长方形、工字形或丁字形;具体布置勘探工程时又因不同的基础型式而异。桥基则采用由勘探线渐变为以单个桥墩进行布置,单个桥墩上则以中心处的单个钻孔渐变为梅花形形式。建筑物规模越大、越重要,勘探点(线)的数量越多、密度越大。而同一建筑物的不同部位重要性有所差别,布置勘探工作时应分别对待。

5)勘探布置应考虑地质、地貌、水文地质等条件。一般勘探线应沿地质条件等变化最大的方向相互垂直布置。勘探点的密度应视工程地质条件的复杂程度而定,而不是平均分布。为了对场地工程地质条件起控制作用,还应布置一定数量的基准坑孔(即控制性勘探坑孔),其深度较一般性坑孔要大些。

6)在勘探线、网中的各勘探点,应视具体条件选择不同的勘探手段,以便互相配合,取长补短,有机地联系起来。

关注点:勘探工作一定要在测绘调查基础上布置。勘探布置主要取决于勘察阶段、建筑物类型和岩土工程勘察等级三个重要因素,还应充分发挥勘探工作的综合效益。为做好勘探工作,勘探人员应深入现场,并与设计、施工人员密切配合。在勘探过程中,应根据所了解的条件和问题的变化,及时修改原来的布置方案,以期圆满地完成勘探任务。

勘探坑孔间距的确定如下:

各类建筑勘探坑孔的间距,是根据勘察阶段和岩土工程勘察等级确定的。不同的勘察阶段,其勘察要求和岩土工程评价的内容不同,因而勘探坑孔的间距也不同。

初期勘察阶段的主要任务是为选址和可行性进行研究,对拟选场址的稳定性和适宜性做出岩土工程评价,进行技术经济论证和方案比较,满足确定场地方案的要求。由于有若干个建筑场址的比较方案,勘察范围大,因此勘探坑孔稀少,其间距较大。当进入详细勘察阶段后,要对场地内建筑地段的稳定性做出岩土工程评价,确定建筑总平面布置,进而对地基基础设计、地基处理和不良地质现象的防治进行计算与评价,以满足施工设计的要求。此时,勘察范围缩小而勘探坑孔增多,因而勘探坑孔间距较小。

不同的岩土工程勘察等级,表明建筑物的规模和重要性以及场地工程地质条件的复杂程度。显然,在同一勘察阶段内,勘察等级为甲级者,因建筑物规模大而重要或场地工程地质条件复杂,勘探坑孔间距较小,而勘察等级为乙、丙级者,勘探坑孔间距相对较大。

关注点:《岩土工程勘察规范(2009年版)》(GB 50021—2001)明确规定了各类建筑

在不同勘察阶段和岩土工程勘察等级的勘探线、点间距,以指导勘探工程的布置。在实际工作中,应在满足《岩土工程勘察规范(2009年版)》(GB 50021—2001)要求的基础上,根据具体情况合理地确定勘探工程的间距。

勘探坑孔深度的确定如下:

根据各工程勘察部门的实践经验,依据《岩土工程勘察规范(2009年版)》(GB 50021—2001)规定,根据岩土工程问题分析评价的需要以及具体建筑物的设计要求等确定勘探坑孔的深度。

《岩土工程勘察规范(2009年版)》(GB 50021—2001)规定的勘探坑孔深度,是在各工程勘察部门长期生产实践的基础上确定的,有重要的指导意义。例如,对房屋建筑与构筑物,明确规定了初步勘察和详细勘察阶段勘探坑孔深度,还对高层建筑采用不同基础型式时勘探孔深度的确定做出了规定。

分析评价不同的岩土工程问题,所需要的勘探深度是不同的。例如,评价滑坡稳定性时,勘探孔深度应超过该滑体最低的滑动面。为满足房屋建筑地基变形验算需要,勘探孔深度应超过地基有效压缩层范围,并考虑相邻基础的影响。

进行勘探设计时,有些建筑物可依据其设计标高确定坑孔深度。例如,地下洞室和管道工程,勘探坑孔应穿越洞底设计标高或管道埋设深度以下一定深度。

此外,还可依据工程地质测绘或物探资料的推断确定勘探坑孔的深度。

关注点: 在勘探坑孔施工过程中,应根据该坑孔的目的任务决定孔深,不能机械地执行原设计的深度。例如,对确定岩石风化分带目的的坑孔,当遇到新鲜基岩时即可终止。为探查河床覆盖层厚度和下伏基岩面起伏的坑孔,当勘探坑孔穿透覆盖层进入基岩内数米后才能终止,以免将大孤石误认为是基岩。

(3)勘察纲要的调整

由于场地情况变化大或设计方案变更等原因,拟定的勘察工作不能满足要求时,应及时调整勘察纲要或编制补充勘察纲要,当合同、协议、招标文件有要求时,应满足约定的技术标准。勘察纲要及其变更应按质量管理程序审批,由相关责任人签署。

岩土工程勘察纲要格式可参考表0-3-1。

表0-3-1 ×××岩土工程勘察纲要

工程名称		××地块岩土工程详细勘察			
工程位置		×××市×××新区××地块			
发包单位		×××有限公司		签名	
承包单位		××××地质工程勘察院		签名	
项目负责人		项目技术负责人		施工负责人及人员数量	
质量目标	合格□ 优良□	勘察阶段	详细勘察	勘察等级	甲级
建筑工程概况	建筑面积	184495.9 m²	层数	2~28层	高度	约140 m
	结构类型		基础型式	条形	设计地面黄海标高	m
	基础荷载		kN/m	墙、柱、桩基础顶面荷载		kN/m
	地下室层数		2层	高度/底面标高	−3.90 m/−7.8 m

续表

设备安排	钻机类型及数量	Xu-150型；6台套	标准贯入试验（触探试验）	6套
进场时间		年　月　日	提交报告及资料日期	年　月　日
出场时间		年　月　日		

工程勘察任务要求	(1) 查明场地地形地貌、地层、地质构造、岩土性质、地下水特征及天然建筑材料情况； (2) 查明滑坡、边坡、洞穴等不良地质现象； (3) 查明场地内外建筑环境（如现有建筑物、地表水体、沟渠、管线、塔基、围墙、道路等）； (4) 提供岩土物理力学指标、地基承载力、变形参数、桩的端阻力和侧阻力等； (5) 对场地的稳定性和适宜性做出评价； (6) 对地基和基础设计方案提出建议； (7) 对基坑开挖提出建议； (8) 对不良地质现象治理提出建议； (9) 对需要进行地基处理的提出方案	提交勘察资料内容	(1) 工程勘察任务委托书； (2) 文字报告； (3) 勘探点平面图； (4) 工程地质剖面图； (5) 钻孔柱状图； (6) 岩石试验成果表； (7) 土工试验成果表； (8) 水土质分析报告； (9) 现场原位测试成果表； (10) 岩土层主要物理力学性质指标统计表； (11) 岩石单轴抗压强度分层统计表； (12) 岩土层桩基础设计指标极限值参考表； (13) 建设单位提交的委托书、勘察技术要求或勘察任务书、建筑平面布置图；建筑经济技术指标：总建筑面积、规模层次、荷载，设计室外或室内地面标高，设计正负零标高，地下室底板表面标高，场地边界拐点坐标（X，Y）及高程起算点标高等

工作量	钻探	钻孔数量 个	92	原位测试	标准贯入 次数·层$^{-1}$	>6	样品	原状土样 组·层$^{-1}$	>6
		控制性/一般性钻孔孔数 个	34/58		触探 次数·层$^{-1}$	>6		扰动土样 组·层$^{-1}$	>6
		原位测试孔 个	30~31		抽、压（注）水试验钻孔 个	2		岩石样 组·层$^{-1}$	6
		取样孔 个	30~31		波速孔	3		水、土腐蚀性样 组	各2

勘察依据	(1)《岩土工程勘察规范（2009年版）》（GB 50021—2001）； (2)《高层建筑岩土工程勘察规程》（JGJ/T 72—2017）； (3)《建筑地基基础设计规范》（GB 50007—2011）； (4)《建筑抗震设计规范（2016年版）》（GB 50011—2010）； (5)《建筑桩基技术规范》（JGJ 94—2008）； (6)《建筑基坑支护技术规程》（JGJ 120—2012）； (7)《建筑边坡工程技术规范》（GB 50330—2013）； (8)《工程岩体分级标准》（GB 50218—2014）； (9)《建筑工程地质勘探与取样技术规程》（JGJ/T 87—2012）； (10)《工程测量标准》（GB 50026—2020）； (11) 其他相关规范、规程和标准； (12) 本次勘察合同及委托单位技术要求

续表

	控制性钻孔间距/m	15～22	孔深	进入微风化岩完整、较完整层位6 m以上，应钻穿软弱夹层
	一般性钻孔间距/m	152		
	采用高程	黄海高程		
技术要求	其他要求	(1) 野外工作期间，应加强安全防护，切实保障人身安全和财产安全； (2) 注意观测记录土洞、溶洞、危岩、崩塌、滑坡、岩土边坡、采空区、泥石流、活动断层、软弱夹层等的分布位置、产状和规模等； (3) 注意观测记录周围建筑环境，例如，相邻建（构）筑物地基范围、规模层次，道路名称，水塘、泉、河流（流量、流向），空中、地表或地下管线等标志物体的分布位置、产状和规模等； (4) 加强技术联系与交流，结束2个钻孔后应与总工办取得沟通和联系； (5) 野外应及时做好编录工作，原始编录资料应送总工办审核； (6) 室内资料整理剖面图数量应与总工办沟通； (7) 因工作需要野外整理资料时，上述(5)(6)通过电话沟通； (8) 野外临时新上的勘察项目，布孔数量和深度、采样等控制程度要及时与总工办联系并获得同意		

编写人：

二、现场勘察

在岩土工程勘察施工前，应明确勘察任务、需提交的勘察资料、勘察依据及技术要求、投入的勘察工作量等，依据勘察任务书进行勘察施工，其工作主要包括：工程地质测绘、岩土工程勘探（勘探孔定位测量、勘探孔编录、采集样品及送样）、原位测试（标准贯入试验、重型动力触探试验、现场水文地质试验、波速测试等）、现场检验与监测（勘察质量检查、验槽等）等。在施工过程中，要注意勘察的重点和难点问题，同时要建立质量和安全保障措施，保证施工质量和施工安全。具体详见项目一。

三、成果编制与送审

通过现场勘察后，首先应及时对工程编录资料进行综合整理、审核及录入计算机，并进行岩土工程分析评价，编制报告和图文表初稿；然后对报告进行初步审查及修改；最后对报告进行审定、出版及存档。具体详见项目二。

关注点：建设工程施工现场的验槽、验孔、基础验收是岩土工程勘察基本过程质量控制的重要环节，勘察时必须高度重视。

建设工程施工现场的验槽、验孔、基础验收等工作，也是岩土工程勘察的基本过程，勘察单位应参与施工图纸会审及基础施工现场验槽、验孔、基础验收等工作，并现场解释说明岩土工程勘察报告成果反映的重要岩土工程问题及其防治措施建议，以保障基础工程设计施工符合场地地基岩土条件，及时发现和解决基础施工中新的岩土工程问题及勘察工作的不足。

由于场地地基水文地质工程地质条件复杂多变及建设工程布置方案的调整变更，对岩土工程勘察项目委托单位等提出了勘察新要求，一般情况下应当以书面函件形式向勘察单位提出。勘察单位应当根据实际情况，以积极的态度进行沟通处置，及时进行岩土工程分析，及时出具解释性报告或者变更报告，必要时应当及时进行施工勘察或者补充勘察。

关注点：对图审回复及现场验槽、验孔、基础验收、施工勘察或者补充勘察过程中产生的岩土工程分析报告成果，一般以岩土工程勘察说明通知单的文件形式表达，不宜修改已经提交给建设单位设计施工使用了的岩土工程勘察报告文件。

知识小结

本预备知识主要介绍了岩土工程勘察的工作程序，包括前期工作、现场勘察、成果编制，重点阐述了岩土工程勘察前期工作，如收集资料、岩土工程勘察投标文件编制、岩土工程勘察合同的签订及勘察纲要的编制等内容，做到明确目标、心中有数，为现场勘察奠定良好基础。

思考训练

1. 岩土工程勘察的主要工作程序包括哪些内容？
2. 岩土工程勘察前期工作主要包括哪些内容？
3. 为何要重视勘察现场资料的收集？
4. 哪种情况下签订的合同为无效合同？
5. 如何确定岩土工程勘探工作量？

项目一　岩土工程现场勘察

岩土工程现场勘察是在勘察现场采用不同勘察技术手段或方法进行的勘察工作。了解和查明建筑场地的工程地质条件,应依据工程类别和场地复杂程度,遵循由易到难、先简单后复杂、从地表到地下、从勘察成果到检验成果的原则。本项目主要包括工程地质测绘与调查、岩土工程勘探、原位测试、现场检验与监测四个任务。

通过学习,使学生在掌握岩土工程现场勘察技术手段或方法的同时,培养吃苦耐劳、认真严谨的工作态度,树立严格的规范意识和质量意识,倡导绿色勘查。

导学图

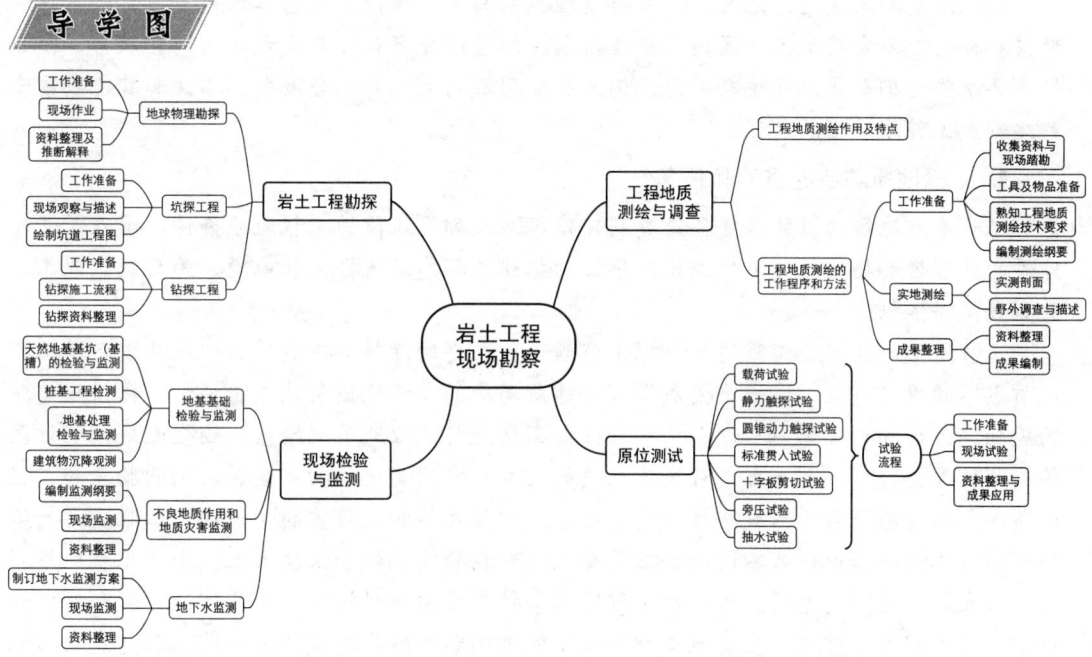

任务一　工程地质测绘与调查

知识目标

1. 掌握工程地质测绘的基本概念、目的、任务及工作程序。
2. 掌握工程地质测绘的技术要求。

能力目标

1. 具有编制工程地质测绘纲要的能力。

2. 具备现场进行工程地质测绘与调查的能力。
3. 能根据工程地质测绘与调查资料绘制相关图件和编制工程地质测绘报告。

思政目标

树立吃苦耐劳、团队协作精神，培养注重细节、热爱大自然的情怀。

（一）工程地质测绘作用及特点

在岩土工程勘察中，工程地质测绘是一项简单、经济又有效的工作方法，它是岩土工程勘察中最重要、最基本的勘察方法，也是各项勘察中最先进行的一项勘察工作。

测绘"三部曲"

1. 工程地质测绘

工程地质测绘是运用地质、工程地质理论对与工程建设有关的各种地质现象进行详细观察和描述，以查明拟工作区内工程地质条件的空间分布和各要素之间的内在联系，按照精度要求将它们如实地反映在一定比例尺的地形底图上，并结合勘探、测试和其他勘察资料编制成工程地质图的过程。

2. 工程地质测绘的目的和任务

工程地质测绘的目的和任务是查明建筑场地及邻近地段的工程地质条件，重点对开发建设的适宜性和场地的稳定性做出评价，为拟建工程建筑选择最佳地段，为后续勘探工作的布置提供依据。

工程地质测绘配合工程地质勘探、试验等所取得的资料编制成的工程地质图，是工程地质勘察的重要成果。这一重要成果可对建筑场地的工程地质条件做出评价，提供给建筑物规划、设计和施工部门参考。在基岩裸露山区进行工程地质测绘，能较全面地阐明该区的工程地质条件，得到岩土工程地质性质的形成和空间变化的初步概念，判明物理和工程地质现象的空间分布、形成条件和发育规律。即使在第四系覆盖的平原区，工程地质测绘仍有不可忽视的作用，只不过测绘工作重点应放在研究地貌和松软土上。由于工程地质测绘能够在较短时间内查明工作区的工程地质条件而费用相对较少，在区域性预测和对比评价中能够发挥重大作用，在其他工作配合下能够顺利地解决建筑场地的选择和建筑物的配置问题，所以在规划设计或可行性研究阶段，它往往是工程地质勘察的主要手段。

3. 工程地质测绘的分类

根据研究内容的不同，工程地质测绘可分为综合性工程地质测绘和专门性工程地质测绘。

综合性工程地质测绘是对工作区内工程地质条件各要素的空间分布及各要素之间的内在联系进行全面、综合研究，为编制综合工程地质图提供资料。

专门性工程地质测绘是为某一特定建筑物服务的，或者是对工程地质条件的某一要素进行专门研究以掌握其变化规律，如第四纪地质、地貌、斜坡变形破坏等，为编制专用工程地质图或工程地质分析图提供依据。

无论哪种工程地质测绘都是为建筑物的规划、设计和施工服务的，都有特定的研究目的。例如，在沉积岩分布区应着重研究软弱岩层和次生泥化夹层的分布、层位、厚度、性状、接触关系及可溶岩类的岩溶发育特征等；在岩浆岩分布区，主要研究内容为侵入岩的边缘接触带、平缓的原生节理、岩脉及风化壳的发育特征、喷出岩的喷发间断面、凝灰岩及其泥化情况、玄武岩中的气孔等；在变质岩分布区，主要的研究对象是软弱变质岩带和夹层等。

工程地质测绘对各种有关地质现象的研究除要阐明其成因和性质外，还要注意定量指标的获取，如断裂的宽度和构造岩的性状、软弱夹层的厚度和性状、地下水位标高、裂隙发育程度、物理地质现象的规模、基岩埋藏深度等，以作为分析岩土工程问题的依据。

4. 工程地质测绘的适用条件

1）岩石出露或地貌、地质条件较复杂的场地应进行工程地质测绘。对地质条件简单的场地，可用调查代替工程地质测绘。

2）工程地质测绘宜在可行性研究勘察阶段或初步勘察阶段进行。在可行性研究勘察阶段收集资料时，宜包括航空像片、卫片的解释结果。在详细勘察阶段可对某些地质问题（如滑坡、断层）进行补充调查。

（二）工程地质测绘的工作程序和方法

1. 工程地质测绘的工作程序

工程地质测绘的工作程序与其他的地质测绘工作基本相同，主要有：工程地质测绘前期工作（包括收集资料、现场踏勘和编制工程地质测绘纲要等）、实地测绘及资料整理与成果编制。

2. 工程地质测绘的工作方法

工程地质测绘的工作方法有像片成图法和实地测绘法。

像片成图法是利用地面摄影或航空（卫星）摄影图像，根据判译标志，结合所掌握的区域地质资料，把判明的地层岩性、地质构造、地貌、水系和不良地质现象等，调绘在单张像片上，并在像片上选择需要调查的若干地点和路线，然后据此进行实地调查，并进行核对修正和补充。将调查得到的资料转绘在等高线图上成为工程地质图。

当该地区没有航测等像片时，工程地质测绘主要依靠野外工作，即实地测绘法。

一、工作准备

（一）收集资料与现场踏勘

1. 收集资料

工程地质测绘
工作准备

如区域地质资料（区域地质图、地貌图、构造地质图、地质剖面图及其文字说明）、遥感资料、气象资料、水文资料、地震资料、水文地质资料、工程地质资料及建筑资料等。

2. 现场踏勘

现场踏勘是在收集研究资料的基础上，为了解测绘工作区地质情况和问题而在实地进行的工作，以便合理布置观测点和观察路线，正确选择实测地质剖面位置，拟定野外工作方法。

踏勘的方法和内容主要包括五方面：

1) 根据地形图，在工作区范围内按固定路线进行踏勘，一般采用"Z"字形，曲折迂回而不重复的路线，穿越地形地貌、地层、构造、不良地质现象等有代表性的地段；

2) 为了解全区的岩层情况，在踏勘时选择露头良好、岩层完整、有代表性的地段作出野外地质剖面，以便熟悉地质情况和掌握工作区岩土层的分布特征；

3) 寻找地形控制点的位置，并抄录坐标、标高；

4) 询问和收集洪水及其淹没范围等情况；

5) 了解工作区的经济、气候、住宿及交通运输条件。

（二）工具及物品准备

1. 人员组织及调查工具、物品材料准备

按照测绘精度要求精心组织人员，并准备好调查工具和物品，主要有：罗盘、放大镜、地质锤、GPS仪、水温计、pH试纸、工兵铲、三角堰、三角板或钢卷尺、三角堰流量表、手图、清图、各种记录表、文件夹、记录物品（文具盒、铅笔、签名笔、橡皮）、照相机等。

2. GPS仪的调试

野外正式工作前，需对GPS仪进行初始化与定点误差检测，利用测区内已知三角坐标、点坐标进行校准，校准误差小于15 m。GPS仪在测区内的定点误差小于50 m。GPS仪的坐标系统依据所在测区地形图坐标系统选择北京54坐标系。工作前，需检查手持GPS仪内置电池电量，当内置电池电量显示不足时应及时更换。据工作区具体情况选择手持GPS仪坐标格式，如使用高斯坐标时，在工作前应输入工作区6°带的中央经线。

（三）熟知工程地质测绘技术要求

1. 测绘范围的确定

（1）确定的依据

1) 根据规划与设计建筑物的要求在与该工程活动有关的范围内进行；

2) 应考虑拟建建筑物的类型、规模、设计阶段及区域工程地质条件的复杂程度和研究程度。

（2）影响测绘范围的因素

1) 拟建建筑物的类型及规模：建筑物类型不同，规模不同，则它与自然环境相互作用影响的范围、规模和强度也不同，选择测绘范围时，首先要考虑到这一点。例如，大型水工建筑物的兴建，将在极大范围内引起自然条件发生变化，这些变化会产生各种作用于建筑物的岩土工程问题，因此，测绘的范围必须扩展到足够大，才能查清工程地质条件，解决有关岩土工程问题。如果建筑物是一般的房屋建筑，且区域内没有对建筑物安全有危害的地质作用，则测绘的范围就不需很大。

2) 建筑设计阶段：在建筑物规划和设计的开始阶段，为了选择建筑地区或建筑场地，可能有多种方案，相互之间又有一定的距离，测绘的范围应包括这些方案的有关地区，因而测绘范围很大。但具体建筑物场地选定后，特别是建筑物的设计阶段，就只需要在已选

工作区的较小范围内进行大比例尺的工程地质测绘。可见，工程地质测绘的范围是随建筑物设计阶段的提高而减小的。

3) 工程地质条件和研究程度：工程地质条件复杂、研究程度差，工程地质测绘范围就大。分析工程地质条件的复杂程度必须分清两种情况：一种是工作区内工程地质条件非常复杂，如构造变化剧烈，断裂很发育或者岩溶、滑坡、泥石流等物理地质作用很强烈；另一种是工作区内地质结构并不复杂，但邻近地区可能是产生威胁建筑物安全的物理地质作用的发源地，如泥石流的形成区、强烈地震的发震断裂等。这两种情况都直接影响建筑物的安全，若仅在工作区内进行工程地质测绘，则第二种情况不能被查明，因此必须根据具体情况适当扩大工程地质测绘范围。

在工作区或邻近地区内如已有其他地质研究所得的资料，则应收集并应用它们，如果工作区及其周围较大范围内的地质构造已经查明，那么只需分析资料，并验证地质构造即可，必要时对专门问题进行补充研究，如果区域地质条件研究程度很差，则大范围的工程地质测绘工作就必须提上日程。

(3) 工程地质测绘范围

1) 工程建设引起的工程地质现象可能影响的范围；
2) 影响工程建设的不良地质作用的发育阶段及其分布范围；
3) 对查明测区地层岩性、地质构造、地貌单元等问题有重要意义的邻近地段；
4) 地质条件特别复杂时可适当扩大范围。

2. 比例尺的选择

取决于设计要求、勘察阶段和比例尺类型。

(1) 设计要求的影响

工程设计的初期阶段为规划选点，有若干个比较方案，测绘范围较大，而对工程地质条件研究的详细程度要求不高，所以工程地质测绘所采用的比例尺一般较小。随着建筑物设计阶段的提高、建筑物位置的确定，研究范围随之缩小，对工程地质条件研究的详细程度要求也随之提高，工程地质测绘的比例尺也就逐渐加大。而在同一设计阶段内，比例尺的选择又取决于建筑物的类型、规模和工程地质条件的复杂程度。建筑物的规模大，工程地质条件复杂，所采用的比例尺就大。正确选择工程地质测绘比例尺的原则是：测绘所得到的成果既要满足工程建设的要求，又要尽量节省测绘工作量。

(2) 勘察阶段的影响

不同的工程对象、工作内容、勘察阶段及地质条件的复杂程度等对测绘比例尺的要求不同，即使是不同的部门对测绘比例尺的要求也不同。总的原则是必须满足工程阶段对测绘工作的要求和符合国家有关规范与规定。对工程要求越高、测绘内容越全、工程阶段越深入、测区地质条件越复杂等，所要求的比例尺就越大。这里需要强调的是，不同行业对大、中、小比例尺的认定范围会有所不同，在实际工作中要注意相应的行业标准。

(3) 比例尺选择

小比例尺 比例尺为 1:5000～1:50000，用于可行性研究勘察阶段，以查明规划区的工程地质条件，初步分析区域稳定性等主要岩土工程问题，为合理选择工作区提供工程地质资料。

中比例尺 比例尺为 1∶2000～1∶5000，主要用于建筑物初步设计阶段的工程地质勘察，以查明工作区的工程地质条件，为合理选择建筑物并初步确定建筑物的类型和结构提供地质资料。

大比例尺 比例尺为 1∶500～1∶2000，适用于详细勘察阶段，一般在建筑场地选定以后才进行大比例尺工程地质测绘，以便能详细查明场地的工程地质条件。

当地质条件复杂或建筑物重要时，比例尺可适当放大，对工程有重要影响的地质单元体（滑坡、断层、软弱夹层、洞穴等），可采用扩大比例尺表示。

3. 工程地质测绘精度的确定

工程地质测绘精度是用对地质现象观察描述的详细程度以及工程地质条件各要素在工程地质图上反映的详细程度来表示的，必须与工程地质图的比例尺相适应。

（1）地质现象观察描述的详细程度

以工作区内单位测绘面积上观测点的数量和观测线的长度控制。通常不论比例尺多大，一般都以图上距离 2～3 cm 有一个观测点来控制，比例尺增大，实际面积的观测点数就增加；当天然露头不足时，必须采用人工露头来补充，所以在进行大比例尺测绘时，常需配合剥土、探槽、试坑等坑探工程，并选取少量的土样进行试验，在条件适宜时，可配合进行一定的物探工作。

通常观测点的分布是不均匀的，工程地质条件复杂的地段布置的观测点多，观测点通常应布置在工程地质条件的关键位置。综合性工程地质测绘每平方千米内观测点数量及观察路线平均长度要求见表 1-1-1。

表 1-1-1 综合性工程地质测绘每平方千米内观测点数量及观察路线平均长度

比例尺	工程地质条件复杂程度					
	简单		中等		复杂	
	观测点数量/个	路线长度/km	观测点数量/个	路线长度/km	观测点数量/个	路线长度/km
1∶200000	0.49	0.5	0.61	0.60	1.10	0.7
1∶100000	0.96	1.0	1.44	1.20	2.16	1.4
1∶50000	1.91	2.0	2.94	2.40	5.29	2.8
1∶25000	3.96	4.0	7.50	4.80	10.00	5.6
1∶10000	13.80	6.0	26.00	8.00	34.60	10.0

在布置观测点的同时，还要有一定数量的原位测试试验，同时采取岩土样及水样进行控制，以提供岩土工程参数。表 1-1-2 给出地质矿产行业比例尺为 1∶25000～1∶50000 的工程地质测绘取样控制数，其他比例尺测绘可参考有关规范执行。

（2）工程地质条件各要素在工程地质图上反映的详细程度

可用测绘填图时划分单元的最小尺寸以及实际单元的界线在图上标定时的误差大小来反映。测绘填图时划分单元的最小尺寸，一般为 2 mm，即大于 2 mm 者均应标示在图上。但对建筑工程有重要影响的地质单元和物理地质现象等，如软弱夹层、断层破碎带、滑坡，即使小于 2 mm，也应用扩大比例尺的方法标示在图上。

表 1-1-2 工程地质测绘取样要求

工程地质条件复杂程度	比例尺	原位测试/孔（或组）	岩土样/个	水样/个
简单	1:50000	0.5～1.0	30～150	2～5
	1:25000	1.0～2.0	75～250	4～8
中等	1:50000	1.0～2.0	60～200	4～7
	1:25000	2.0～3.0	150～380	6～10
复杂	1:50000	1.5～2.0	90～250	6～8
	1:25000	3.0～4.0	220～500	8～12

关注点：《岩土工程勘察规范（2009年版）》（GB 50021—2001）规定：地质界线和地质观测点的测绘精度，在图上不应低于 3 mm。所以在大比例尺的工程地质测绘中要采用仪器定位。为达到精度要求，一般在野外测绘填图时，采用比提交成图比例尺大一级的地形图作为填图底图。如提交的成图比例尺为 1:25000，则野外测绘填图时应采用 1:10000 的地形图作为填图底图。

4. 工程地质测绘观测点、线的布置与定位要求

（1）总体要求

1）观测点的布置应尽量利用天然和已有的人工露头，不是均匀布置，常布置在工程地质条件的关键地段；

2）观测线的布置以最短的线路观察到最多的工程地质要素或现象为原则；

3）地质观测点的密度应根据场地的地貌、地质条件、成图比例尺和工程要求等确定，并应具有代表性；

4）观测点的定位可采用目测法、半仪器法、仪器法和 GPS 仪法；

5）观测点的描述既要全面又要突出重点，同时还要注意观察观测点之间的地质现象并进行记录，反映点间的变化情况。

（2）观测点的布置

观测点应根据地质条件复杂程度进行布置，在工程地质条件复杂地段布置多，工程地质条件简单地段布置少。

1）观测点位置布置。工程地质观测点常布置在以下位置：①不同岩层接触处（尤其是不同时代岩层）、岩层的不整合面处；②不同地貌、微地貌单元分界处；③有代表性的岩石露头（人工露头或天然露头）处；④地质构造线上；⑤物理地质现象的分布地段；⑥水文地质现象点；⑦对工程地质有意义的地段。

2）观测点的数量、间距。应满足测绘精度要求，一般以图上距离 2～3 cm 有一观测点为宜。

3）观测点的定位。工程地质观测点定位时所采用的方法，对成图质量影响很大。根据不同比例尺的精度要求和地质条件的复杂程度，可采用不同方法。

目测法　对照地形底图寻找标志点，根据地形地物目测或步测距离标测。适用于小比例尺工程地质测绘，在可行性研究勘察阶段采用。

半仪器法　用简单的仪器（如罗盘、皮尺、气压计等）测定方位和高程，徒步或用测绳测量距离，一般适用于中等比例尺测绘，在初步勘察阶段采用。

仪器法 用经纬仪、水准仪、全站仪等较精密仪器测量观测点的位置和高程，适用于大比例尺工程地质测绘，常用于详细勘察阶段。

GPS仪 目前较常用。

关注点：《岩土工程勘察规范（2009年版）》（GB 50021—2001）规定：地质观测点的定位应根据精度要求选用适当方法；地质构造线、地层接触线、岩性分界线、软弱夹层、地下水露头和不良地质作用等特殊地质观测点，应采用仪器定位。

4）观测点的描述。观测点的描述既要全面又要突出重点，同时还要对观测点之间的地质现象进行记录，以反映点间的变化情况。文字记录要清晰简明，对典型或重要的地质现象，尽量用素描、照片与文字配合。观测点的记录必须有专门的记录簿或卡片，并应统一编号。凡图上所表示的地质现象，均须与文字记录相对应。

（3）观测线路的布置

路线法 沿着一定的路线，穿越测绘场地，把走过的路线正确地填绘在地形图上，并详细观察沿途地质现象，把各种地质界线、地貌界线、构造线、岩层产状和不良地质现象等标绘在地形图上。一般用于中、小比例尺，又称穿越法。路线形式有"S"形或直线形。

关注点：在路线测绘中应注意以下问题：①路线起点的位置，应选择明显的地物，如村庄、桥梁或特殊地形；②观察路线的方向，应大致与岩层走向、构造线方向和地貌单元垂直，可以用较少的工作量获得较多的成果；③观察路线应选择在露头及覆盖层较薄的地方。

追索法 沿地貌单元界线、地质构造线、地层界线、不良地质现象周界进行布线，以查明局部地段的地质条件。追索法是路线法的补充，是一种辅助方法。

布点法 根据不同的比例尺预先在地形图上布置一定数量的观察点和观测路线，是工程地质测绘的基本方法，大、中比例尺的工程地质测绘也可采用此方法。布点法观察路线长度必须满足要求，路线力求避免重复，使一定的观察路线达到最广泛的观察地质现象的目的。在第四系覆盖较厚的平原地区，岩石天然露头较少，可采用等间距均匀布点形成测绘网格。

通常，中、小比例尺工程地质测绘，一般以穿越岩层走向、地貌和物理地质现象单元布置观测路线为宜。大比例尺工程地质测绘，应以穿越岩层走向与追索地质界线相结合的方法布置观测路线，以能较准确地圈定工程地质单元的边界。

（四）编制测绘纲要

1. 目的要求

测绘纲要是进行测绘的依据，勘察任务书或勘察纲要是编制测绘纲要的重要依据，必须充分了解设计意图和内容、工程特点和技术要求。

2. 编制内容

编制内容主要包括：①工作任务情况（目的、要求、测绘面积及比例尺）；②工作区自然地理条件（位置、交通、水文、气象、地形、地貌特征）；③工作区地质概况（地层、岩性、构造、地下水条件、不良地质现象）；④工作量、工作方法及精度要求（观察点、勘探点、室内和野外测试工作）；⑤人员组织及经费预算；⑥材料、物资、器材的计划；⑦工作计划及工作步骤；⑧要求完成的各种资料、图件。

二、实地测绘

实地测绘即野外调查，就是沿着一定的观察路线进行沿途观察，在关键点上进行详细观察、描述、测量和取样，选择典型地段测绘工程地质剖面，必要时还需进行简易的勘探工作。通过野外调查，收集第一手原始资料。

（一）实测剖面

正式测绘前，应首先实测代表性地质剖面，建立典型的地层岩性柱状剖面和标志，划分工程地质制图单元。如已有地层柱状图可供利用时，也应进行现场校核，以加强感性认识，确定填图单位，统一工作方法。岩性综合体或岩性类型是填图的基本单位，可能时划分到工程地质类型，其界线可与地层界线吻合，也可根据岩性、岩相和工程地质特征进行细分或者归并。

（二）野外调查与描述

1. 格式要求

观测点的描述内容如下：

点号：按一定规则和顺序对观测点进行编号；

点位：确定观测点所在位置并标定在地形图上，记录坐标；

点性：说明该观测点的性质，如岩性分界点、地质构造点、地质灾害点、水文地质点等；

描述：按照工程地质测绘内容，将所观测到的各种现象进行详细描述，并尽量附图片、素描图等。

2. 调查与描述内容

（1）调查主要内容

工程地质测绘的内容包括工程地质条件的全部要素，即测绘拟建场区的地层、岩性、地质构造、地貌、水系和不良地质现象、已有建筑物的变形及破坏状况和建筑经验、可利用的天然建筑材料的质量和分布等。主要内容包括：

1）查明地形、地貌特征及其与地层、构造、不良地质作用的关系，划分地貌单元等；

2）查明岩土的年代、成因、性质、厚度和分布，对岩层应鉴定其风化程度，对土层应区分新近沉积土、各种特殊性土等；

3）查明岩体结构类型，各类结构面（尤其是软弱结构面）的产状和性质，岩土接触面和软弱夹层的特性等，新构造活动的形迹及其与地震活动的关系等；

4）查明地下水的类型、补给来源、排泄条件，井泉位置，含水层的岩性特征、埋藏深度、水位变化、污染情况及其与地表水体的关系等；

5) 收集气象、水文、植被、土的标准冻结深度等资料,调查最高洪水位及其发生时间、淹没范围等;

6) 查明岩溶、土洞、滑坡、崩塌、泥石流、冲沟、地面沉降、断裂、地震震害、地裂缝、岸边冲刷等不良地质作用的形成、分布、形态、规模、发育程度及其对工程建设的影响等;

7) 调查人类活动对场地稳定性的影响,包括人工洞穴、地下采空、大挖大填、抽水排水和水库诱发地震等;

8) 调查场地建筑物的变形和工程经验等。

(2) 描述主要内容

A. 地层岩性描述

1) 岩石及岩体描述。

对岩石,描述其地质年代、地质名称、风化程度、颜色、主要矿物、结构、构造和岩石质量指标 RQD。其中,沉积岩应着重描述沉积物的颗粒大小、形状、胶结物成分和胶结程度;岩浆岩和变质岩应着重描述矿物结晶大小和结晶程度。

对岩体,描述其结构面、结构体、岩层厚度和结构类型,并宜符合下列规定:结构面的描述包括类型、性质、产状、组合形式、发育程度、延展情况、闭合程度、粗糙程度、充填情况和充填物性质以及充水性质等;结构体的描述包括类型、形状、大小和结构体在围岩中的受力情况等。对岩层厚度分类应按表 1-1-3 执行。对岩体质量较差的岩体,软岩和极软岩应描述是否具有可软化性、膨胀性、崩解性等特殊性质;极破碎岩体应描述破碎的原因,如断层、全风化等,以及开挖后是否有进一步风化的特性等。

表 1-1-3 岩层厚度分类

层厚分类	单层厚度 h/m	层厚分类	单层厚度 h/m
巨厚层	$h>10$	中厚层	$0.1<h\leqslant0.5$
厚层	$0.5<h\leqslant10$	薄层	$h\leqslant0.1$

2) 土体描述。

对碎石土,描述颗粒级配、颗粒形状、颗粒排列、母岩成分、风化程度、充填物的性质和充填程度、密实度等;

对砂土,描述颜色、矿物组成、颗粒级配、颗粒形状、黏粒含量、湿度、密实度等;

对粉土,描述颜色、包含物、湿度、密实度、摇振反应、光泽反应、干强度、韧性等;

对黏性土,描述颜色、状态、包含物、光泽反应、摇振反应、干强度、韧性、土层结构等;

对特殊性土,除描述一般特征外,尚应描述其特殊成分和特殊性质(嗅、味、物质成分、堆积年代、密实度和厚度的均匀程度)等。

对具有互层、夹层、夹薄层特征的土,尚应描述各层的厚度和层理特征。对同一土层,相间呈韵律沉积,当薄层与厚层的厚度比大于 1/3 时,宜定为互层;当厚度比为 1/10~1/3 时,宜定为夹层;当厚度比小于 1/10 且多次出现时,宜定为夹薄层;当土层厚度大于 0.5m 时,宜单独分层。

对粉土和黏性土,可按表 1-1-4 所列内容进行描述。

表 1-1-4 土的描述

土类型	性 质			
	摇振反应	光泽反应	干强度	韧性
粉土	迅速、中等	无光泽	低	低
黏性土	无	光泽、稍有光泽	高、中等	高、中等

B. 地质构造描述

1) 描述岩层的产状及各种构造形式的分布、形态和规模；

2) 描述软弱结构面（带）的产状及其性质，包括断层的位置、类型、产状、断距、破碎带宽度及充填胶结情况；

3) 描述岩土层各种接触面及各类构造岩的工程特性；

4) 描述近期构造活动的形迹、特点及与地震活动的关系等。

关注点：对节理、裂隙应重点关注产状、延展性、穿切性和张开性、形态、起伏差、粗糙度、充填胶结物的成分和性质及密度或频度等。

C. 地貌描述

1) 描述地貌形态特征、分布和成因；

2) 描述划分地貌单元、地貌单元的形成与岩性、地质构造及不良地质现象等的关系；

3) 描述各种地貌形态和地貌单元的发展演化历史。

在大比例尺工程地质测绘中，应侧重描述微地貌与工程建筑物布置以及岩土工程设计、施工之间的关系。

D. 水文地质条件描述

1) 描述河流、湖沼等地表水体的分布、动态及其与水文地质条件的关系；

2) 描述井、泉的分布位置，所属含水层类型、水位、水质、水量、动态及开发利用情况；

水文地质点
描述示例

3) 描述区域含水层的类型、空间分布、富水性和地下水水化学特征及环境水的腐蚀性；

4) 描述相对隔水层和透水层的岩性、透水性、厚度和空间分布；

5) 描述地下水的流速、流向，补给、径流和排泄条件及地下水活动与环境的关系，如土地盐碱化等现象。

E. 不良地质现象描述

1) 描述各种不良地质现象的分布、形态、规模、类型和发育程度；

2) 分析不良地质现象的形成机制、影响因素和发展演化趋势；

3) 预测不良地质现象对工程建设的影响，提出进一步研究的重点及防治措施。

工程地质点
描述示例

F. 已有建筑物的调查描述

1) 选择不同地质环境中的不同类型和结构的建筑物，调查并描述其有无变形、破坏的标志及原因，以判明建筑物对地质环境的适应性；

2) 具体描述建筑场地的工程地质条件，对拟建建筑物可能的变形、破坏情况进行正确描述，并提出相应的防治对策和措施；

3) 对不良地质环境或特殊性岩土的建筑场地，应充分描述当地的建筑经验、建筑结构、基础方案、地基处理和场地整治等。

G. 人类工程活动对场地稳定性影响的调查描述

采矿和过量抽取地下水引起的地面塌陷、修建公路、铁路、深基坑开挖引起的边坡失稳等，主要描述其形成原因、规模大小、产生的危害及防治措施。

野外调查记录表（参考）

为方便野外调查，许多单位编制了包括调查内容的相关表格，使调查更加规范，同时提高调查效率。

关注点：在测绘工作中，最重要的是要把点与点、线与线之间观察到的现象联系起来，克服只在孤立点上观察而不进行沿途连续观察和不及时对观察到的现象进行综合分析的偏向。同时还要将工程地质条件与拟进行的建筑工程的特点联系起来，以能确切地预测岩土工程问题的性质和规模。测绘的同时还要采取部分岩土样品或水样。此外，还应在测绘过程中将实际资料和各种界线准确如实地反映到测绘手图上，并逐日清绘于室内底图上，及时进行资料整理和分析，才能及时发现问题和进行必要的补充观察以提高测绘质量。

三、成果整理

成果整理是在野外收集到的第一手资料的前提下，进行资料整理和成果编制（编制相应图件并编写测绘报告）。

（一）资料整理

1. 野外工作中的资料整理

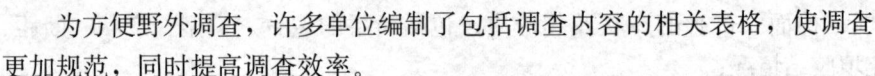

测绘成果整理

（1）野外手图、实际材料图

在每日野外工作结束后，调查小组要在一定比例尺的地形图手图上以直径为 2 mm 的小圆圈标定调查点，写上调查编号，同时标绘相关的地质、水文地质和不良地质现象内容，并着墨。每个调查图幅要提交一张完整的实际材料图，转点误差应小于 0.5 mm，在其图边注明责任表（包括调查小组、转绘者、检查者）。

（2）调查记录卡

当天工作完成回到驻地后，应对照图对当天的记录卡进行自我检查与完善，对数据及素描图等着墨，驻地搬迁前要完成互检。回到室内后，与统一印制的封面一起按图幅装订成册。

（3）野外原始资料检查

为保证野外调查工作的质量，必须建立健全野外工作三级（调查小组、项目组和生产单位）质量检查制度和原始资料验收制度。

1）调查小组质量检查主要包括自检、互检，检查工作量为 100%。自检和互检是调查小组的日常检查工作，应在当天野外工作结束后进行。检查内容包括：记录卡填写内容的完整性、准确性，记录卡与手图的一致性，GPS仪坐标读数与手图坐标、转点图坐标一致性等。发现问题应及时更正，并填写调查小组日常自检和互检登记表。

2）项目组质量检查人员应对各调查小组进行工作质量检查。野外检查工作量应大于总工作量的5%。室内质量检查工作量应大于总工作量的20%。野外质量检查内容包括：调查点的合理性，调查工作的规范性，记录内容的真实性、正确性。室内质量检查内容包括：手图与记录卡的一致性，记录卡填写内容的完整性，手图转绘的正确性。室内检查结果要填写原始资料检查登记表。对出现问题较多的调查小组应重点抽查，对出现的问题应及时修改或给出其他处理意见。

3）生产单位应组织质量检查组对野外和室内工作质量进行检查。野外检查工作量大于总工作量的0.5%~1.0%，室内检查工作量应大于总工作量的10%，其中包括对项目组检查内容不少于10%的抽查。

生产单位除工作过程中进行质量检查外，在野外工作结束前，要派质量检查组对野外工作进行全面质量检查，并对各级质量检查工作以及全部原始资料进行评价和验收，写出验收文据。

2. 野外验收前的资料整理

野外验收前的资料整理，是在野外工作结束后，全面整理各项野外实际工作资料，检查其完备程度和质量，整理誊清野外工作手图和编制各类综合分析图、表，编写调查工作小结。整理内容包括：

1）各种原始记录簿、表格、卡片和统计表；
2）实测的地质、地貌、水文地质、工程地质和勘探剖面图；
3）各项原位测试、室内试验、鉴定分析资料和勘探试验资料；
4）典型影像图、摄影和野外素描图；
5）物探解释成果图、物探测井、井深曲线及推断解释地质柱状图及剖面图，物探各种曲线、测试成果数据和成果报告；
6）各类图件，包括野外工程地质调查手图、地质略图、研究程度图、实际材料图、各类工程布置图、遥感图像解译地质图等。

3. 最终成果资料整理

最终成果资料整理是在野外验收后进行的，要求内容完备，综合性强，文、图、表齐全。包括以下内容：

1）对各种实际资料进行整理分类、统计和数学处理，综合分析各种工程地质条件、因素及其间的关系和变化规律；
2）编制基础性、专门性图件和综合工程地质图；
3）编写工程地质测绘调查报告。

关注点：资料整理中应重视素描图和照片的分析整理工作，有助于分析问题。

（二）成果编制

1. 工程地质测绘图件编制

实际材料图主要反映测绘过程中的观测点、线的布置，测绘成果及测绘中的物探、勘探、取样、观测和地质剖面图的展布等内容，该图是绘制其他图件的基础图件。

岩土体的工程地质分类图主要反映岩土体各工程地质单元的地层时代、岩性和主要工程地质特征（包括结构和强度特征等），以及它们的分布和变化规律。对于特殊的岩土体和软弱夹层、破碎带可放大表示。该图还应附有工程地质综合柱状图或岩土体综合工程地质分类说明表、代表性的工程地质剖面图等。

工程地质分区图是在调查分析工作区工程地质条件的基础上，按工程地质特性的异同进行分区评价的成果图件。工程地质分区的原则和级别要因地制宜，主要根据工作区的特点并考虑工作区的经济发展规划的需要来确定。一级区域应依据对工作区工程地质条件起主导作用的因素划分；二级区域应依据影响动力地质作用和环境工程地质问题的主要因素划分；三级区域可根据对工作区主要岩土工程问题和环境工程地质问题的评价划分；四级区域可根据岩土分层及岩土体的物理力学指标划分。

综合工程地质图是全面反映工作区的工程地质条件、工程地质分区、工程地质评价的综合性图件。图面内容包括：岩土体的工程地质分类及其主要工程地质特征，地质构造（主要是断裂）、新构造（特别是现今活动的构造和断裂）和地震，地貌与外动力地质现象和主要地质灾害，人类活动引起的环境地质、岩土工程问题，水文地质要素，工程地质分区及其评价等。

该图由平面图、剖面图、岩土体综合工程地质柱状图、岩土体工程地质分类说明表、图例、必要的镶图等组成，应尽可能增加工程地质分区说明表。

2. 工程地质测绘报告编写

工程地质测绘报告是对测区的工程地质条件进行详细描述，并做出综合性评价的成果体现，为工程建设选址提供地质依据，工程地质测绘报告的编写要求真实、客观、全面、简明扼要。

工程地质测绘报告内容主要包括：①序言；②自然地理、地质概况（自然地理概况、地质概况、资源概况）；③区域工程地质条件（地形地貌、地质构造、地层岩性、水文地质条件、不良地质现象、人类工程活动、天然建筑材料与其他地质资源等）；④专门性环境工程地质问题（视情况定内容）；⑤工程地质分区（分区原则、分区评价与预测）；⑥结论与建议；⑦附图和附表。

拓展知识

航片和卫片在测绘中的应用。

航片和卫片应用

知识小结

工程地质测绘是运用地质、工程地质理论对与工程建设有关的各种地质现象进行详细观察和描述，以查明拟定工作区内工程地质条件，并将它们如实地反映在一定比例尺的地形底图上，编制成工程地质图的过程。本任务按照测绘工作程序讲述了工程地质测绘的工作准备、实地测绘、成果整理三方面内容，对工程地质测绘的技术要求进行了详细说明，同时将新技术、新方法引入工程地质测绘中。

思考训练

1. 工程地质测绘的方法和程序有哪些?
2. 工程地质测绘点应该进行哪些工作?如何进行?有何必要?
3. 如何确定工程地质测绘的范围、比例尺和精度?
4. 工程地质测绘的要求有哪些?
5. 实地选择测绘点进行详细描述,并绘制测绘点的平面图及剖面图。

任务二 岩土工程勘探

知识目标

1. 掌握岩土工程勘探的工作程序。
2. 掌握岩土工程勘探的基本技术要求。
3. 掌握岩土工程勘探的施工工艺。
4. 掌握岩土样及水样采取的技术要求。

能力目标

1. 具有编制岩土工程勘察纲要的能力。
2. 具备现场进行钻孔岩芯编录的能力。
3. 能根据钻孔岩芯编录资料绘制现场钻孔柱状图。

思政目标

树立规范意识、质量意识、安全及环境保护意识,培养严谨细心、诚实守信的工作作风。

岩土工程勘探是在工程地质测绘的基础上,利用各种设备、工具直接或间接深入地下岩土层,查明地下岩土性质、结构、构造、空间分布、地下水条件等内容的勘察工作,是探明深部地质情况的一种可靠方法。

1. 主要任务

1)探明建筑场地的岩性及地质构造,即各地层的厚度、性质及其变化;划分地层并确定其接触关系;了解基岩的风化程度,划分风化带;了解岩层的产状、裂隙发育程度及其随深度的变化;了解褶皱、断裂、破碎带及其他地质构造的空间分布和变化。

2)探明水文地质条件,即含水层、隔水层的分布、埋藏厚度、性质及地下水位。

3)探明地貌及物理地质现象,包括河谷阶地、冲洪积扇、坡积层的位置和土层结构;岩溶的规模及发育程度;滑坡和泥石流的分布、范围、特性等。

4)采取岩土样及水样,提供对岩土特性进行鉴定和各种试验所需的样品,提供野外测试条件。

勘探和取样是岩土工程勘察的基本勘探手段,二者缺一不可。

2. 主要作用

1) 检验工程地质测绘的可靠性和准确性；
2) 查明建筑区或场地工程地质条件、发育规律和空间分布特征；
3) 获得各种岩土样、水样及其他测试样品；
4) 配合勘探可进行各种测试和监测工作，如抽水、压水、注水和岩土原位测试试验等。

3. 分类

根据岩土工程勘探先地表后地下的施工顺序，可分别采用不同的勘探工程，主要有地球物理勘探工程、坑探工程和钻探工程。物探工程是一种间接的勘探方法，它可以简便而迅速地探测地下地质情况，且具有立体透视性的优点。坑探工程和钻探工程是直接的勘察手段，能较可靠地了解地下地质情况，其中钻探工程是最重要的勘探工程，应重点掌握。

一、地球物理勘探工程

地球物理勘探工程是利用专门的仪器探测各种地质体物理场的分布情况，并对获得的数据及绘制的曲线进行分析解释，从而划分地层并判定地质构造、水文地质条件及各种不良地质现象的勘探工程，简称物探工程，常用在可行性研究勘察阶段。

由于地质体具有不同的物理性质（导电性、弹性、磁性、放射性等）和不同的物理状态（含水率、空隙性、固结状态等），它们为利用物探方法研究各种不同的地质体和地质现象的物理场提供了前提。通过测量物理场的分布和变化特征，结合已知的地质资料进行分析研究，就可以达到推断地质性状的目的。

物探工程具有速度快、设备轻便、效率高、成本低、地质界面连续等特点，但具有多解性。因此，在岩土工程勘察中应与其他勘探工程（如钻探工程和坑探工程等）直接方法结合使用。作为钻探的先行手段，可用于了解隐蔽的地质界线、界面或异常点（如基岩面、风化带、断层破碎带、岩溶洞穴等）；作为钻探的辅助手段，在钻孔之间增加地球物理勘探点，为钻探成果的内插、外推提供依据；作为原位测试手段，可测定岩土体的波速、动弹性模量、动剪切模量、卓越周期、电阻率、放射性辐射参数、土对金属的腐蚀性等参数。

地球物理勘探原理示意如图 1-2-1 所示。

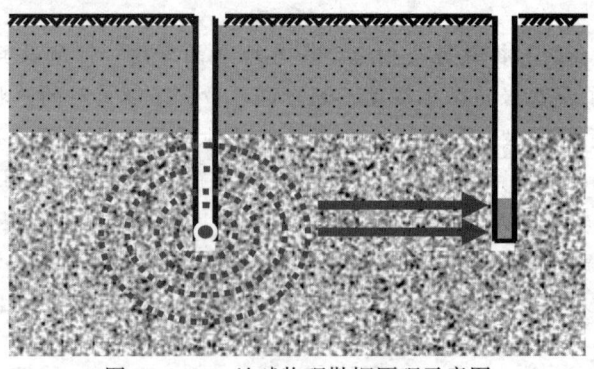

图 1-2-1 地球物理勘探原理示意图

（一）工作准备

1. 了解物探方法及适用范围

（1）物探方法及适用范围

物探方法的种类很多（表1-2-1），在岩土工程勘察中应用最普遍的是电阻率法和地震折射波法。近年来，地质雷达和声波测井的应用效果较好。

表1-2-1　物探方法分类及其在岩土工程中的应用

类别	方法名称		适用范围
电法	电阻率法	电剖面法	测定基岩埋深；探测隐伏断层、破碎带；探测地下洞穴；探测地下或水下隐埋物体
		电测深法	测定基岩埋深，划分松散沉积层序和基岩风化带；探测隐伏断层、破碎带；探测地下洞穴；测定潜水面深度和含水层分布；探测地下或水下隐埋物体
	充电法		探测地下洞穴；测定地下水流速、流向；探测地下或水下隐埋物体；探测地下管线
	自然电场法		探测隐伏断层、破碎带；测定地下水流速、流向
	激发极化法		探测隐伏断层、破碎带；探测地下洞穴；划分松散沉积层序；测定潜水面深度和含水层分布；探测地下或水下隐埋物体
	高密度电阻率法		测定潜水面深度和含水层分布；探测地下或水下隐埋物体
电磁法	电磁感应法		测定基岩埋深；探测隐伏断层、破碎带；探测地下洞穴；探测地下或水下隐埋物体；探测地下管线
	频率测深法		测定基岩埋深，划分松散沉积层序和基岩风化带；探测隐伏断层、破碎带；探测地下洞穴；探测河床水深及沉积泥沙厚度；探测地下或水下隐埋物体；探测地下管线
	甚低频法		探测隐伏断层、破碎带；探测地下或水下隐埋物体；探测地下管线
	地质雷达法		测定基岩埋深，划分松散沉积层序和基岩风化带；探测隐伏断层、破碎带；探测地下洞穴；测定潜水面深度和含水层分布；探测河床水深及沉积泥沙厚度；探测地下或水下隐埋物体；探测地下管线
	地下电磁波法（无线电波透视法）		探测隐伏断层、破碎带；探测地下洞穴；探测地下或水下隐埋物体；探测地下管线
地震波法	折射波法		测定基岩埋深，划分松散沉积层序和基岩风化带；测定潜水面深度和含水层分布；探测河床水深及沉积泥沙厚度
	反射波法		测定基岩埋深；探测隐伏断层、破碎带；探测地下洞穴；测定潜水面深度和含水层分布；探测河床水深及沉积泥沙厚度；探测地下或水下隐埋物体；探测地下管线
	直达波法（单孔法和跨孔法）		划分松散沉积层序和基岩风化带
	瑞利波法		测定基岩埋深，划分松散沉积层序；探测隐伏断层、破碎带；探测地下洞穴；探测地下隐埋物体；探测地下管线

续表

类　别	方法名称	适　用　范　围
声波法	声波法	测定基岩埋深，划分松散沉积层序和基岩风化带；探测隐伏断层、破碎带；探测洞穴和地下或水下隐埋物体；探测地下管线；探测滑坡体的滑动面
	声呐法	探测河床水深及沉积泥沙厚度；探测地下或水下隐埋物体
地球物理测井（放射性测井、电法测井、声波测井）		划分松散沉积层序和基岩风化带；探测地下洞穴；测定潜水面深度和含水层分布；探测地下或水下隐埋物体

（2）电阻率法在岩土工程勘察中的应用

电阻率法是依靠人工建立直流电场，在地表测量某点垂直方向或水平方向的电阻率变化，从而推断地表下地质体性状的方法。各种测试仪如图1-2-2所示，常用来测定基岩埋深，探测隐伏断层、破碎带，地下洞穴，地下或水下隐埋物体等。

图1-2-2　电阻率测试仪

在岩土工程勘察中，电阻率法主要用于：①确定不同的岩性，进行地层岩性的划分；②探查褶皱构造形态，寻找断层；③探查覆盖层厚度、基岩起伏及风化壳厚度；④探查含水层的分布情况、埋藏深度及厚度，寻找充水断层及主导充水裂隙方向；⑤探查岩溶发育情况及滑坡体的分布范围；⑥寻找古河道的空间位置。

在使用电阻率法时应注意：①地形比较平缓且具有便于布置极距的一定范围；②被探查地质体的大小、形状、埋深和产状，必须在人工电场可控的范围之内，且电阻率较稳定，与围岩背景值有较大异常；③场地内应有电性标准层存在；④场地内无不可排除的电磁干扰。

高密度电阻率法岩溶勘查（上）　　高密度电阻率法岩溶勘查（下）

（3）地震折射波法在岩土工程勘察中的应用

地震折射波法是通过人工激发的地震波在地壳内传播的特点来探查地质体的一种物探方法。

在岩土工程勘察中，应用最多的是高频（<200 Hz）地震波浅层折射法，可以研究深度在100 m以内的地质体。地震勘探仪器，一般都应具备三个基本部分，即地面振动传感器（地震检波器）、地震信号放大和数据变换系统（采集站）、中央记录系统（磁带机、记录显示设备）。

在岩土工程勘察中，地震折射波法主要用于：①测定覆盖层的厚度，确定基岩的埋深和起伏变化；②追索断层破碎带和裂隙密集带；③研究岩石的弹性性质，测定岩石的动弹性模量和动泊松比；④划分岩体的风化带，测定风化壳厚度和新鲜基岩的起伏变化。

在使用地震折射波法时应注意：①地形起伏较小；②地质界面较平坦，断层破碎带少，且界面以上岩石较均一，无明显高阻层屏蔽；③界面上下或两侧地质体有较明显的波速差异。

（4）高密度电阻率法及地震反射波法在岩土工程勘察中的应用

高密度电阻率法是一种重要的工程物探方法，以地下岩土介质的电性差异为基础，主要观测研究人工建立的地下稳定电流场的分布规律，是一种集电测深法和电剖面法于一体的多装置、多机距的组合方法，具有获得信息多、观测精度高、速度快、探测深度灵活等特点，主要用于水文、工程及环境地质调查。

地震反射波法是利用地震反射波进行人工地震勘探的方法，是大陆架油气勘探的首要手段。测量结果能较准确地确定界面的深度和形态，圈定局部构造，判断地层岩性。

2. 熟知相关技术要求

1) 应用地球物理勘探方法时，应具备下列条件：①被探测对象与周围介质之间有明显的物理性质差异；②被探测对象具有一定的埋藏深度和规模，且地球物理异常有足够的强度；③能抑制干扰，区分有用信号和干扰信号；④在有代表性地段进行方法的有效性试验。

2) 应根据探测对象的埋深、规模及其与周围介质的物性差异，选择有效的地球物理勘探方法。

3) 对地球物理勘探成果判译时，应考虑其多解性，区分有用信息与干扰信号，需要时应采用多种方法探测，进行综合判译，并应有已知物探参数或一定数量的钻孔验证。

（二）现场作业

1. 测线布置及测定工作

1) 根据勘察区内地形、地貌，按照设计要求布置测线，测线走向根据需要安排。
2) 用 GPS 仪进行测点定位。
3) 在测定工作时，应选定好坐标系。

2. 野外数据采集

物探数据的野外采集是关键，不同方法可采用不同的设备进行采集。

（三）资料整理及推断解释

1) 分离和压制妨碍分辨有效波的干扰波；
2) 物探资料的分析、解释成果还必须与钻探、原位测试、室内试验成果等进行对比、验证。

物探工程案例

野外采集的有关数据需通过内业分析、计算、解释成地质资料。以弹性波勘探方法为例，首先分离和压制妨碍分辨有效波的干扰波，保留能够解决某一特定工程地质问题的有效波。从理论上说，可以通过硬件和软件来实现，但实际上分离和压制是有限度的，而干扰波的存在是普遍的。只有具有丰富的实践经验，才能在众多的测试数据中识别出干扰波和有效波，去伪存真，得到真实的解释成果。其次由于物探方法的多解性，在实际工作中只有通过对比、验证、积累经验，才能避免假判、误判，使解释成果更接近实际情况，促进分析、解释技术水平的提高。

想一想：物探最主要的特点是什么？

二、坑探工程

坑探工程也称掘进工程、井巷工程，是用人工或机械方法在地下开凿一定的空间，以便直接观察岩土层的天然状态及各地层之间的接触关系等地质结构，并能取出接近原状结构的岩土样或进行现场原位测试。优点是：勘察人员能直接观察到地质结构，准确可靠，且便于素描，可不受限制地从中采取原状岩土样和进行大型原位测试，尤其对研究断层破碎带、软弱泥化夹层和滑动面（带）等的空间分布特点及其工程性质等，具有重要意义。缺点是：应用时往往受到自然地质条件的限制，耗费资金大而勘探周期长，尤其是重型坑探工程不可轻易采用。

岩土工程勘探中常用的坑探工程有：探槽、试坑、浅井、竖井（斜井）、平硐和石门（平巷）（图1-2-3），其中前三种为轻型坑探工程，后三种为重型坑探工程。

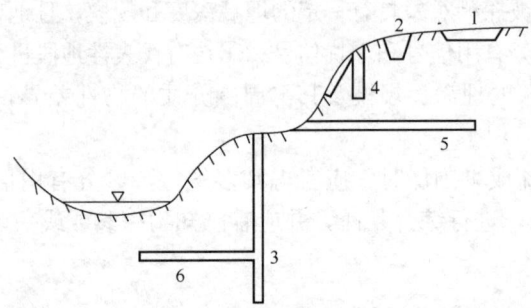

图1-2-3 岩土工程勘探中常用的坑探工程示意图
1—探槽；2—试坑；3—浅井；4—竖井；5—平硐；6—石门

（一）工作准备

1. 了解坑探工程种类及适用范围

坑探工程的特点及适用条件详见表1-2-2。

表1-2-2 坑探工程的特点及适用条件

名　称	特　　点	适　用　条　件
探槽	在地表开挖深度小于3m的长条形槽	剥除地表覆土，揭露基岩，划分地层岩性，研究断层破碎带；探查残坡积层的厚度和物质、结构
试坑	从地表向下，开挖铅直的、深度小于3m的圆形或方形小坑	局部剥除覆土，揭露基岩；做载荷试验、渗水试验，取原状土样
浅井	从地表向下，开挖铅直的、深度5～15m的圆形或方形井	确定覆盖层及风化层的岩性及厚度；做载荷试验，取原状土样
竖井（斜井）	形状与浅井相同，但深度大于15m，有时需支护	了解覆盖层的厚度和性质，作风化壳分带、软弱夹层分布、断层破碎带及岩溶发育情况、滑坡体结构及滑动面等图；布置在地形较平缓、岩层又较缓倾的地段

续表

名　称	特　点	适　用　条　件
平硐	在地面有出口的水平坑道，深度较大，有时需支护	调查斜坡地质结构，查明河谷地段的地层岩性、软弱夹层、破碎带、风化岩层等；进行原位岩体力学试验及地应力测量、取样；布置在地形较陡的山坡地段
石门（平巷）	不出露地面而与竖井相连的水平坑道，石门垂直岩层走向，平巷平行岩层走向	了解深部地质结构，做试验等

2. 熟知相关技术要求

1）当钻探工程难以准确查明地下情况时，可采用探井、探槽进行勘探。在坝址、地下工程、大型边坡等勘察中，当需详细查明深部岩层性质、构造特征时，可采用竖井或平硐。

2）探井的深度不宜超过地下水位。竖井和平硐的深度、长度、断面按工程要求确定。

3）对探井、探槽和平硐，除文字描述外，还应以剖面图、展示图等反映井、槽、硐壁和底部的岩性、地层分界、构造特征、取样和原位试验位置，并辅以代表性部位的彩色照片。

4）坑探工程的编录应紧随坑探工程掌子面，在坑探工程支护或支撑之前进行。编录时，应在现场做好编录，并绘制完成编录展示草图。

5）探井、探槽完工后可用原土回填，每 30 cm 分层夯实，夯实土干容重不小于 15 kN/m^3。有特殊要求时可采用低强度混凝土回填。

3. 编制坑探工程设计书

编制坑探工程设计书的内容包括如下几方面：

1）坑探工程的目的、型号和编号。

2）坑探工程附近的地形、地质概况。

3）掘进深度及其论证。

4）施工条件：岩石及其硬度等级，掘进的难易程度，采用的掘进机械和掘进方法；地下水位，可能的涌水情况，应采取的排水措施；是否需要支护及支护材料、结构等。

5）岩土工程要求：掘进过程中的编录要求及应解决的地质问题；对坑壁、底板、顶板掘进方法的要求；取样的地点、数量、规格和要求等；岩土试验的项目、组数、位置及掘进时应注意的问题；应提交的成果、资料及要求。

6）施工组织、进度、经费及人员安排。

（二）现场观察与描述

1）测量探井、探槽、竖井、斜井、平硐的断面形态尺寸和掘进深度。

2）地层岩性的划分：第四系堆积物的成因、岩性、时代、厚度及空间变化和相互接触关系；基岩的颜色、成分、结构、构造、地层层序以及各层间接触关系；应特别注意软弱夹层的岩性、厚度及其泥化情况。地层岩性的描述内容与工程地质测绘描述内容相同。

3）岩石的风化特征及其随深度的变化、风化壳分带。

4）岩层产状要素及其变化，各种构造形态；注意断层破碎带及节理、裂隙的发育；断裂的产状、形态、力学性质；破碎带的宽度、物质成分及其性质；节理裂隙的组数、产状、穿切性、延展性、裂隙宽度、间距（频度），有必要时作节理裂隙的素描图及统计测量。

5）测量点、取样点、试验点的位置、编号及数据。

6）水文地质情况：如地下水渗出点位置、涌水点及涌水量等。

（三）绘制坑道工程图

展视图是坑探工程编录的主要内容，也是坑探工程所需提交的主要成果资料。所谓展视图，就是沿坑探工程的壁、底面所编制的地质断面图，按一定的制图方法将三维空间的图形展开在平面上。由于它所表示的坑探工程成果一目了然，故在岩土工程勘探中被广泛应用。

不同类型的坑探工程展视图的编制方法和表示内容有所不同，其比例尺应视坑探工程的规模、形状及地质条件的复杂程度而定，一般采用1∶25～1∶100。

1. 探槽展示图

在绘制探槽展示图之前，应确定探槽中心线方向及其各段变化，测量水平延伸长度、槽底坡度，绘制四壁地质素描。绘制探槽展示图可用坡度展开法和平行展开法，其中平行展开法使用广泛，更适用于坡度直立的探槽，如图1-2-4所示。

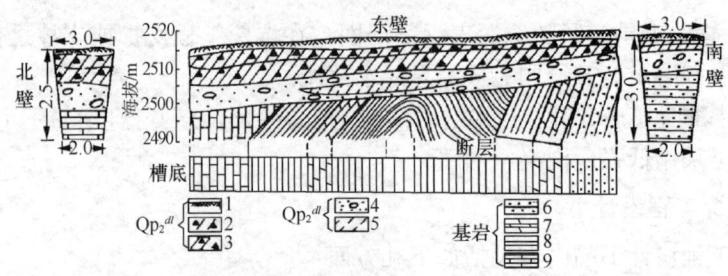

图1-2-4 探槽展示图（单位：m）

1—表土层；2—含碎石粉土；3—含碎石粉质黏土；4—含漂石和卵石的砂土；
5—粉土；6—细粒云母砂岩；7—白云岩；8—页岩；9—灰岩

2. 浅井和竖井展示图

浅井和竖井展示图有四壁辐射展开法和四壁平行展开法。四壁平行展开法使用较多，其浅井展示图如图1-2-5所示。

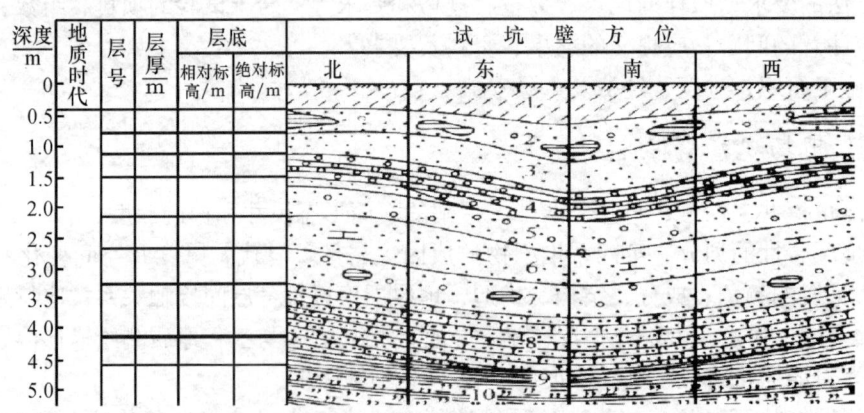

图1-2-5 用四壁平行展开法绘制的浅井展示图

1～10为地层序号

3. 平硐展示图

平硐展示图绘制从硐口开始，到掌子面结束。具体绘制方法是：按实测数据先绘出硐底的中线，然后依次绘制硐底—硐两侧壁—硐顶—掌子面，最后按底、壁、顶和掌子面对应的地层岩性和地质构造填充岩性图例与地质界线，并应绘制硐底高程变化线，以便于分析和应用，如图 1-2-6 所示。

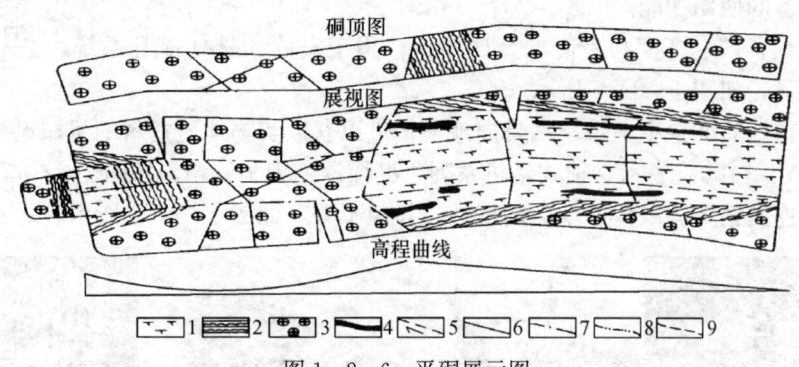

图 1-2-6 平硐展示图

1—凝灰岩；2—凝灰质页岩；3—斑岩；4—细粒凝灰岩夹层；5—断层；6—解理；
7—硐底中线；8—硐底壁分界线；9—岩层分界线

想一想：揭露地表线状构造时，宜采用哪种勘探方式。

三、钻探工程

钻探工程是岩土工程勘察中重要的勘察手段。钻探是岩土工程勘察中应用最为广泛的一种可靠的勘探方法。

钻探工程概述

1. 钻探特点及作用

钻探是指用一定的设备、工具（即钻机）破碎地壳岩石或土层，从而在地壳中形成一个直径较小、深度较大的钻孔（直径相对较大者称为钻井），可取岩芯或不取岩芯，以了解地层深部地质情况的过程。

特点：可以在各种环境下进行，一般不受地形、地质条件的限制；能直接观察岩芯和取样，勘探精度较高；能进行原位测试和监测工作，最大限度地发挥综合效益；勘探深度大，效率较高。但钻探工程耗费人力物力较多，平面资料连续性较差，钻进和取样有时技术难度较大。

主要作用：①查明建筑场区的地层岩性、岩层厚度变化情况，查明软弱岩土层的性质、厚度、层数、产状和空间分布；②了解基岩风化带的深度、厚度和分布情况；③探明地层断裂带的位置、宽度和性质，查明裂隙发育程度及随深度变化情况；④查明地下含水层的层数、深度及其水文地质参数；⑤利用钻孔进行灌浆、压水试验及土力学参数的原位测试；⑥利用钻孔进行地下水位长期观测，或对场地进行降水以保证场地岩土体相关结构的稳定性。

特殊要求：①岩土层是岩土工程钻探的主要对象，应可靠地确定岩土层名称，准确判定分层深度，正确鉴别土层天然结构、密度和湿度状态；②岩芯采取率要求较高；③钻孔水文地质观测和水文地质试验是岩土工程钻探的重要内容，借以了解岩土的含水性，发现含水层并确定其水位和涌水量，掌握各含水层之间的水力联系，测定岩土的渗透系数等；④在钻进过程中，为研究土的工程性质，经常需要采取岩土样。

2. 钻探工程设备

钻探工程设备主要包括：钻塔、钻机、钻杆、钻头、套管等，应熟悉各种钻探设备的使用功能。

钻探工程设备

钻塔是具有一定高度和跨度的金属桁架，用于安放和悬挂提升系统，承受钻具重量，如图1-2-7所示。

钻机是在地质勘探中，带动钻具向地下钻进以获取实物地质资料的机械设备，又称钻探机。如XY1（100）表示立轴式钻机系列，勘探深度为100 m，如图1-2-8所示。

钻杆是连接钻头、以传递动力的杆件，长短不一，如图1-2-9所示。

图1-2-7 钻塔　　　　　图1-2-8 钻机　　　　　图1-2-9 钻杆

钻头（图1-2-10）是破碎岩石的主要工具，主要有硬质合金钻头（图1-2-11）、钢粒钻头、金刚石钻头（图1-2-12）三种类型。各类钻头的特点及适用范围见表1-2-3。

图1-2-10 钻头　　　　图1-2-11 硬质合金钻头　　　图1-2-12 金刚石钻头

表1-2-3 各类钻头的特点及适用范围

钻头种类		硬质合金钻头	钢粒钻头	金刚石钻头
适用范围		硬度小于Ⅷ级的沉积岩及部分变质岩、岩浆岩	硬度为Ⅶ～Ⅻ级的坚硬地层	硬度为Ⅸ级以上的最坚硬岩层
终孔直径/m	一般情况	59、76或91	≥91	46或59
	煤系地层	≥76		
	无机盐勘探	≥91		
	岩土工程勘探	<110		
	水井和工程施工	≥110		

套管（图1-2-13）又称钢管、岩芯管，用于保护支撑孔壁以免产生变形或坍塌。套管柱的连接方法主要有直接连接、接头连接和接箍连接。

图 1-2-13 套管

3. 钻探方法及分类

按不同要求,钻探方法分类见表 1-2-4。

表 1-2-4 钻探方法分类

分类方法	类 型
按钻探用途	(1) 工程地质勘察钻探:又分为人力钻探和机械钻探; (2) 水文地质调查与水井钻探; (3) 石油钻探; (4) 工程施工钻探
按钻孔直径	(1) 小直径钻孔:又称小口径钻进或金刚石钻进; (2) 中直径钻孔:目前较少用; (3) 大直径钻孔:又称大口径钻进、钻井,主要用于水电工程地质勘探
按采取岩芯	(1) 取芯钻孔(取土钻孔):通常采用取芯钻进,保留中间岩芯; (2) 不取芯钻孔(不取土钻孔):通常采用全面钻进,破碎岩芯
按地基条件	(1) 一般性钻孔:主要用于查明主要受力层的性质,满足地基承载力评价等一般常规性问题的要求而布设的勘察孔; (2) 控制性钻孔:为控制场地地层结构,以及满足场地、地基基础和基坑工程的稳定性和变形评价的要求而布设的勘探孔
按钻进方法	(1) 冲击钻探:利用钻具重力和下落过程中产生的冲击力使钻头冲击孔底岩土体并使其产生破坏,从而达到在岩土层中钻进的目的。 (2) 回转钻探:采用底部焊有硬质合金的圆环状钻头进行钻进,钻进时一般要施加一定的压力,使钻头在旋转中切入岩土层以达到钻进的目的。它包括岩芯钻探、无岩芯钻探和螺旋钻探。岩芯钻探为孔底环状钻进,螺旋钻探为孔底全面钻进。 (3) 振动钻探:采用机械动力产生的振动力,通过连杆和钻具传到钻头,通过振动力的作用使钻头能更快地破碎岩土层,因而钻进较快。该方法适合在砂土层中,特别适合颗粒组成相对均匀细小的中细砂土层中采用。 (4) 冲洗钻探:利用高压水流冲击孔底土层,使之结构破坏,土颗粒悬浮并最终随水流循环流出孔外的钻探方法。由于土颗粒通过水流直接冲洗,因此无法对土体结构及其他相关特性进行观察鉴别

在上述方法中,按钻进方法的分类最常用,其四种方法各有特点,分别适用不同的勘察要求和岩土层性质,由于机械回转钻进效率高,孔深大,能采取岩芯,因此在岩土工程钻探中使用最广。

《岩土工程勘察规范（2009年版）》(GB 50021—2001)对常用的几种钻探方法的适用范围做出了明确规定，详见表1-2-5。

表1-2-5 钻探方法的适用范围

钻探方法		钻 进 地 层					勘 察 要 求	
		黏性土	粉土	砂土	碎石土	岩石	直观鉴别、采取未扰动试样	直观鉴别、采取扰动试样
回转钻探	螺旋钻探	++	+	—	—	—	++	++
	无岩芯钻探	++	++	++	+	++	—	—
	岩芯钻探	++	++	++	+	++	++	++
冲击钻探	冲击钻探	—	+	++	++	—	—	—
	锤击钻探	++	++	++	+	—	++	++
振动钻探		++	++	++	+	—	+	++
冲洗钻探		+	++	++	—	—	—	—

注："++"表示适用；"+"表示部分适用；"—"表示不适用。

（一）工作准备

1. 了解钻探技术要求

钻探工程施工

1) 当需查明岩土的性质和分布，采取岩土样或进行原位测试时，可采用钻探、井探、槽探、硐探和地球物理勘探等。勘探方法的选取应符合勘察目的和岩土特性。

2) 布置勘探工作时，应考虑勘探对工程自然环境的影响，防止对地下管线、地下工程和自然环境造成破坏。钻孔、探井和探槽完工后应妥善回填。

3) 静力触探、动力触探作为勘探手段时，应与钻探等其他勘探方法配合使用。

4) 进行钻探、井探、槽探和硐探时，应采取有效措施，确保施工安全。

5) 勘探浅部土层可采用的钻探方法有：①小口径麻花钻（或提土钻）钻进；②小口径勺形钻钻进；③洛阳铲钻进。

6) 钻探口径和钻具规格应符合现行相关标准、规范的规定，成孔口径应满足取样、测试和钻进工艺要求。

7) 钻探应符合：①钻进深度和岩土分层深度测量精度，不应低于±5 cm。②应严格控制非连续取芯钻进的回次进尺，使分层精度符合要求。③对鉴别地层天然湿度的钻孔，在地下水位以上应进行干钻，当必须加水或使用循环液时，应采用双层岩芯管钻进。④岩芯钻探的岩芯采取率，对完整和较完整岩体不应低于80%，对较破碎和破碎岩体不应低于65%；对需重点查明的部位（滑动带、软弱夹层等）应采用双层岩芯管连续取芯。⑤当需确定岩石质量指标RQD时，应采用75 mm口径双层岩芯管和金刚石钻头。

8) 钻探现场编录柱状图应按钻进回次逐项填写，在每回次中发现变层时应分行填写，不得将若干回次或若干层合并一行记录。现场记录不得誊录转抄，误写之处可以划去，在旁边进行更正，不得在原处涂抹修改。

9) 为便于对现场记录进行检查核对或进一步编录，勘探点应按要求保存岩土芯样。

岩土芯样应保存在岩土芯盒或塑料袋中，每回次至少保留一块岩土芯样。岩芯样应全部存放在岩芯盒内，顺序排列，统一编号。岩土芯样应保存到钻探工作检查验收为止，必要时应在合同规定的期限内长期保存，也可在检查验收结束后拍摄岩土芯样的彩色照片，纳入勘察成果资料。

10）钻孔完工后，可根据不同要求选用合适材料进行回填。临近堤防的钻孔应采用干泥球回填，泥球直径以 2 cm 为宜。回填时应均匀投放，每回填 2 m 进行一次捣实。对隔水有特殊要求时，可用 4：1 水泥、膨润土浆液通过泥浆泵由孔底逐渐向上灌注回填。

11）钻探操作的具体方法，应按现行标准《建筑工程地质勘探与取样技术规程》(JGJ/T 87—2012) 执行。

12）践行绿色勘查理念，在整个钻探过程中要尽可能少对环境造成负面影响。

2. 确定勘探工程施工顺序

（1）遵循的原则

科学合理布置勘探工程施工顺序是顺利完成勘察工作任务的关键。在一个勘察区内，勘探工程的合理施工顺序，既能提高勘探效率，取得满意的成果，又节约勘探工作量。为此，勘探工程的施工顺序是完成勘探任务的一个重要前提，在勘探工程总体布置的基础上，须重视和研究勘探工程的施工顺序问题。

各种勘探工程的施工顺序，应遵循由已知到未知、先地面后地下、先浅后深、由稀而密的原则。

（2）确定第一批施工的勘探坑孔

一项建筑工程，尤其是场地地质条件复杂的重大工程，需要勘探解决的问题往往较多，由于勘探工程不可能同时全面施工，这就应根据所需查明问题的轻重主次，同时考虑到设备搬迁方便和季节变化，将勘探坑孔分批次按先后顺序施工。先施工的勘探坑孔，必须为后继勘探坑孔提供进一步地质分析所需的资料，后施工的勘探坑孔应能有助于解决前期施工的勘探坑孔未查明的问题。所以在勘探过程中应及时整理资料，并利用这些资料指导和修改后继勘探坑孔的设计和施工，因此选定第一批施工的勘探坑孔具有重要的意义。

第一批施工的勘探坑孔应满足的条件：①对控制场地工程地质条件具有关键作用和对选择场地有决定意义；②在建筑物重要部位；③为其他勘察工作提供条件，而施工周期比较长；④在主要勘探线上起控制性作用；⑤考虑到洪水的威胁，水上或近水的坑孔应在枯水期施工。

3. 现场相关人员安排

主要包括：编录技术人员、报告编写人员及审核人员、勘探施工机组人员的安排。

编录技术人员、报告编写人员应召开勘察前的技术交底会议，充分了解建筑方提出的勘察技术要求，切实做好各项准备工作，制定完善的勘察纲要。编录技术人员会后应将勘察纲要交给拟进场的勘探施工机组的机长，向他们详细讲明勘察纲要中的各项内容和具体的技术要求，使他们做到心中有数。

勘探施工机组人员到单位后，勘探机长应按分工及时组织勘探施工人员做好相应的进场准备，同时应全面、透彻地了解勘察纲要的各项内容，不明之处一定要在勘探施工前向现场技术人员了解清楚。

4. 领取勘探任务书

勘探任务书主要包括工程名称、建设单位、委托单位、勘察技术要求和拟建工程主要参数、提交的勘察资料等。在岩土工程勘探施工前，勘察技术人员应领取岩土工程勘察合同书、委托书、事先指示书等，明确勘察阶段线路、工作区域等，做到心中有数。在领取勘察任务书后方能开始勘察施工。由于区域差异，在勘察任务书表格设计上有所不同。岩土工程勘察任务书格式（参考）详见表1-2-6。

表1-2-6 某场地详细勘察阶段岩土工程勘察任务书格式

工程名称	×××		建设单位	×××	委托单位	×××	场地位置	×××
勘察技术要求	（1）查明建筑物场地内地层结构及其均匀性，岩土的物理力学性质，提供地基承载力及变形计算参数，预测建筑物的沉降量； （2）场地内有无不良地质现象及防治意见，并分析判断场地和地基的稳定性； （3）地下水埋藏情况、类型和水位变化幅度及规律（包括常年稳定水位、历史最高水位、近年最高水位等），以及对建筑材料的腐蚀性，提供用于计算地下水浮力的设计水位； （4）对可供采用的地基基础设计方案进行论证分析，提出经济合理的设计方案建议，并对设计与施工应注意的问题提出建议； （5）划分场地土类型和场地类别，提供抗震设防烈度、设计基本地震加速度值及设计特征周期，并对饱和砂土及粉土进行液化判别； （6）提供基坑开挖的边坡稳定计算和支护设计所需的岩土技术参数以及基坑施工降水的有关技术参数，提出边坡支护及施工降水方法的建议，并论证和评价其对周围已有建筑物和地下设施的影响； （7）按照《岩土工程勘察规范（2009年版）》（GB 50021—2001）执行		提交的勘察资料	（1）勘察点布置平面图、地质剖面图、钻孔柱状图、各岩层等高线图； （2）各岩土层的物理力学性质及有关数据； （3）文字报告； （4）拟采用天然地基或复合地基时，应提供各土层、砂层的压缩模量； （5）拟采用桩基时，确定桩型和持力层，提出桩长、桩径的最佳方案。结合地区经验，预估单桩极限承载力，当为非嵌岩桩时，估算单桩和群桩的沉降量	提交任务日期	年 月 日
							要求提交资料日期	年 月 日
							要求提交资料份数	份
							随任务书附图	详细勘探孔布置图
拟建工程主要参数	建筑物名称	设计地坪标高/m	层数/层	高度/m	基础设计等级	结构类型	基础型式	基础埋深/m	地下室情况
	高层酒店	-0.3	24	约100	甲级	框架筒体	天然基础或桩基础	约5.6	有
备注	（1）各土层、砂层、卵石和风化岩层应分类编号； （2）在标明各土层、岩层界面绝对高程的同时，应标明相对现有地面的深度； （3）当相邻勘探孔主要持力层面坡度超过10%和土性变化较大，或遇其他复杂地质情况时，应及时进行协商，加密勘探孔； （4）建筑框架柱、剪力墙间距6~10 m，楼层每层每平方米重量（设计值）可按18~20 kN考虑； （5）一般性勘探孔及控制性勘探孔孔深按《岩土工程勘察规范（2009年版）》（GB 50021—2001）执行								

任务委托： 任务提出： 设计负责： 任务书编制： 地址：

（二）钻探施工流程

1. 现场踏勘

1）熟悉场地周围地形，认清钻机进入拟建场地的路线。

2）收集或要求甲方提供附有坐标和地形的建筑总平面图及场区的地面整平标高（地势低洼的要进行回填抬高地面）。

3）熟悉建筑物的工程性质，包括规模、荷载、结构特点、基础型式、埋深、允许变形等资料。对于在既有建筑物旁兴建新建筑物的邻（扩）建工程以及建筑物增层改造工程，尚应查明既有建筑物的性质，如结构特点、基础类型、基础埋深（要特别强调指出的是，现地坪以下深度还是设计±0.00 m以下深度）和基础下垫层的材料、厚度、已使用年限、使用状况（良好、有裂缝或曾进行过加固）等。

4）场地位于坡地上时，应查明天然坡度和有无临空面，以满足评价其稳定性的要求；场地位于河道、水沟附近时，应查明其走向、宽度、深度、坡度，与拟建物的距离，以满足稳定性评价的要求；场地内有防空洞时，应查明其分布、深度等；场地内局部分布沟坑时，应查明其填垫历史；场地内有待拆除旧建筑物时，应查明旧基础类型、垫层处理情况、基础埋深、范围等。

5）查明场地内地上电线、通信系统、采暖系统及地下电缆、煤气管线、上下水管线等，对地下电缆等分布状况应由甲方签字确认。

6）对于场地震害的调查，查明有无喷水冒沙现象，对于软土地区或古河道边缘，还应查明震陷、地裂等。

7）查明水准点的位置、性质、高程（包括观测成果的年代），应由甲方签字确认。一般应提供绝对高程，严格禁止采用假设高程；场地附近无绝对高程、甲方也不能提供的，经甲方签字确认后可采用假设高程（仅限于三级工程），但应注意选择具有永久性且其高度不会变动的地点，对于采用住宅楼、办公楼处的点，应引其室内地坪为宜。

8）人工填土必须查明填垫年限。

9）查阅拟建场地周围已有地质资料，为方案编写提供基本依据。

10）设计符合岩土工程勘察任务书的要求。

2. 钻孔定位

（1）按建筑总平面图上的地形确定钻孔位置

1）场地周围参照系明显的直接按参照系确定孔位；

2）孔位受地形条件限制而移位时，将移位后的实际施工的孔位真实地反映在地形图（平面图）上；

3）严禁将移位后施工的孔位标注在方案设计孔位处。

（2）勘探点位要求

1）初步研究勘察阶段，平面位置允许偏差±0.50 m，高程允许偏差±5 cm；详细勘察阶段，平面位置允许偏差±0.25 m，高程允许偏差±5 cm。

2）勘探点位应设置有编号的标志桩号，开钻之前应按设计要求核对桩号及其实地位置，两者必须符合。

3) 因障碍改变点位时,应将实际勘探位置标注在平面图上,并注明与原设计孔位的偏差距离、方位和地面高差。

(3) 水准测量

1) 对于一般工程,场地附近无大沽(绝对)高程时,引测相对高程必须经甲方认定,其位置应具有永久性、标志性。

2) 重点工程和各开发区必须引测大沽(绝对)高程。

3) 若现场水准点未落实,应先引测一点(永久性),对每个钻孔进行孔口高程测量,待水准点落实后再对引测点进行高程测量。

4) 测量结果必须经核实确认无误后方可使用。

5) 在场地范围内最少设两个测站,并应进行闭合。

6) 必须采用标准记录纸,起测水准点编号位置及高程必须详细准确标明,修改记录时只能划改,不准涂擦。

7) 允许误差(H_K):按测站数 n 计算时,$H_K(mm) \leqslant \pm 8n^{1/2}$;按引测路线千米数 K 计算时,$H_K(mm) \leqslant \pm 40K^{1/2}$。

3. 钻机进场

钻孔定位后,钻机开进拟建场地(图1-2-14),按钻孔定位位置安装好,并竖起钻塔(图1-2-15)。挂好主动钻杆(图1-2-16),清理立轴(图1-2-17),并安装主动钻杆(图1-2-18)。

图1-2-14 开进拟建场地　　图1-2-15 竖起钻塔　　图1-2-16 挂好主动钻杆

图1-2-17 清理立轴　　图1-2-18 安装主动钻杆

主动钻杆,又称机上钻杆。钻杆柱由主动钻杆、钻杆、接手(接头)组成。主动钻杆位于钻杆柱的最上部,上端连接水龙头,以便向孔内输送冲洗液。主动钻杆的断面形状有圆形、两方形、四方形、六方形和双键槽形,便于卡盘夹持回转。

主动钻杆的长度,一般为3.0~6.0 m,直径常用42 mm和50 mm,钻杆用于传动回转、输送冲洗液、带动钻头向下钻进或连接取样器采取岩土样或进行原位测试等。接手（接头）用于钻杆之间的连接。

4. 钻探施工

（1）开孔

用钻头或麻花钻开孔，常用钻头开口，开口直径一般比钻孔直径大一级，如钻孔直径为 91 mm，则开口直径为 110 mm，取土钻孔的孔径一般采用 150 mm 钻头开孔，下护孔套管（ϕ146 mm，长度视杂填土厚度确定）后，换 ϕ130 mm 螺旋钻头钻进，用 ϕ110 mm 的取土器取土。麻花钻开口主要用于软土地区，如图 1-2-19 和图 1-2-20 所示。

图 1-2-19 在软地面用麻花钻开孔

图 1-2-20 清除根植土

（2）钻进

钻进采用人力或机械力（绝大多数情况下采用机械钻进），以冲击力、剪切力或研磨形式使小部分岩土脱离母体而成为粉末、小的岩土块或岩土芯的现象。通常可采用取芯钻进或不取芯钻进，未采取岩土芯或排除破碎岩土，必要时要用套管、泥浆或化学材料加固孔壁，以保证钻进顺利进行。

为了降低生产成本，应尽量少下或不下套管，有下列情况之一者必须下套管：

1）下孔口管，以保护孔口处岩土层不被冲坏，并将冲洗液导向循环槽，孔口管的另一个重要作用是导正钻孔方向。

2）加固用泥浆护壁仍不稳定的地层。

3）隔离漏水层与涌水层。

4）当设备负荷能力不足或处理孔内异常需要缩小一级孔径，而上覆地层又有坍塌、掉块、缩径危险时。

5. 采取岩土样

采取岩土样是岩土工程勘察中必不可少的、经常性的工作，通过采取岩土样，对岩土类进行定名，测定岩土的物理力学性质指标，为定量评价岩土工程问题提供技术指标。

钻探工程取样

取样之前，应考虑其代表性，从取样角度而言，应考虑取样的位置、数量和方法，考虑到取样成本和勘察设计要求，必须采用合适的取样技术。

（1）判别土样质量

根据试验目的，土分为Ⅰ、Ⅱ、Ⅲ和Ⅳ级，见表 1-2-7。

表 1-2-7　土试样质量等级

等　级	扰动程度	试　验　内　容
Ⅰ	不扰动	土类定名，含水量、密度、强度试验，固结试验
Ⅱ	轻微扰动	土类定名，含水量、密度试验
Ⅲ	显著扰动	土类定名，含水量试验
Ⅳ	完全扰动	土类定名

注：不扰动是指原位应力状态虽已改变，但土的结构、密度和含水量变化很小，能满足室内试验各项要求；除地基基础设计等级为甲级的工程外，在工程技术要求允许的情况下可用Ⅱ级土样进行强度和固结试验，但宜先对土样受扰动程度进行抽样鉴定，判别用于试验的适宜性，并结合地区经验与试验成果综合考虑。

（2）选择取样方法

从取样方法来看，主要有两种：一种是从探井、探槽中直接刻取土样；另一种是用钻孔取土器从钻孔中采取。目前各种土样的采取主要采用第二种方法。

钻孔中常用的取样方法有如下几种。

1）击入法：用人力或机械力操纵落锤，将取土器击入土中的取土方法。按锤击次数分为轻锤多击法和重锤少击法；按锤击位置又分为上击法和下击法。经过取样试验比较认为：就取样质量而言，重锤少击法优于轻锤多击法，下击法优于上击法。

2）压入法：包括慢速压入法和快速压入法。

慢速压入法是用杠杆、千斤顶、钻机手把等加压，取土器进入土层的过程是不连续的。在取样过程中对土样有一定程度的扰动。

快速压入法是将取土器快速、均匀地压入土中，采用这种方法对土样的扰动程度最小。目前普遍使用以下两种方法：一种是活塞油压筒法，采用比取土器稍长的活塞压筒通以高压，强迫取土器以等速压入土中；另一种是钢绳、滑车组法，借机械力量通过钢绳、滑车装置将取土器压入土中。

3）回转法：此法系使用回转式取土器取样，取样时内管压入取样，外管回转削切的废土一般用机械钻机通过冲洗液带出孔口。这种方法可减少取样时对土样的扰动，从而提高取样质量。

（3）安装取土器

安装取土器，准备采取土样（图 1-2-21）。对取土器取样的要求：①取土过程中不掉样；②尽可能使土样不受或少受扰动；③能够顺利切入土层中，结构简单且使用方便；④对于不同土样，可采用不同类型取土器。取样后卸下取土器（图 1-2-22）。

图 1-2-21　安装取样器，准备采取土样

图 1-2-22　取样后卸下取土器

由于不同的取样方法和取样工具对土样的扰动程度不同,因此《岩土工程勘察规范(2009年版)》(GB 50021—2001)对于不同等级土样适用的取样方法或工具进行了具体规定,见表1-2-8。

表1-2-8 不同质量等级土样的取样方法或工具

土样质量等级	取样工具或方法		适用土类									
			黏性土				粉土	砂土				砾砂、碎石土、软岩
			流塑	软塑	可塑	硬塑	坚硬		粉砂	细砂	中砂	粗砂	
Ⅰ	薄壁取土器	固定活塞	++	++	+	—	—	+	+	—	—	—	—
		水压固定活塞	++	++	+	—	—	+	+	—	—	—	—
		自由活塞	—	+	++	—	—	+	+	—	—	—	—
		敞口	+	+	+	—	—	+	+	—	—	—	—
	回转取土器	单动三重管	—	+	++	++	+	++	++	+	—	—	—
		双动三重管	—	—	—	+	++	—	—	—	++	++	++
	探井(槽)中刻取块状土样		++	++	++	++	++	++	++	++	++	++	++
Ⅱ	薄壁取土器	水压固定活塞	++	++	+	—	—	+	—	—	—	—	—
		自由活塞	+	++	++	—	—	+	—	—	—	—	—
		敞口	++	++	++	+	—	+	—	—	—	—	—
	回转取土器	单动三重管	—	+	++	++	+	++	++	++	+	—	—
		双动三重管	—	—	—	+	++	—	—	—	++	++	++
	厚壁敞口取土器		+	++	++	++	++	+	+	+	+	+	—
Ⅲ	厚壁敞口取土器		++	++	++	++	++	++	++	++	++	++	—
	标准贯入器		++	++	++	++	++	++	++	++	++	++	—
	螺纹钻头		++	++	++	++	++	+	—	—	—	—	—
	岩芯钻头		++	++	++	++	++	+	+	+	+	+	—
Ⅳ	标准贯入器		++	++	++	++	++	++	++	++	++	++	—
	螺纹钻头		++	++	++	++	++	+	—	—	—	—	—
	岩芯钻头		++	++	++	++	++	++	++	++	++	++	++

注 "++"表示适用;"+"表示部分适用;"—"表示不适用。采取砂土样时,应有防止土样散落的补充措施。有经验时,可采用束节式取土器取代薄壁取土器。

从表1-2-8中可以看出,对于质量等级要求较低的Ⅲ、Ⅳ级土样,在某些土层中可利用钻探的岩芯钻头或螺纹钻头以及标准贯入试验的贯入器进行取样。由于没有黏聚力,无黏性土取样过程中土样容易散落,所以取无黏性土对取样器的要求比黏性土高。

表1-2-8中所列各种取土器大都是国内外常见的取土器,按壁厚可分为薄壁和厚壁两类,按进入土层的方式可分为贯入式和回转式两类,如图1-2-23所示。

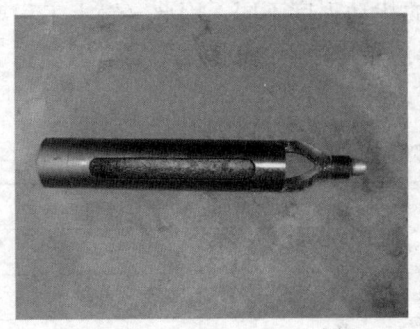

图1-2-23 取土器

贯入式取土器可分为敞口取土器和活塞取土器两种类型。敞口取土器按管壁厚度分为厚壁和薄壁两种；活塞取土器则分为固定活塞、水压固定活塞、自由活塞等几种。通常适用于取软土及部分可塑状土。

回转式取土器有单动二重管和单动三重管取土器两种类型，主要适用于取坚硬、密实土类。

(4) 钻孔现场取样

A. 钻进要求

钻进时，应力求不扰动或少扰动预计至取样处的土层，为此应做到：

1) 使用合适的钻具，采用合适的钻进方法。一般应采用较平稳的回转式钻进。若采用冲击、振动、水冲等方式钻进时，应在预计取样位置1m以上改用回转钻进。在地下水位以上一般应采用干钻方式。

2) 在软土、砂土中宜用泥浆护壁。若使用套管护壁，应注意旋入套管时管靴对土层的扰动，且套管底部应限制在预计取样深度以上大于3倍孔径的距离。

3) 应注意保持钻孔内的水头等于或稍高于地下水位，以避免产生孔底管涌，在饱和粉、细砂土中尤应注意。

B. 取样要求

《岩土工程勘察规范（2009年版）》(GB 50021—2001) 规定：在钻孔中采取Ⅰ级或Ⅱ级砂样时，可采用原状取砂器，并按相应的现行标准执行。在钻孔中采取Ⅰ级或Ⅱ级土样时，除满足一般钻进要求外，还应满足下列要求：

1) 如使用套管，取样位置应低于套管底3倍孔径的距离。

2) 下放取土器前应仔细清孔，清除扰动土，孔底残留浮土厚度不应大于取土器废土段长度（活塞取土器除外）。

3) 采取土样宜用快速静力连续压入法。

4) 具体操作方法应按现行标准《建筑工程地质勘探与取样技术规程》(JGJ/T 87—2012) 执行。

C. 土样的采样量要求

土样的采样量应满足进行的试验项目和试验方法的需要，其中筛析法的取样量见表1-2-9，其他试验项目取样量按表1-2-10的规定采取，并应附取样记录及对土样的现场描述。

表 1-2-9 筛析法取样量

颗粒尺寸/mm	取样量/g	颗粒尺寸/mm	取样量/g
<2	100～300	<40	2000～4000
<10	300～1000	<60	4000 以上
<20	1000～2000		

表 1-2-10 试验取样数量和过土筛标准

试验项目	细粒土 原状土（筒）Φ10 cm×20 cm 件	细粒土 扰动土 kg	砂土 原状土（筒）Φ10 cm×20 cm 件	砂土 扰动土 kg	砂砾土 扰动土 kg	过筛标准 mm
含水率	1	0.8	1	0.8	10	
密度	1		1			
比重	1	0.8	1	0.8	10	
颗粒分析	1	0.8	1	0.8	200	
界限含水率	1	0.5				0.5
崩解	1	2				
相对密度			1	6	80	5、60
击实		30～50			300	20、60
承载比		50				20
渗透	1	2	1	5	80	2、60
反滤料					150	60
固结	1	2	1	2	200	2、60
黄土湿陷	1					
三轴压缩	2	5	3	5～20	600	2、20、60
三轴流变					2400	60
三轴湿化变形					2400	60
无侧限抗压强度	1	2				2
直接剪切	1	3	1	3	1000	2、60
排水反复直剪	1	3	1	3	1000	2、60
无黏性土休止角				3		5
膨胀、收缩	2	2				2
振动三轴、共振柱		20		20～300	5000	2、20、60
土的静止侧压力系数	1	2000	1	2000		
土的基床系数	2	5000	3	5000～20000		2、20
冻土含水率	1	2000	1	2000		
冻土密度	1	3000	1	3000		
冻结温度		500		500		
冻土导热系数		20000		20000		
未冻含水量	1	500	1	500		

续表

试验项目	细粒土		砂土		砂砾土	过筛标准 mm
	原状土（筒）$\Phi 10\ cm \times 20\ cm$ 件	扰动土 kg	原状土（筒）$\Phi 10\ cm \times 20\ cm$ 件	扰动土 kg	扰动土 kg	
冻胀率	1	1500	1	1500		
冻土融化压缩	1	1000	1	1000		
化学分析试样风干含水率		500		500		2
酸碱度		500		500		2
易溶盐		500		500		2
中溶盐石膏		100		100		0.25
难溶盐碳酸钙		100		100		0.15
有机质		100		100		0.15
游离氧化铁		500		500		2
阳离子交换量		500		500		2
土的矿物组成		100		100		0.15

D. 岩样的采取要求

岩样可利用钻探岩芯制作或在探井、探槽、竖井和平硐中刻取。采取的毛样尺寸应满足试块加工的要求，在特殊情况下，岩样形状、尺寸和方向由岩体力学试验设计确定。

（5）土样现场检验、封装、贮存、运输

取土器提出地面之后，应小心地将土样连同容器（衬管）卸下，并及时交给土样工，由其打开取样器，取出土样，并清除土样表面泥浆，如图1-2-24和图1-2-25所示。

图1-2-24 把土样送给土样工　　　图1-2-25 取出土样清除土样表面泥浆

1）土样检验：对从钻孔中采取的Ⅰ级原状土样，应在现场测定取样回收率，应检查尺寸以确认测量是否正确，土样是否受压，根据情况决定土样符合要求、废弃或降低级别使用。

2）土样密封：①将土样上下两端各去掉20 mm，加上一块与土样面积相当的不透水圆片，再浇灌蜡液，至与容器端齐平，待蜡液凝固后扣上胶皮或塑料保护帽；②用配套的盒盖将两端盖严后，将所有接缝用纱布条蜡封或用胶带封口，如图1-2-26所示；③每个土样蜡封后均应贴标签，标签上下应与土样上下一致，并牢固地粘贴于容器外壁，土样标签应记载下列内容：工程名称、工号、孔号、土样号、取样深度、取样日期等；土样标签记录内容应与现场钻探记录相符，取样的取土器型号、贯入方法、锤击数、回收率等应在现场记录中详细记载。

3）土样贮存：土样密封后应置于温度及湿度变化小的环境中，避免暴晒、冰冻；土样采取到试验的时间间隔不宜超过2周。

4）土样运输：应采用专用土样箱包装，土样之间用柔软缓冲材料填实。对易于振动液化、水分离析的土样，不宜长途运输，应在现场就近进行室内试验。

图 1-2-26 土样装盒蜡封

（6）探井、探槽取样要求

探井、探槽中采取原状土样可采用两种方式，一种是锤击敞口取土器取样；另一种是人工刻切块状土样。因为块状土样的质量高，所以第二种方法常被采用。

人工刻切块状土样一般应注意以下几点：

1）避免人为扰动破坏取样土层，开挖至接近预计取样深度时，应留下 20～30 cm 厚的保护层，待取样时再细心铲除；

2）防止地面水渗入，井底水应及时抽走，以免浸泡；

3）防止暴晒导致水分蒸发，坑底暴露时间不能太长，否则会风干；

4）尽量缩短切削土样的时间，及早封装。

块状土样可以切成圆柱状和方块状，也可以在探井、探槽中采取盒状土样。采取盒状土样的方法是将装配式方形土样容器放在预计取样位置，边修切、边压入，从而取得高质量的土样。

6. 地下水位观测及水样采取

（1）地下水位观测

主要观测初见水位和静止水位，在观测水位时注意钻孔护壁。

1）钻进中遇到地下水时，应停钻以测量初见水位，为测得单个含水层的静止水位，对砂类土停钻时间不少于 30 min，对粉土不少于 1 h，对黏性土不少于 24 h，并应在钻孔全部结束后，同一天内测量各孔的静止水位，水位测量可使用测水钟或电测水位计，水位允许误差为±1.0 cm。

2）钻孔深度范围内有两个以上含水层，且钻探任务书要求分层测量水位时，在钻穿第一含水层并进行静止水位观测后，应采用套管隔水，抽干孔内存水，变径钻进，再对下一个含水层进行水位观测。

3）因采用泥浆护壁影响地下水位观测时，可在场地范围内另外布置若干专用的地下水位观测孔，这些孔可改用套管护壁。

（2）地下水样采取

1）水样应在静止水位以下超过 0.50 m 处采集，必要时应分层采集不同深度的水样，并应防止所取水样受到地表水和钻探用水的影响。

2）水样应能代表天然条件下的客观水质情况，应采集钻孔、观测孔、民井、观测井和探井（坑）中刚从含水层涌进的新鲜水，泉水应在泉口处取样。

3）取水容器一般为塑料瓶或带磨口玻璃塞的玻璃瓶，且取样前必须用蒸馏水清洗干净。取样时先用所取的水冲洗瓶塞和容器三次,然后将水样缓慢注入容器,且其顶部应留出 10~20 mm 顶空。瓶口应采用石蜡封口,并做好取样记录,瓶外贴好标签,填写送样清单,尽快送实验室进行分析。

4) 取分析不稳定成分的水样时,如当水中含有游离 CO_2 时,应及时加入稳定剂,并严防杂物混入,具体见表 1-2-11。

表 1-2-11　含某些不稳定成分时水样的采取方法

须专门测定的不稳定成分	取样量 L	处置方法及加入稳定剂数量	注意事项
侵蚀性 CO_2	0.25~0.30	加 2~3 g 大理石粉	同时取简分析和全分析样
总硫化物	0.30~0.50	加 10 mL 1:3 醋酸镉溶液或加 2~3 mL 25%的醋酸锌溶液和 1 mL 4%的氢氧化钠溶液	称水样(带瓶子)的质量
铁	0.50	淡水加 15~20 mL 醋酸-醋酸盐缓冲溶液(pH=4);矿水及酸性水加 5 mL 1:1 硫酸溶液及 0.5~1.0 g 硫酸铵	所用盐酸不应含有欲测的金属离子,严格防止砂土颗粒混入
溶解氧	0.30	加 13 mL 碱性碘化钾溶液,然后加 3 mL 氯化锰溶液,摇匀密封。当水样含有大量有机物及还原物质时,首先加入 0.5 mL 溴水(或高锰酸钾)溶液,摇匀放置 24 h,然后放入 0.5 mL 水杨酸溶液,再按上述步骤进行	事先测量取样瓶的容量,取样时注意瓶内不应留有空气并记录加入试剂的总体积和水温
氮	1.00	加 0.7 mL 浓硫酸	保持冷凉,尽快运送至实验室进行分析

5) 水样送检过程中,应采取防冻及防暴晒措施,且存放期限不得超过水样最大保存期限。清洁水放置时间不宜超过 72 h,稍受污染的水不宜超过 48 h,受污染的水不宜超过 12 h。

6) 水样采集量:简分析取水量一般为 500~1000 mL,全分析为 2000~3000 mL。为评价场地地下水对混凝土、钢结构的腐蚀性,应在同一场地至少采集 3 件水样进行分析。对沿海地带和受污染的场地,应于不同地段采集具有代表性的足够件数的水样。

7. 现场测试

(1) 圆锥动力触探试验(详见本项目任务三之三)

轻型动力触探试验:适用于浅部的填土、砂土、粉土、黏性土。

重型动力触探试验:适用于砂土、中密以下的碎石土、极软岩。

超重型动力触探试验:适用于密实和很密的碎石土、软岩、极软岩。

(2) 标准贯入试验(详见本项目任务三之四)

主要用于砂土、粉土和一般黏性土。

(3) 抽水试验(详见本项目任务三之七)

必要时应进行抽水试验,用于测定岩土的水文地质参数。

8. 钻孔地质编录

（1）编录要求

岩芯编录

钻孔地质编录是工程钻探中最基本的工作，从钻孔中取出的岩土样，通常按每一回次摆放在岩芯箱或 PVC 管中，应及时对岩芯进行分层和编录。在钻进过程中必须认真、细致地做好钻孔地质编录工作，全面、准确地反映钻探工程的第一手地质资料。《岩土工程勘察规范（2009年版）》（GB 50021—2001）对钻孔的记录和编录提出了明确要求：

1）野外记录应由经过专门训练的人员承担；记录应真实、及时，按钻进回次逐段填写，严禁事后追记。

2）钻探现场可采用肉眼鉴别和手触的方法，有条件或勘察工作有明确要求时，可采用微型贯入仪等定量化、标准化方法。

3）钻探成果可用野外钻孔柱状图或分层记录表示。岩土芯样可根据工程要求保存一定期限或长期保存，也可拍摄岩芯、土芯彩色照片纳入勘察成果资料。

（2）编录内容

A. 岩土的特征及描述

包括地层名称、颜色、分层深度、岩土性质等。对不同类型的岩土，岩性描述侧重点不同。岩土的定名应符合现行岩土工程分类标准的规定，描述术语和记录符号均应符合有关规定，鉴定描述以目测、手触为主，可辅以部分标准化、定量化的方法或仪器。

1）黏性土应描述颜色、状态、包含物、光泽反应、摇振反应、干强度、韧性、土层结构等。

颜色：描述时应主色在后，辅色在前。

状态：坚硬、硬塑、可塑、软塑、流塑。

包含物：贝壳、铁锰质结核、砾石、砂、高岭土。

光泽反应：用取土刀切开土块，视其光滑程度可分为切面粗糙（无光泽）、切面略粗糙（稍有光泽）和切面光滑（有光泽）。

摇振反应：取少量土搓成小球在手掌中摇晃，视其渗水程度而定。无水溢出时，摇振反应低；少量水溢出时，摇振反应较高；大量水溢出时，摇振反应高。

干强度：将一小块土捏成小土团，风干后用手捏碎，根据用力的大小分为高、中、低三级。

韧性：将土块在手中揉捏均匀，然后在掌中搓成 3 mm 的土条，再揉成团，根据再次搓条的可能性分：能捏成团，再搓成条且捏不碎，韧性高；可捏成团且捏不碎，韧性中等；勉强或不能捏成团，韧性低。

土层结构：互层、夹层、薄层、网纹状、似网纹状。

2）粉土应描述颜色、包含物（贝壳、铁锰质结核、砾石、砂、高岭土）、湿度（稍湿、很湿、饱和）、密实度、摇振反应、光泽反应、干强度、韧性等。

粉土密实度可根据标准贯入试验击数 N，并结合地区工程经验，参照表 1-2-12 判定。

3）砂土应描述颜色、矿物组成（石英、长石、云母等）、颗粒级配（良好、不良）、颗粒形状（圆状、次圆状、次棱角状、棱角状）、黏粒含量（微含、稍含、含）、湿度、密实度（松散、稍密、中密、密实）等。

表 1-2-12　按标准贯入试验击数判定粉土密实度

击数 N/击	密实度
$N \leqslant 12$	稍密
$12 < N \leqslant 18$	中密
$N > 18$	密实

砂土的密实度可根据标准贯入试验锤击数划分为密实、中密、稍密和松散，并符合表 1-2-13 的规定。

表 1-2-13　按标准贯入试验锤击数确定砂土密实度

击数 N/击	密实度
$N \leqslant 10$	松散
$10 < N \leqslant 15$	稍密
$15 < N \leqslant 30$	中密
$N > 30$	密实

4）碎石土应描述颗粒级配、颗粒形状、颗粒排列、母岩成分、风化程度、充填物的性质和充填程度、密实度等。

5）砾石层应描述颜色、密度、粒径、砾石主要矿物成分、磨圆度、级配、硬度。

6）岩石应描述地质年代、地质名称、风化程度、颜色、主要矿物、结构、构造和岩石质量指标 RQD。对沉积岩，应着重描述沉积物的颗粒大小、形状、胶结物成分和胶结程度；对岩浆岩和变质岩，应着重描述矿物结晶大小和结晶程度。

7）特殊性土除应描述上述相应土类规定的内容外，尚应描述其特殊成分和特殊性质，如对淤泥尚需描述嗅、味，对填土尚需描述物质成分、堆积年代、密实度和厚度的均匀程度等。

8）对具有互层、夹层、夹薄层特征的土，尚应描述各层的厚度和层理特征。

9）必要时，可通过目力鉴别描述土的光泽反应、摇振反应、干强度和韧性，可按表 1-2-14 区分粉土与黏性土。

表 1-2-14　目力鉴别粉土和黏性土

土名	摇振反应	光泽反应	干强度	韧性
粉土	迅速、中等	无	低	低
粉质黏土	反应很慢或无	稍有	中等	中等
黏土	无	有	高	高

10）地基土野外描述内容详见表 1-2-15。

B. 简易水文地质描述

1）记录冲洗液消耗量的变化；

2) 发现地下水后,应停钻测定其初见水位及稳定水位;
3) 如系多层含水层需分层测定水位时,应检查分层止水情况,分层取水样测定水温;
4) 准确记录各含水层顶、底板标高及其厚度。

表 1-2-15 地基土野外描述内容一览表

土名	深度	颜色	状态	湿度	密实度	包含物	摇振反应	光泽反应	韧性	干强度	备注
黏性土	★	★	★	★	+	★	★	★	★	★	摇振反应、光泽反应、韧性、干强度等试验现场操作后,可直接描述于土层"包含物"一栏
砂土	★	★	+	★	★	★	+	+	+	+	
粉性土	★	★	▲	★	▲	★	★	★	★	★	
填土	★	★	▲	★	▲	★	▲	▲	▲	▲	
浜土	★	★	★	★	+	★	+	+	+	+	
特殊土	★	★	★	★	+	★	▲	▲	▲	▲	

注:"★"为适用;"▲"为基本适用;"+"为不适用。特殊土一般为"泥炭""泥炭质土"和"滩土"。

C. 钻进过程描述
1) 所采用的钻进方法,钻具名称、规格和护壁方式等;
2) 钻进难易程度,进尺速度,操作手感,钻进参数的变化情况;
3) 孔内情况,应注意缩径、回淤、地下水位或循环液位及其变化等;
4) 取样及原位测试的编号、取样深度、取样工具名称和规格、原位测试类型及其结果。

D. 岩芯采取率、获得率及岩体质量指标
计算岩芯采取率、岩芯获得率、岩体质量指标 RQD 值公式如下:

$$岩芯采取率 = \frac{钻孔取出的岩芯累计取出长度}{回次进尺} \times 100\% \qquad (1-2-1)$$

$$岩芯获得率 = \frac{比较完整的岩芯长度}{回次进尺} \times 100\% \qquad (1-2-2)$$

$$RQD = \frac{\geqslant 10 \text{ cm 岩样长度累加和}}{回次进尺} \times 100\% \qquad (1-2-3)$$

岩石质量指标 RQD 是对岩体进行工程评价广泛应用的指标,根据岩石力学学会建议,测量时应以岩芯的中心线为准。依据岩石质量指标 RQD,岩石可分为:好的(RQD>90%)、较好的(75%<RQD≤90%)、较差的(50%<RQD≤75%)、差的(25%<RQD≤50%)和极差的(RQD≤25%)。

上述内容是野外钻探过程中的文字记录,岩土芯样则是文字记录的辅助资料,它不仅对原始记录的检查和校对是必要的,而且对日后施工开挖过程的资料核对也有重要价值,故在一段时间内应妥善保存。

在完成上述工作后,继续钻进,再次取样,接钻杆,直至钻到设计深度,按设计要求钻探所有钻孔。

(三) 钻探资料整理

1) 绘制现场钻孔柱状图(图 1-2-27)。
2) 钻孔操作现场记录及水文地质日志图。

3）岩土芯样、素描图及其说明。

工程名称：		终孔深度：	m	钻机型号：		钻进日期：	年 月 日
孔号：		孔口标高：	m	孔位坐标：X　m Y　m		地下水位：初见　m 　　　　　静止　m	

层序	深度及标高 m	层厚	柱状图比例尺	岩性描述	岩芯		土样	原位测试	
					采取率 %	RQD %	取样深度及取土器型号	类型	测试结果

编录：　　　　　　　　制图：　　　　　　　　校对：

图 1-2-27　现场钻孔柱状图

案例讲解

用直径为 75 mm 的金刚石钻头和双层岩芯管在岩石中进行钻进，连续取芯。某回次进尺 1 m 采取岩石芯样，其中最大的 5 块长度分别为 33 cm、24 cm、16 cm、9 cm 和 5 cm，试计算该岩石的 RQD，并判断该岩石的质量等级。

解：$RQD = \dfrac{\geqslant 10 \text{ cm 岩样长度累加和}}{\text{回次进尺}} \times 100\% = \dfrac{33+24+16}{100} \times 100\% = \dfrac{73}{100} = 73\%$

答：该岩石的质量等级为较差的。

案例分析

RQD 是反映岩石质量好坏的指标，必须通过钻探岩芯统计计算得到，要注意与岩芯采取率的区别。

想一想：采取原状土样时需采用哪种钻进方法。

知识小结

岩土工程勘探是查明建设场地工程地质条件的重要手段，本任务按照工作程序，详细介绍了岩土工程勘探（物探、坑探、钻探）的任务、特点和手段；岩土工程勘探主要的工作方法与技术要求；岩土工程勘探工作的布置原则和施工顺序，重点介绍了钻探工程的设备、钻探方法、技术要求和采取土样。钻孔地质编录和绘制现场钻孔柱状图是必备技能，应重点掌握。

思考训练

1. 物探在岩土工程勘察中的主要作用有哪些？
2. 试述电阻率法和地震波法在岩土工程勘察中的主要作用？
3. 平硐编录的工作程序及研究内容是什么？应描述哪些内容？有何要求？

4. 按照钻进方法，钻探方法可分为哪几类？
5. 为何要确定勘探工程施工顺序？如何确定？
6. 何为原状土？土样受扰动的原因有哪些？如何才能避免土样扰动？
7. 土样质量可分为几个等级？每个等级的土样对取样方法和工具有何要求？
8. 何为岩石质量指标 RQD？RQD 应采用多大直径的双层岩芯管金刚石钻头采取的岩芯来统计？若 1 m 进尺的岩芯长度分别为 20 cm、7 cm、11 cm、3 cm、25 cm、10 cm、4 cm 和 6 cm，此段岩体的岩芯采取率和 RQD 分别为多少？岩石质量如何？
9. 实地进行钻孔地质编录，并绘制现场钻孔柱状图。

任务三　原位测试

知识目标

1. 了解原位测试的设备。
2. 掌握原位测试的技术要求。

能力目标

1. 具有进行现场原位测试的能力。
2. 具有对测试数据进行整理和应用的能力。

思政目标

树立规范意识、安全意识，培养严谨认真、诚实守信的工作作风。

（一）原位测试

原位测试是指在岩土工程勘察现场，在不扰动或基本不扰动岩土层的情况下对岩土层进行测试，以获得所测岩土层的物理力学性质指标及划分土层的一种现场勘测技术，主要包括载荷试验、静力触探试验和圆锥动力触探试验等，是岩土工程勘察中不可缺少的一种勘察手段。

原位测试的目的在于获得有代表性的、反映现场实际的基本工程设计参数，以供设计时使用。包括岩土原位初始应力状态和应力历史、岩土力学指标、岩土工程参数等，在工程上有重要意义和广泛的应用。

优点：可在拟建工程场地进行测试，无须取样，避免了因取样带来的一系列问题；原位测试所涉及的岩土尺寸比室内试验样品要大得多，因而更能反映岩土的宏观结构（如裂隙等）对岩土性质的影响；所提供的岩土物理力学性质指标更具有代表性和可靠性；此外，具有快速、经济、可连续性等优点。

应用原位测试方法时，应根据岩土条件、设计对参数的要求、地区经验和测试方法的适用性等因素选用，原位测试的仪器设备应定期检验和标定。分析原位测试成果资料时，应注意仪器设备、试验条件、试验方法等对试验的影响，结合地层条件，剔除异常数据。

根据原位测试成果，利用地区经验估算岩土工程特性参数和对岩土工程问题做出评价时，应与室内试验和工程反算参数进行对比，检验其可靠性。

（二）原位测试的分类及适用范围

为避免测试的盲目性，提高测试的应用效果，应熟练掌握原位测试方法、适用条件、测试设备的原理、成果的应用。表1-3-1为各种原位测试方法的适用岩土种类及所能提供的岩土参数。

表1-3-1　原位测试方法的适用岩土种类及所提供的岩土参数

测试方法	适用岩土种类							提供的岩土参数											
	岩石	碎石土	砂土	粉土	黏性土	填土	软土	鉴别土类	剖面分层	物理状态	强度参数	模量	渗透系数	固结特征	孔隙水压力	侧压力系数	超固结比	承载力	液化判别
平板载荷试验（PLT）	A	B	B	B	B	B	B				A	B						A	B
螺旋板载荷试验（SPLT）			B	B	B		A				A	B						A	B
静力触探试验（CPT）			A	B	B		A	A	A	A	B							A	B
孔压静力触探试验（CPTU）			A	B	B		A	B	A	A	B		A	A	A			A	B
圆锥动力触探试验（DPT）		B	B	B														A	
标准贯入试验（SPT）			B	A	A			B	A	A	A							A	B
十字板剪切试验（VST）					B		B				B								
预钻式旁压试验（PMT）	A	A	A	A	B	A					A						B		
自钻式旁压试验（SBPMT）			A	B	B			A	A	A			B	B	B	A	B	B	A
现场直剪试验（FDST）	B	B		A							B								
现场三轴试验（ETT）	B	B		A							B								
岩体应力测试（RST）	B																		
波速试验（WVT）	A	A	A	A	A	A			A			B							

注："A"表示适用；"B"表示很适用。

一、载荷试验

载荷试验是在保持地基土的天然状态下，在一定面积的刚性承压板上向地基土逐级施加荷载，并观测每级荷载下地基土的变形，是测定地基土的压力与变形特性的一种原位测试方法。测试所反映的是承压板下1.5～2.0倍承压板直径或宽度范围内，地基土强度、变形的综合性状，如图1-3-1所示。

载荷试验按试验深度分为浅层（适用于浅层地基土）和深层（适用于深层地基土和大直径桩端土）；按承压板形状分为圆形、方形和螺旋形（适用于深层地基土或地下水位以下的地基土）；按载荷性质分为静力和动力载荷试验；按用途可分为一般载荷试验和桩载荷试验。深层平板载荷试验的试验深度不应小于5 m。载荷试验可适用于各种地基土，特别适用于各种填土及含碎石的土。

图 1-3-1 静力载荷试验

载荷试验的设备主要由承压板、加荷装置和沉降观测装置组成。

承压板为厚钢板，形状为圆形或方形，面积为 0.1~0.5 m²。承压板的作用是将荷载传递到地基土上。

加荷装置有载荷台式（图 1-3-2）和千斤顶式两种。载荷台式为木质或铁质载荷台架，在载荷台上放置重物如钢块、铅块或混凝土试块、沙包等，如图 1-3-3 所示。千斤顶式为油压千斤顶加荷，用地锚提供反力。采用油压千斤顶必须注意两点：一是油压千斤顶的行程必须满足地基沉降要求，二是入土地锚的反力必须大于最大荷载，以免地锚上拔。由于载荷试验加荷较大，因此加荷装置必须牢固可靠、安全稳定，如图 1-3-4 所示。

图 1-3-2 载荷台式加荷装置

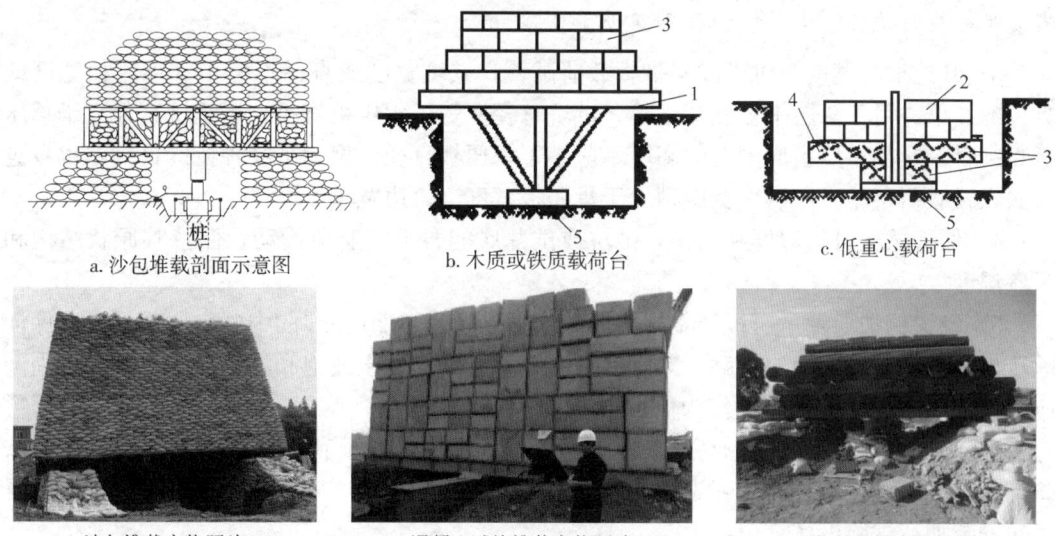

图 1-3-3 载荷台式加压装置
1—载荷台；2—钢锭；3—混凝土平台；4—测点；5—承压板

沉降观测装置可用百分表、沉降传感器或水准仪等。

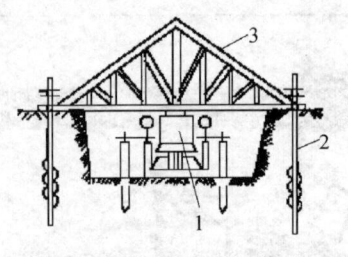
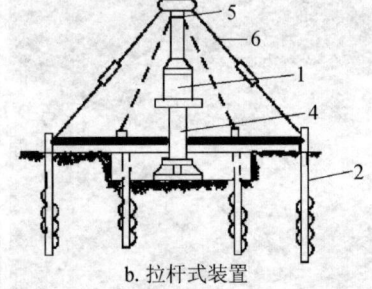

a. 钢桁架式装置　　　　　　b. 拉杆式装置

图1-3-4　千斤顶式加荷装置

1—千斤顶；2—地锚；3—桁架；4—立柱；5—分立柱；6—拉杆

（一）地基土载荷试验

1. 工作准备

1) 布置试验点：①载荷试验应布置在有代表性的地点，每个场地不宜少于3个，当场地内岩土体不均时，应适当增加；②浅层平板载荷试验应布置在基础底面标高处。

载荷试验

2) 选择承压板面积：通常采用圆形刚性承压板，根据土的软硬或岩体裂隙密度选用合适的尺寸，一般采用 $0.25 \sim 0.5 \ m^2$。

关注点：土的浅层平板载荷试验承压板面积不应小于 $0.25 \ m^2$，对均质、密实的土（如老堆积土、砂土），承压板面积可为 $0.1 \ m^2$，对新近堆积填土、软土和粒径较大的填土，承压板面积不应小于 $0.5 \ m^2$；土的深层平板载荷试验，承压板面积宜选用 $0.5 \ m^2$；岩石平板载荷试验，承压板面积不宜小于 $0.07 \ m^2$。

3) 开挖试坑宽度：对于浅层平板载荷试验，试坑宽度或直径不应小于承压板宽度或直径的3倍。对于深层平板载荷试验，试坑直径应等于承压板直径；当试坑直径大于承压板直径时，紧靠承压板周围土的高度不应小于承压板直径。但为了某种特殊目的，也可进行嵌入式载荷试验，即试坑宽度稍大于承压板宽度（每边宽出2 cm）。

4) 保持试验时的湿度和结构：试坑或试井底的岩土应避免扰动，保持其原状结构和天然湿度。

5) 设置保护层：承压板与土层接触处应铺设不超过20 mm的中砂垫层找平，以保证承压板水平并与土层均匀接触。对软塑、流塑状态的黏性土或饱和的松散砂，承压板周围应铺设20~30 cm厚的原土作为保护层。

6) 降低水位：当试验标高低于地下水位时，为使试验顺利进行，应先将水位降至试验标高以下，并在试坑底部铺设一层厚约5 cm的中、粗砂，安装设备，待水位恢复后再尽快安装加荷试验设备。

2. 现场试验

(1) 确定加荷等级

荷载按等量分级施加，加荷等级宜取10~12级，并不应少于8级，每级荷载增量为预估极限荷载的1/10~1/8。当不易预估极限荷载时，可参考表1-3-2选用。

表1-3-2 每级荷载增量参考值

试验土层	每级荷载增量/kPa
淤泥、流塑黏性土、松散砂土	≤15
软塑黏性土、粉土、稍密砂土	15～25
可塑-硬塑黏性土、粉土、中密砂土	25～50
坚硬黏性土、粉土、密实砂	50～100
碎石土、软岩石、风化岩石	100～200

（2）现场观测沉降

相对稳定法：每加一级荷载按 5 min、5 min、10 min、10 min、15 min、15 min 时间间隔观测沉降量，以后每隔 30 min 观测一次沉降量，直到连读两小时每小时的沉降量不大于 0.1 mm 时施加下一级荷载；当试验对象是岩体时，间隔 1 min、2 min、2 min、5 min 观测一次沉降量，以后每隔 10 min 观测一次，当连续三次读数差小于或等于 0.01 mm 时，可认为沉降已达相对稳定标准，可施加下一级荷载。

快速法：从加荷操作历时的二分之一开始，每隔 15 min 观测一次沉降量，每级荷载保持 2 h。

（3）终止试验标准

当出现下列情况之一时，可终止试验。
1) 承压板周边的土出现明显侧向挤出，周边岩土出现明显隆起或径向裂缝持续发展。
2) 本级荷载的沉降量大于前级荷载沉降量的 5 倍，荷载与沉降曲线出现明显陡降。
3) 在某级荷载下 24 h 沉降速率不能达到相对稳定标准。
4) 总沉降量与承压板直径（或宽度）之比超过 0.06。

（4）回弹观测

分级卸荷，观测回弹值。分级卸荷量为分级加荷增量的 2 倍时，15 min 观测一次，1 h 后再卸一级荷载，荷载完全卸除后，应继续观测 3 h。

3. 资料整理与成果应用

（1）绘制 P-s 曲线图

根据原始记录绘制 P（压力）-s（沉降）曲线图（图 1-3-5 中实测线）。

（2）修正 P-s 曲线图

在试验中，由于各种因素影响，会使 P-s 曲线偏离坐标原点，这时应对 P-s 曲线加以修正，通常有图解法和最小二乘法两种修正方法。

1) 求校正值 s_0 和 P-s 曲线斜率 C。

图解法 在 P-s 曲线图（图 1-3-5 中实测线）上找出比例界限（P_{cr}）点，从比例界限点引一直线，使比例界限点前的各点均匀靠近该直线，直线与纵坐标交点的截距即为 s_0（有上截距时，s_0 为负值；有下截距时，s_0 为正值），相应该直线的斜率即为 C 值。将直线上任意一点的 s、P 和 s_0 代入下式求得 C 值：

$$C = \frac{s - s_0}{P} \tag{1-3-1}$$

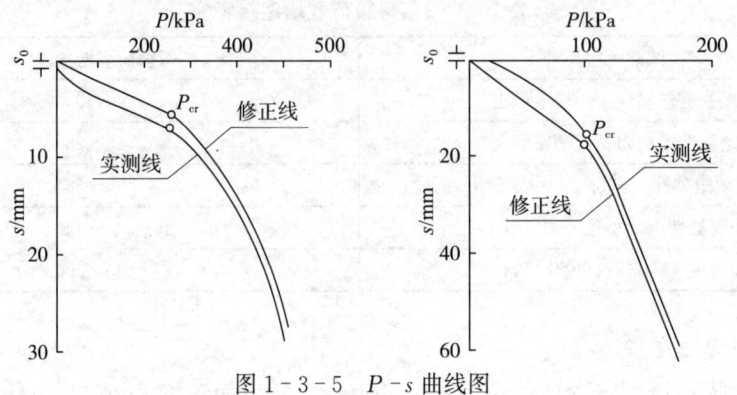

图 1-3-5 P-s 曲线图

最小二乘法

$$s_0 = \frac{\sum s' \sum P^2 - \sum P \sum Ps'}{N \sum P^2 - (\sum P)^2} \tag{1-3-2}$$

$$C = \frac{N \sum Ps' - \sum P \sum s'}{N \sum P^2 - (\sum P)^2} \tag{1-3-3}$$

式中：N 为加荷次数；s_0 为校正值，mm；P 为单位面积压力，kPa；s' 为各级荷载下的原始沉降值，mm；C 为斜率，mm/kPa。

2) 计算修正沉降观测值 s：对于比例界限点以前各点，根据 C、P 值按 $s=C\times P$ 计算；对于比例界限点以后各点，则按 $s=s'-s_0$ 计算。

3) 绘制修正 P-s 曲线（图 1-3-5 中修正线）：根据 P 和修正后的 s 值绘制 P-s 曲线。

（3）确定地基土承载力 f

A. 强度控制法

1) $f=P_{cr}$（比例界限），适用于硬塑坚硬的黏性土、粉土、砂土、碎石土。

2) P_{cr} 的确定。P-s 曲线有较明显的直线段时，P_{cr} 为直线段终点所对应的压力。P-s 曲线无明显的直线段时，可用下述三种方法确定：①在某一荷载下，其沉降增量超过前一级荷载沉降增量的两倍，P_{cr} 取 $\Delta s_n > 2\Delta s_{n-1}$ 的点所对应的压力；②绘制 $\lg P$-$\lg s$ 曲线，曲线上转折点所对应的压力即为比例界限；③绘制 P-$\Delta s \Delta P$ 曲线，曲线上的转折点所对应的压力即为比例界限。

B. 相对沉降控制法

当承压板面积为 0.25~0.5 m² 时，对低压缩性土和砂土，地基土承载力可取 $s/b=0.01$~0.015 对应的荷载值；对于中、高压缩性土，地基土承载力可取 $s/b=0.02$ 对应的荷载值；其中 b 为承压板宽度。

C. 极限荷载法

1) 比例界限 P_{cr} 与极限荷载 P_u 接近时：

$$f = \frac{P_u}{F_s} \tag{1-3-4}$$

2) 当比例界限 P_{cr} 与极限荷载 P_u 不接近时，可按下式计算：

$$f = P_{cr} + \frac{P_u - P_{cr}}{F_s} \tag{1-3-5}$$

式中：f 为地基土承载力，kPa；P_{cr} 为比例界限，kPa；P_u 为极限荷载，kPa；F_s 为安全系数，通常取 2～3。

D. 地基土承载力特征值 f_{ak} 的确定

1) 当 P-s 曲线上有比例界限时，f_{ak} 取比例界限所对应的荷载值；

2) 符合终止试验终止加载前三条之一时，其对应的前一级荷载为极限荷载，当该值小于对应比例界限的荷载值的 2 倍时，取荷载极限值的二分之一；

3) 不能按上述两款要求确定时，可取 $s/b=0.01\sim0.05$ 所对应的荷载值，但其值不应大于最大加荷量的二分之一；

4) 同一土层参加统计的试验点不应少于 3 点，当试验实测值的极差不超过平均值的 30% 时，取此平均值作为该土层的地基土承载力特征值 f_{ak}。

(4) 计算变形模量

1) 浅层平板载荷试验：

$$E_0 = I_0(1-\mu^2)\frac{Pd}{s} \tag{1-3-6}$$

2) 深层平板载荷试验和螺旋板载荷试验：

$$E_0 = \omega\frac{Pd}{s} \tag{1-3-7}$$

式中：E_0 为土的变形模量，MPa；I_0 为刚性承压板的形状系数，圆形承压板取 0.785，方形承压板取 0.886；μ 为土的泊松比，碎石土取 0.27，砂土取 0.30，粉土取 0.35，粉质黏土取 0.38，黏土取 0.42；P 为 P-s 曲线线性段的压力，kPa；s 为与 P 对应的沉降，mm；d 为承压板直径或边长，cm；ω 为与试验深度和土类有关的系数，可按表 1-3-3 选用。

表 1-3-3 深层平板载荷试验计算系数 ω 值

d/z	土类				
	碎石土	砂土	粉土	粉质黏土	黏土
0.30	0.477	0.489	0.491	0.515	0.524
0.25	0.469	0.480	0.482	0.506	0.514
0.20	0.460	0.471	0.474	0.497	0.505
0.15	0.444	0.454	0.457	0.479	0.487
0.10	0.435	0.446	0.448	0.470	0.478
0.05	0.427	0.437	0.439	0.461	0.468
0.01	0.418	0.429	0.429	0.452	0.459

注：d 为承压板直径；z 为承压板底面深度。

E. 计算基准基床系数

基准基床系数 K_v 计算公式如下：

$$K_v = \frac{P}{s} \tag{1-3-8}$$

案例讲解

某场地中进行载荷试验，承压板面积 5000 cm²，试坑深度 2.5 m，其中第二号试验点的资料见表 1-3-4，试确定试验点土层的比例界限、极限荷载及地基土的承载力（安全系数 $F_s=4$）。

表 1-3-4　第二号试验点的资料

荷载 N/kN	25	50	75	100	125	150	175	200	225	250
承压板沉降 s/mm		5	6	6.9	7.7	10.5	12.5	15	18	25	42

注：荷载增至 250 kN 后，变形速度加快，加荷后 30 min，变形值为 42 mm，于是停止试验。

解：（1）绘制 P-s 曲线

1）计算各级荷载作用下承压板底面压力 P_i：

$$P_i = \frac{N_i}{A}$$

式中：N_i 为 i 级荷载值，kN；A 为承压板面积，m²，取 0.5。

计算结果见表 1-3-5。

表 1-3-5　计算结果

荷载 N/kN	25	50	75	100	125	150	175	200	225	250
承压板底面压力 P/kPa	50	100	150	200	250	300	350	400	450	500

2）绘制 P-s 曲线。以承压板底面压力 P 为横坐标，以相应的承压板沉降 s 为纵坐标，绘制 P-s 关系曲线，如图 1-3-6 中原始曲线。

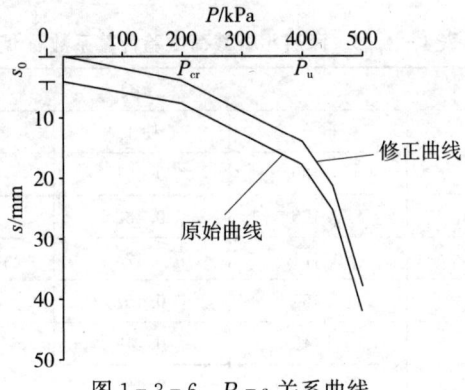

图 1-3-6　P-s 关系曲线

3）对 P-s 曲线进行修正。曲线开始段中的 4 个点，基本在一条直线上，设直线在 s 轴上的截距为 s_0，斜率为 C，则直线段方程可表示为 $s = s_0 + CP$，其中，s_0、C 可按下式求得：

$$C = \frac{N\sum Ps' - \sum P \sum s'}{N\sum P^2 - (\sum P)^2}$$

$$= \frac{4\times(50\times 5+100\times 6+150\times 6.9+200\times 7.7)}{4\times(50^2+100^2+150^2+200^2)-(50+100+150+200)^2} -$$

$$\frac{(50+100+150+200)\times(5+6+6.9+7.7)}{4\times(50^2+100^2+150^2+200^2)-(50+100+150+200)^2}$$

$$=0.018\,(\text{mm/kPa})$$

$$s_0 = \frac{\sum s' \sum P^2 - \sum P \sum Ps'}{N\sum P^2 - (\sum P)^2}$$

$$= \frac{(5+6+6.9+7.7)\times(50^2+100^2+150^2+200^2)}{4\times(50^2+100^2+150^2+200^2)-(50+100+150+200)^2} -$$

$$\frac{(50+100+150+200)\times(50\times 5+100\times 6+150\times 6.9+200\times 7.7)}{4\times(50^2+100^2+150^2+200^2)-(50+100+150+200)^2}$$

$$=4.15\,(\text{mm})$$

对 $P\leqslant 200$ kPa 的直线段,以方程 $s=C\times P$ 即以 $s=0.018P$ 作直线;对 $P>200$ kPa 的曲线段,取 $s=s'-s_0=s'-4.15$ 作圆滑曲线,其中,s' 为各压力对应的实测承压板沉降值。

修正后各级压力下的沉降值见表 1-3-6。

表 1-3-6 修正后各级压力下的沉降值

承压板底面压力 P/kPa	50	100	150	200	250	300	350	400	450	500
与 P 对应的承压板沉降值 s/mm	0.90	1.80	2.70	3.60	6.35	8.35	10.85	13.85	20.85	37.85

修正后的 P-s 曲线如图 1-3-6 中修正曲线所示。

(2) 求比例界限和极限荷载

从修正后的 P-s 曲线可以看出,200 kPa 以前 P-s 曲线为一直线,200 kPa 以后 P-s 曲线为明显的曲线段,故取 $P_{cr}=200$ kPa 作为比例界限。

从试验记录中知,当 $P=500$ kPa 时,承压板变形快速发展并且变形量接近前一级荷载变形量的 2 倍,因此可以认为压力为 500 kPa 时,试验土体已破坏,因此,取前一级荷载为极限荷载,即 $P_u=450$ kPa。

(3) 确定试验土层的承载力

由前面分析可知,$P_{cr}=200$ kPa,$P_u=450$ kPa。P_{cr} 与 P_u 有较大的差距,取安全系数 $F_s=4$,并按下式确定试验土层的承载力:

$$f = P_{cr} + \frac{P_u - P_{cr}}{F_s} = 200 + \frac{450-200}{4} = 262.5\,(\text{kPa})$$

该试验土层比例界限为 200 kPa,极限荷载为 450 kPa,承载力为 262.5 kPa。

案例分析

1) 进行平板载荷试验时,应注意选择稳定标准并掌握好破坏判别标准;

2) 载荷曲线的修正可采用图解法或最小二乘法,修正后的 P-s 曲线为一通过坐标原点的光滑曲线;

3) 确定比例界限和极限荷载;

4) 采用强度控制法、相对沉降控制法或极限荷载法确定地基土承载力；

5)《建筑地基基础设计规范》(GB 50007—2011) 中，地基土承载力特征值是由载荷试验确定的地基土压力变形曲线线性变形段内规定的变形所对应的压力，其最大值为比例界限值。故在本题中应取 $f=200$ kPa。

案例讲解

在某民用建筑场地中进行载荷试验，试坑深度为 1.8 m，圆形承压板面积为 5000 cm², 试验土层为黏土，修正后的 $P-s$ 曲线上具有明显的比例界限点，比例界限为 200 kPa，直线段斜率为 0.06 mm/kPa，试计算该黏土层的变形模量为多少？

解：（1）确定相关的系数

圆形承压板，取 $I_0=0.785$，试验土层为黏土，取 $\mu=0.42$，承压板面积 5000 cm²，直径 $d=0.798$ m，与比例界限对应的沉降量 s 为

$$s = C \times P = 0.06 \times 200 = 12 \text{ (mm)}$$

（2）计算土层的变形模量 E_0

$$E_0 = I_0(1-\mu^2)\frac{P \times d}{s} = 0.785 \times (1-0.42^2) \times \frac{200 \times 0.798}{12} = 8.6 \text{ (MPa)}$$

案例分析

1) 变形模量是通过载荷试验确定的，注意其与压缩模量在意义、试验方法及应用上的区别。

2) 在计算时应注意各参数的单位。

3) $P-s$ 曲线有明显直线段的，取直线段上任一点的压力及与其对应的变形量代入公式；$P-s$ 曲线无明显直线段的，应取第一特征点（$\lg P - \lg s$ 曲线上第一拐点或 $P-\Delta s/\Delta P$ 曲线上的第一拐点）所对应的压力或 $P_{s/b=0.015}$、$P_{s/b=0.01}$ 及与之对应的沉降量代入公式。

4) 计算基床系数时，P、s 取值与上述方法相同。

练一练

1. 某黏性土进行载荷试验，承压板面积 5000 cm²，试验资料见表 1-3-7，安全系数 $F_s=4$。

表 1-3-7 某载荷试验资料

承压板底面压力 P/kPa	40	80	120	160	200	240	280	320	360
承压板沉降量 s/mm	5.2	6.3	7.4	8.6	9.7	13.9	16.4	19.9	46.3

试绘制 $P-s$ 曲线并进行修正，该土层的比例界限、极限荷载及承载力分别为（　　）。

A. 200 kPa，320 kPa，160 kPa　　　B. 200 kPa，320 kPa，200 kPa

C. 200 kPa，320 kPa，230 kPa　　　D. 200 kPa，320 kPa，260 kPa

2. 某民用建筑场地为砂土场地，采用圆形平板载荷试验，试坑深度 1.5 m，承压板面积为 2500 cm²，修正后初始直线方程为：$s=0.05P$。其中，s 为承压板沉降量（mm），

P 为承压板底面压力（kPa）。该砂土层的变形模量为（　　）。

A. 8 MPa　　　B. 10 MPa　　　C. 12 MPa　　　D. 14 MPa

（二）桩基载荷试验

桩基载荷试验

桩基载荷试验的目的是采用接近竖向抗压桩的实际工作条件的试验方法确定单桩竖向抗压极限承载力，对工程桩的承载力进行抽样检验和评价，如图 1-3-7 所示。

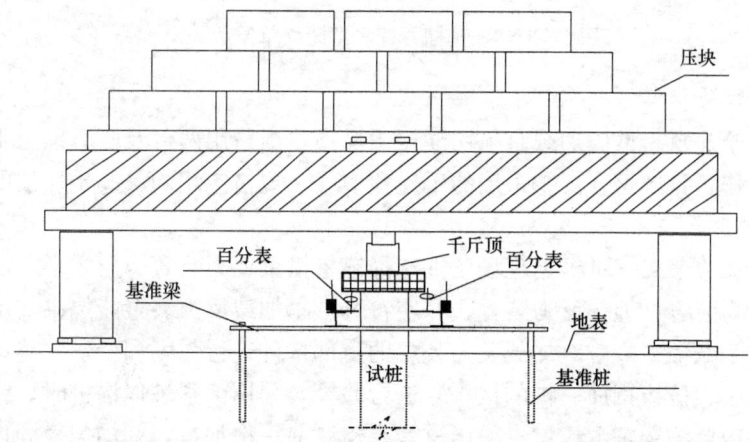

图 1-3-7　单桩竖向抗压静载试验示意图（堆载法）

1. 工作准备

（1）制作桩帽

桩帽混凝土强度应比桩身混凝土强度大一级，原桩头进入桩帽 200 mm，钢筋平均分配在桩中，D 为桩身直径，如图 1-3-8 所示。

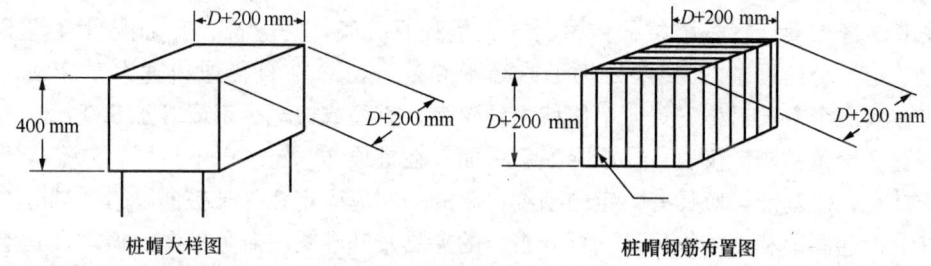

图 1-3-8　桩帽制作示意图

（2）安排检测时间

孔桩浇灌完，混凝土龄期达到 28 d 后，开始试验。

（3）开挖基槽

1) 3 根试验桩相互之间桩中心间距在 10 m 以上。

2) 每根试验桩桩顶面标高 1.2 m 范围内，平面内四个方向距桩中心 10 m 范围内的砂卵石层不要开挖，以便进行试验。

3) 距桩中心前后方向开挖宽为 2.0 m 的基槽以摆放主梁。

4)具体砂卵石层预留及基槽开挖如图1-3-9所示。

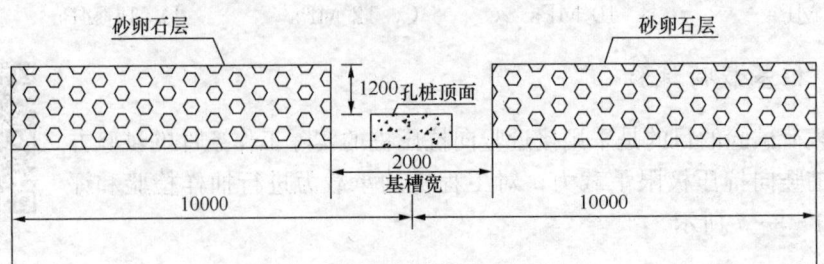

图1-3-9 基槽开挖示意图(单位:mm)

(4)安装设备仪器

安装油压千斤顶 试验加载宜采用油压千斤顶。当采用两台及两台以上千斤顶加载时应并联同步工作,且应符合:①采用的千斤顶型号、规格应相同;②千斤顶的合力中心应与桩轴线重合。

安装加载反力装置 可根据现场条件选择锚桩横梁反力装置、压重平台反力装置、锚桩压重联合反力装置、地锚反力装置,并应符合:①加载反力装置能提供的反力不得小于最大加载量的1.2倍;②应对加载反力装置的全部构件进行强度和变形验算;③应对锚桩抗拔力(地基土、抗拔钢筋、桩的接头)进行验算,采用工程桩作锚桩时,锚桩数量不应少于4根,并应监测锚桩上拔量;④压重宜在检测前一次加足,并均匀稳固地放置于平台上;⑤压重施加于地基的压应力不宜大于地基承载力特征值的1.5倍,有条件时宜利用工程桩作为堆载支点。

安装荷载测量 用放置在千斤顶上的荷重传感器直接测量;或采用并联于千斤顶油路的压力表或压力传感器测量油压,根据千斤顶率定曲线换算荷载。传感器的测量误差不应大于1%,压力表精度应优于或等于0.4级。试验用压力表、油泵、油管在最大加载时的压力不应超过规定工作压力的80%。

安装沉降测量 宜采用位移传感器或大量程百分表,并应符合:①测量误差不大于$0.1\%F_s$(F_s为满程量),分辨力优于或等于0.01 mm;②直径或边宽大于500 mm的桩,应在其两个方向对称安置4个位移测量仪表,直径或边宽小于或等于500 mm的桩可对称安置2个位移测量仪表;③沉降测量平面宜在桩顶200 mm以下位置,测点应牢固地固定于桩身;④基准梁应具有一定的刚度,梁的一端应固定在基准桩上,另一端应简支于基准桩上;⑤固定和支撑位移计(百分表)的夹具及基准梁应避免气温、振动及其他外界因素的影响。

2. 现场检测

(1)熟知技术要求

①试桩的成桩工艺和质量控制标准应与工程桩一致;②桩顶部宜高出试坑底面,试坑底面宜与桩承台底标高一致;③对作为锚桩用的灌注桩和有接头的混凝土预制桩,检测前宜对其桩身完整性进行检测。

(2)逐级加载

加载分级按预估的最大承载力分10级,按预估最大承载力的1/10进行逐级等量加载，第一级取两倍的级差进行加载。

(3) 观测沉降

每级荷载施加后按第 5 min、10 min、15 min、30 min、60 min 间隔测读一次试桩沉降量，以后每隔 30 min 测读一次，直至桩身沉降量达到相对稳定标准，然后进行下一级加载。

(4) 加下一级荷载

在每级荷载作用下，试桩 1 h 内的变形量不大于 0.1 mm，且连续出现两次（从分级荷载施加后第 30 min 开始，按 1.5 h 连续三次每 30 min 的沉降观测量计算），认为已达到稳定标准，可以加下一级荷载。

(5) 终止加载

当出现下列情况之一时，可终止加载试验：①试桩在某级荷载作用下的沉降量大于或等于前一级荷载沉降量的 5 倍时；②试桩在某级荷载作用下的沉降量大于前一级荷载下的 2 倍，且经 24 h 尚未稳定；③桩周土出现破坏状态或已达到桩身材料的极限强度；④当荷载沉降曲线呈缓变形时应按总沉降量控制，可根据具体要求控制至 100 mm 以上；⑤达到锚桩最大抗拔力或压重平台的最大重量。

(6) 卸载与卸载沉降观测

分级卸载，每级卸载量为每级加载量的 2 倍。每级荷载测读 1 h，按 15 min、30 min、60 min 间隔测读三次，卸载至零后，维持 3 h 再测读一次稳定的残余沉降量。

3. 资料整理及成果应用

(1) 绘制 P-s 曲线

首先根据试验资料绘制 P-s 曲线。

(2) 确定单桩竖向极限承载力

1) 作 P-s 曲线和其他辅助分析所需的曲线。

2) 当陡降段明显时，取相应于陡降段起点的荷载值。

3) 当出现 $\dfrac{\Delta S_{n+1}}{\Delta S_n} \geqslant 2$ 且经 24 h 尚未达到稳定情况时，取前一级荷载值。

4) P-s 曲线呈缓变型时，取桩顶总沉降量 s 为 40 mm 所对应的荷载值，当桩长大于 40 m 时，宜考虑桩身的弹性压缩。

5) 按上述方法判断有困难时，可结合其他辅助分析方法综合判定。对桩基沉降有特殊要求时，应根据具体情况选取。

6) 参加统计的试桩，当满足其极差不超过平均值的 30% 时，可取其平均值作为单桩竖向极限承载力，极差超过平均值的 30% 时，宜增加试桩数量并分析离差过大的原因，结合工程具体情况确定极限承载力（注：对桩数为 3 根及 3 根以下的柱下桩台，取最小值）。

(3) 确定单桩竖向承载力特征值

将单桩竖向极限承载力除以安全系数 2。

(4) 合格桩的判定

1) 单桩竖向极限承载力满足设计要求；

2) 单桩竖向最大沉降量小于 40 mm。

案例讲解

已知 1 号桩，桩长为 8.7 m，桩径为 420 mm，单桩设计承载力为 400 kN，单桩竖向静载试验结果见表 1-3-8。(1) 试绘制 $P\text{-}s$ 曲线，确定单桩竖向极限承载力及特征值；(2) 计算最大沉降量、最大回弹量和回弹率；(3) 判定该桩是否合格？

表 1-3-8 单桩竖向静载试验结果

序号	荷载/kN	历时/min		沉降量/mm	
		本级	累计	本级	累计
0	0	0	0	0.00	0.00
1	160	60	60	0.59	0.59
2	240	60	120	0.29	0.88
3	320	60	180	0.41	1.29
4	400	60	240	0.57	1.86
5	480	60	300	0.70	2.56
6	560	60	360	0.85	3.41
7	640	60	420	1.09	4.50
8	720	60	480	1.33	5.83
9	800	60	540	1.66	7.49
10	640	60	600	−0.05	7.44
11	480	60	660	−0.34	7.10
12	320	60	720	−0.81	6.29
13	160	60	780	−1.09	5.20
14	0	60	840	−1.32	3.88

解：(1) 根据试验数据绘制 $P\text{-}s$ 曲线，如图 1-3-10 所示。由图中可知，单桩竖向极限承载力为 800 kN，单桩竖向承载力特征值为 400 kN。

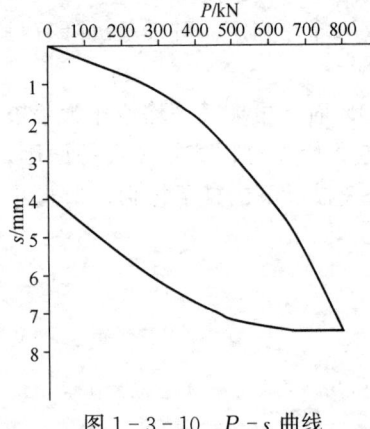

图 1-3-10 $P\text{-}s$ 曲线

(2) 由试验数据可知：该桩最大沉降量为 7.49 mm，

最大回弹量 = 最大沉降量 − 卸载后的沉降量
= 7.49 − 3.88 = 3.61（mm）

$$\text{最大回弹率} = \frac{\text{最大回弹量}}{\text{最大沉降量}} \times 100\%$$

$$= \frac{3.61}{7.49} \times 100\% = 48.20\%$$

(3) 由于该单桩竖向极限承载力满足设计要求；同时单桩竖向最大沉降量小于 40 mm，故该桩为合格桩。

> **案例分析**

载荷试验判定桩基是否合格,应绘制 $P-s$ 曲线,同时应满足单桩竖向极限承载力设计要求和单桩竖向最大沉降量小于 40 mm 的要求。

> **练 一 练**

已知某输变电工程长江大跨越工程 1 号桩,桩长为 50.0 m,桩径为 1000 mm,单桩设计承载力为 4500 kN,单桩竖向静载试验结果见表 1-3-9。(1)试绘制 $P-s$ 曲线,确定单桩竖向极限承载力及特征值。(2)计算最大沉降量、最大回弹量和回弹率。(3)判定该桩是否合格?

表 1-3-9 单桩竖向静载试验结果

序号	荷载/kN	历时/min 本级	历时/min 累计	沉降量/mm 本级	沉降量/mm 累计
0	0	0	0	0	0
1	750	120	120	0.57	0.57
2	1500	120	240	0.66	1.23
3	2250	120	360	0.83	2.06
4	3000	120	480	1.02	3.08
5	3750	150	630	1.17	4.25
6	4500	180	810	1.45	5.70
7	5250	180	990	2.04	7.74
8	6000	210	1200	3.02	10.76
9	6750	240	1440	5.64	16.40
10	7500	270	1710	20.78	37.18
11	8250	300	2010	24.39	61.57
12	9000	60	2070	39.21	100.78
13	7500	60	2130	−0.03	100.45
14	6000	60	2190	−1.12	99.33
15	4500	60	2250	−1.50	97.83
16	3000	60	2310	−1.83	96.00
17	1500	60	2370	−2.18	93.82
18	0	240	2610	−3.41	90.41

二、静力触探试验

静力触探试验是用静力将探头以一定的速率压入土中,利用探头内的力传感器,通过电子测量仪器将探头受到的贯入阻力记录下来的一种原位测试方法。

由于贯入阻力的大小与土层的性质有关,因此通过贯入阻力的变化情况,可以达到了解土层工程性质的目的,如图 1-3-11 所示。

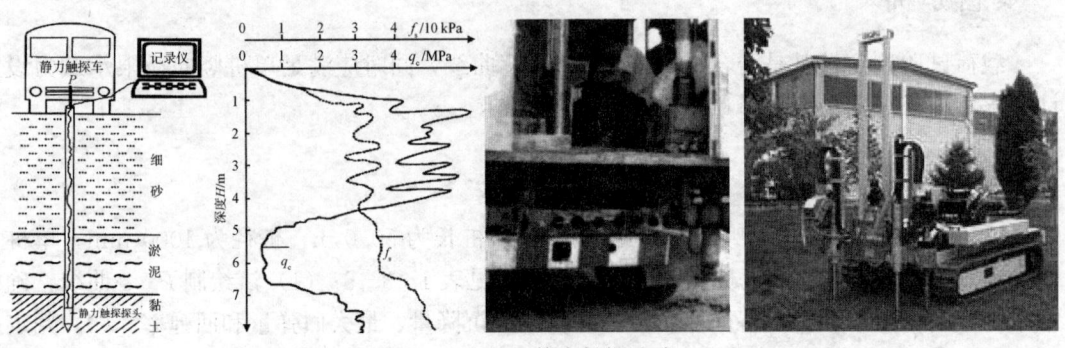

图 1-3-11 静力触探试验

f_s—侧壁摩阻力;q_c—锥尖阻力;H—贯入深度;P—施加的外荷载

静力触探试验可根据工程需要采用单桥探头、双桥探头或带孔隙水压力测量的单、双桥探头,可测定比贯入阻力(p_s)、锥尖阻力、侧壁摩阻力和贯入时的孔隙水压力(u)。静力触探试验适用于软土、一般黏性土、粉土、砂土和含少量碎石的土。

(一) 工作准备

1. 率定探头

求出地层阻力和仪表读数之间的关系,得到探头率定系数,一般在室内进行。新探头或使用一个月后的探头都应及时进行率定。

目前国内使用的探头有三种:单桥探头(测定比贯入阻力)、双桥探头(测定锥尖阻力和侧壁摩阻力)和三桥探头(测定锥尖阻力、侧壁摩阻力和孔隙水压力)。可根据实际情况选用(图 1-3-12)。

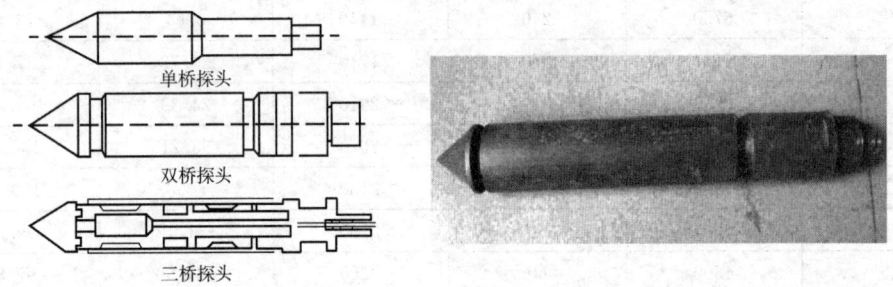

图 1-3-12 静力触探探头

2. 平整场地、固定主机

场地平整后,放平压力主机,使探头与地面垂直,设置反力装置,固定压力主机。反力通常采用以下方式达到。

(1) 利用地锚作反力

当地表有一层较硬的黏性土覆盖层时,可以使用 2~4 个或更多的地锚作反力,视所需反力大小而定。锚的长度一般为 1.5 m,叶片的直径可分为多种,如 25 cm、30 cm、35 cm、40 cm 等,以适应各种情况,如图 1-3-13 所示。

图 1-3-13 反力装置（地锚）

（2）用重物作反力

如地表土为砂砾、碎石土等，地锚难以下入，此时只有通过压重物解决反力问题，即在触探架上压上足够的重物，如钢轨、钢锭、生铁块等。软土地基贯入 30 m 以内的深度，一般需压 40~50 kN 的重物。

（3）利用车辆自重作反力

将整个触探设备装在载重汽车上，利用载重汽车的自重作反力。贯入设备装在汽车上工作方便，工效比较高，但由于汽车底盘距地面过高，使钻杆施力点距离地面的自由长度过大，当下部遇到硬层而使贯入阻力突然增大时易使钻杆弯曲或折断，应考虑降低施力点距地面的高度。

3. 选择加压设备和量测设备

选择加压设备和量测设备，并用水准尺将底板调平。

（1）加压设备的选择

根据实际情况可采用以下几种类型：

手摇式轻型静力触探设备：利用摇柄、链条、齿轮等用人力将探头压入土中。用于较大设备难以进入的狭小场地的浅层地基土的现场测试。

齿轮机械式静力触探设备：其结构简单，加工方便，既可单独落地组装，也可装在汽车上，但贯入力小，贯入深度有限。

全液压传动静力触探设备：分单缸和双缸两种，目前国内使用比较普遍，一般最大贯入力可达 200 kN。

（2）量测设备的选择

根据实际情况可采用以下几种类型：

1）电阻应变仪：由稳压电源、振荡器、测量电桥、放大器、相敏检波器和平衡指示器等组成。

2）自动记录仪：能随深度自动记录土层贯入阻力的变化情况，并以曲线的方式自动绘在记录纸上，从而提高野外工作的效率和质量。

3）带微机处理的记录仪：近年来已有将静力触探试验过程引入微机控制的实例，即在测试过程中可显示和存入与各深度对应的 p_s、q_c 和 f_s 值，起拔触探杆时即可进行资料分析处理，打印出直观曲线及经过计算处理的各土层的 p_s、q_c 和 f_s 的平均值，并可永久保存，还可根据要求进行力学分层。

4）专用的静力触探仪。

4. 设备检查

接通仪器检查电源电压是否符合要求,检查仪表是否正常,检查探头外套筒及锥头的活动情况,保证各设备正常使用。

5. 熟知试验技术要求

1)探头圆锥锥底截面积应采用 10 cm² 或 15 cm²,单桥探头侧壁高度应分别采用 57 mm 或 70 mm,双桥探头侧壁面积应采用 150～300 cm²,锥尖锥角应为 60°。

2)探头测力传感器应连同仪器、电缆定期进行标定,室内探头标定测力传感器的非线性误差、重复性误差、滞后误差、温度漂移、归零误差均应小于 $1\% F_s$,现场试验归零误差应小于 3%,绝缘电阻不小于 500 MΩ。

3)深度记录的误差不应大于触探深度的 ±1%。

4)当贯入深度超过 30 m 或穿过厚层软土后再贯入硬土层时,应采取措施防止孔斜或断杆,也可配置测斜探头,测量触探孔的偏斜角,校正土层界限的深度。

5)孔压探头在贯入前,应在室内保证探头应变腔为已排除气泡的液体所饱和,并在现场采取措施保持探头的饱和状态,直至探头进入地下水位以下的土层为止。在孔压静探试验过程中不得上提探头。

6)当在预定深度进行孔压消散试验时,应测量停止贯入后不同时间的孔压值,其计时间隔由密而疏合理控制,试验过程中不得松动探杆。

(二)现场试验

1. 接通电源

将仪表与探头接通电源,打开仪表和稳压电源开关,使仪器预热 15 min。

2. 仪器调零

根据土层软硬情况,确定工作电压,将仪器调零,并记录孔号、探头号、标定系数、工作电压及日期。

3. 测读初始读数

先将探头压入 0.5 m,稍停后提升 10 cm,使探头与地温相适应,记录仪器初读数 ε_0。试验中每贯入 10 cm 测记一次读数,以后每贯入 3～5 m,需提升 5～10 cm,以检查仪器初读数 ε_0。

4. 匀速贯入

探头应匀速垂直压入土中,贯入速度控制在 1.2 m/min。

关注点:接卸探杆时,切勿使入土探杆转动,以防止接头处电缆被扭断,同时应严防电缆受拉,以免拉断或破坏密封装置。为防止探头在阳光下暴晒,每结束一孔,应及时将探头锥头部分卸下,将泥沙擦洗干净,以保持顶柱及外套筒能自由活动。

(三)资料整理与成果应用

1. 绘制触探曲线

绘制 f_s-z 曲线、q_c-z 曲线、u-z 曲线、R_f-z 曲线,如图 1-3-14 所示,其中,

R_f 为摩阻比，$R_f = \dfrac{f_s}{q_c} \times 100\%$。

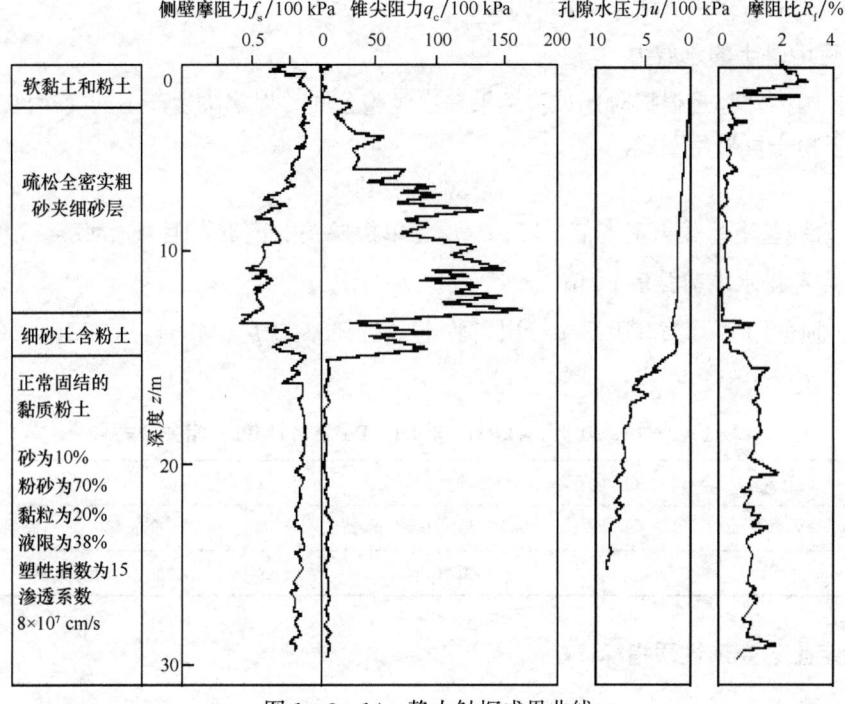

图 1-3-14 静力触探成果曲线

2. 划分土层及土类判别

1）根据各种阻力大小和曲线形状进行综合判定。变化小的曲线段所代表的土层多为黏土层；呈急剧变化的锯齿状曲线段则为砂土。

2）按临界深度等概念准确判定各土层界面深度。一般规律是位于曲线变化段的中间深度即为层面深度。

3）计算分层贯入阻力算术平均值。根据触探曲线按面积计算，并用其平均值进行土层定名。土层（类）定名办法可依据各种经验图形进行，如依据铁道部《铁路工程地质原位测试规程》（TB 10018—2018）使用双桥静力触探资料，按图 1-3-15 划分土类。

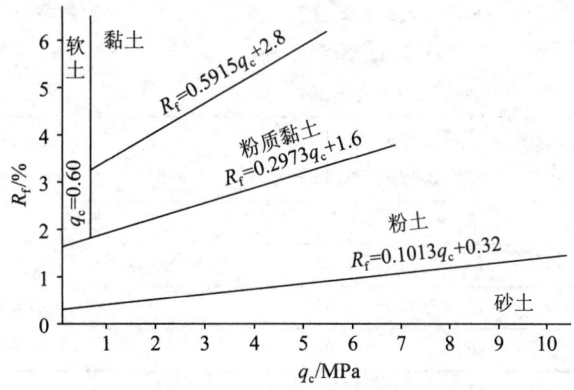

图 1-3-15 用双桥静力触探参数判别土类

4) 计算勘察场地的分层阻力。可按各孔穿越该层的厚度加权平均计算场地分层的平均贯入阻力,或将各孔触探曲线叠加后,绘制低值与峰值包络线,以便确定场地分层的贯入阻力在深度上的变化规律及变化范围。

3. 确定地基土的承载力

目前,国内外都是根据对比试验结果提出经验公式,以解决生产上的应用问题。

如对于粉土可采用下式:

$$f_0 = 36p_s + 44.6 \tag{1-3-9}$$

式中:f_0 为地基土承载力基本值,kPa;p_s 为单桥探头的比贯入阻力,MPa。

4. 确定不排水抗剪强度 c_u 值

《工程地质手册》(第五版)中给出了软土 c_u(kPa) 与 p_s(MPa)、q_c(MPa) 的相关公式,见表 1-3-10。

表 1-3-10　软土 c_u(kPa) 与 p_s(MPa)、q_c(MPa) 相关公式

公式	适用范围	公式来源
$c_u = 30.8p_s + 4$	$0.1 \leqslant p_s \leqslant 1.5$,软黏土	交通部一航局设研院
$c_u = 71q_c$	镇海软黏土	同济大学

5. 确定土的变形性质指标

(1) 基本公式

Buisman 曾建议砂土的 $E_s - q_c$ 关系式为

$$E_s = 1.5q_c \tag{1-3-10}$$

式中:E_s 为固结试验求得的压缩模量,MPa。

(2) 经验式

E_0、p_s 和 E_s、p_s 的经验式列于表 1-3-11。

表 1-3-11　按比贯入阻力 p_s 确定 E_0 和 E_s

序号	公式	适用范围
1	$E_s = 3.72p_s + 1.26$	$0.3 \leqslant p_s < 5$
2	$E_0 = 9.79p_s - 2.63$ $E_0 = 11.77p_s - 4.69$	$0.3 \leqslant p_s < 3$ $3 \leqslant p_s < 6$
3	$E_s = 3.63(p_s + 0.33)$	$p_s < 5$
4	$E_s = 2.17p_s + 1.62$ $E_s = 2.12p_s + 3.85$	$0.7 < p_s < 4$,北京近代土 $1 < p_s < 9$,北京老土
5	$E_s = 1.9p_s + 3.23$	$0.4 \leqslant p_s \leqslant 3$
6	$E_s = 2.94p_s + 1.34$	$0.24 < p_s < 3.33$
7	$E_s = 3.47p_s + 1.01$	无锡地区 $p_s = 0.3 \sim 3.5$
8	$E_s = 6.3p_s + 0.85$	贵州地区红黏土

注:E_0 为现场载荷试验的变形模量。

(据《工程地质手册》(第五版)编委会,2018)

6. 估计饱和黏性土的天然容重

利用静力触探试验获得的比贯入阻力 p_s 值，结合场地或地区性土质情况（含有机物情况、土质状态）可估计饱和黏性土的天然容重，见表1-3-12。

表1-3-12　按比贯入阻力 p_s 估计饱和黏性土的天然容重 γ

p_s/MPa	0.1	0.3	0.5	0.8	1.0	1.6
γ/(kN·m^{-3})	14.1~15.5	15.6~17.2	16.4~18.0	17.2~18.9	17.5~19.3	18.2~20.0
p_s/MPa	2.0	2.5	3.0	4.0	≥4.5	
γ/(kN·m^{-3})	18.7~20.5	19.2~21.0	19.5~20.7	20.0~21.4	20.3~22.2	

7. 确定砂土的内摩擦角

砂土的内摩擦角可根据静力触探试验参数参照表1-3-13取值。

表1-3-13　按比贯入阻力 p_s 确定砂土的内摩擦角 φ

p_s/MPa	1	2	3	4	6	11	15	30
φ/(°)	29	31	32	33	34	36	37	39

8. 估算单桩竖向极限承载力

依据《建筑桩基技术规范》(JGJ 94—2008)，按双桥探头 q_c、f_s 估算单桩竖向极限承载力计算式如下：

$$p_u = \alpha q_c A + U_p \sum \beta_i f_{si} l_i \qquad (1-3-11)$$

式中：p_u 为单桩竖向极限承载力，kN；α 为桩尖阻力修正系数，黏性土取2/3，饱和砂土取1/2；q_c 为桩端上下探头阻力，取桩尖平面以上 $4d$（d 为桩的直径）范围内按厚度的加权平均值，然后再和桩尖平面以下 $1d$ 范围内的 q_c 值平均，kPa；f_{si} 为第 i 层土的探头侧壁摩阻力，kPa；U_p 为桩身周长，m；A 为桩端面积，m^2；l_i 为第 i 层土厚度，m；β_i 为第 i 层土桩身侧摩阻力综合修正系数，按下式计算：

对于黏性土：
$$\beta_i = 10.04 f_{si}^{-0.55} \qquad (1-3-12)$$

对于砂土：
$$\beta_i = 5.05 f_{si}^{-0.45} \qquad (1-3-13)$$

确定桩的承载力时，安全系数取2~2.5，以端承力为主时取2，以摩阻力为主时取2.5。

案例讲解

某桩为预制混凝土方桩，边长为400 mm，桩长为12 m（桩尖长0.4 m），承台埋深2 m，地层及静力触探试验资料见表1-3-14，试按双桥静力触探试验资料确定单桩承载力。

静力触探试验案例

表1-3-14　地层及静力触探试验资料

土层编号	土层名称	土层埋藏深度/m	指标名称	
			f_{si}/kPa	q_{ci}/kPa
①	杂填土	2.8	80	

续表

土层编号	土层名称	土层埋藏深度/m	指标名称	
			f_{si}/kPa	q_{ci}/kPa
②	粉质黏土	4.5	120	
③	黏质粉土	7.0	180	
④	粉质黏土	10.0	140	800
⑤	细中砂	15.0	200	1500

解：（1）计算各土层的桩身侧摩阻力综合修正系数 β_i。

第①～⑤层：$\beta_1 = 10.04 f_{s1}^{-0.55} = 0.9$，$\beta_2 = 0.72$，$\beta_3 = 0.58$，$\beta_4 = 0.66$，$\beta_5 = 5.05 f_{s5}^{-0.45} = 0.47$。

（2）确定桩尖阻力修正系数。

饱和砂土：$\alpha = 1/2$，

桩端平面以上 $4d = 1.6$ m 范围内，$q_c = 1500$ kPa；以下 $1d = 0.4$ m 范围内，$q_c = 1500$ kPa。

（3）计算桩周范围内各土层的厚度。

由于承台埋深为 2 m，桩长为 12 m（桩尖长 0.4 m），故第①～⑤层各土层的厚度为 $l_1 = 0.8$ m，$l_2 = 1.7$ m，$l_3 = 2.5$ m，$l_4 = 3.0$ m，$l_5 = 3.6$ m。

（4）计算单桩竖向极限承载力。

$$\begin{aligned}
p_u &= \alpha q_c A + U_p \sum \beta_i f_{si} l_i \\
&= 0.5 \times 1500 \times 0.4^2 + 4 \times 0.4 \times (0.9 \times 80 \times 0.8 + 0.72 \times 120 \times 1.7 \\
&\quad + 2.5 \times 0.58 \times 180 + 3 \times 0.66 \times 140 + 3.6 \times 0.47 \times 200) \\
&= 120 + 1729.73 = 1849.73 \text{ (kN)} \approx 1850 \text{ (kN)}
\end{aligned}$$

（5）计算单桩承载力。

$$f = \frac{p_u}{F_s} = \frac{1850}{2} = 925 \text{ (kN)}$$

案例分析

1）在计算桩周范围内各土层厚度时，要注意桩承台的埋深，桩长计算时是用有效长度，即扣除桩尖部分长度。

2）注意 q_c 的计算，是取桩端平面以上 $4d$ 范围内按土层厚度的探头阻力加权平均值和以下 $1d = 0.4$ m 范围内探头阻力进行平均而得。

练一练

某桩为预制混凝土方桩，边长为 400 mm，有效桩长为 11.5 m（桩尖长 0.4 m），承台埋深 2.5 m，地层及静力触探资料见表 1-3-15，试按双桥静力触探试验资料确定单桩竖向极限承载力。

表 1-3-15 地层及静力触探资料

土层编号	土层名称	土层厚度/m	f_{si}/kPa	q_{ci}/kPa
①	杂填土	1.5	50	
②	粉质黏土	3.5	80	
③	粉砂	4.0	240	
④	黏土	4.5	80	800
⑤	中砂	6.0	260	1500
⑥	黏土	8.0	95	

三、圆锥动力触探试验

圆锥动力触探试验（DPT）是用一定质量的重锤，从一定高度自由落下，将标准规格的圆锥形探头贯入土中，根据探头进入土中一定距离所需的锤击数，对土层进行力学分层，判定土的力学特性，对地基土做出工程地质评价的原位测试方法，具有勘探和测试双重功能。

通常以探头进入土中一定距离所需的锤击数表示土层的性质，也有的以动贯入阻力表示土层的性质，如图 1-3-16 所示。圆锥动力触探试验的优点是设备简单、操作方便、工效较高、适应性强，并具有连续贯入的特点。对难以取样的砂土、粉土、碎石类土等土层，圆锥动力触探试验是十分有效的勘探测试手段。缺点是不能采样对土进行直接鉴别描述，试验误差较大，再现性较差。如将探头换为标准贯入器，则称标准贯入试验。

圆锥动力触探试验和标准贯入试验的适用范围见表 1-3-16。

圆锥动力触探试验

图 1-3-16 圆锥动力触探试验现场照片

表 1-3-16 圆锥动力触探试验和标准贯入试验的适用范围

类型		粉土、黏性土			砂 土					碎石土		
		黏土	粉质黏土	粉土	粉砂	细砂	中砂	粗砂	砾砂	圆砾	卵石	漂石
圆锥动力触探试验	轻型	＋	＋＋	＋								
	重型				＋	＋	＋＋	＋＋	＋＋	＋＋	＋	
	超重型								＋	＋＋	＋＋	＋
标准贯入试验		＋	＋	＋＋	＋＋	＋＋	＋＋	＋	＋			

注："＋＋" 表示适合；"＋" 表示部分适合。

圆锥动力触探试验可分为轻型、重型和超重型三种类型。轻型圆锥动力触探试验的优点是轻便，对于施工验槽、填土勘察、查明局部软弱土层及洞穴分布具有实用价值，重型圆锥动力触探试验是应用最广泛的一种。圆锥动力触探试验使用的设备的规格和适用土类应符合表 1-3-17 的规定。

表 1-3-17　圆锥动力触探试验使用的设备的规格及适用土类

类型		轻型	重型	超重型
落锤	锤的质量/kg	10	63.5	120
	落距/cm	50	76	100
探头	直径/mm	40	74	74
	锥角/(°)	60	60	60
探杆直径/mm		25	42	50～60
指标		贯入 30 cm 的锤击数 N_{10}	贯入 10 cm 的锤击数 $N_{63.5}$	贯入 10 cm 的锤击数 N_{120}
主要适用土类		浅部的填土、砂土、粉土、黏性土	砂土、中密以下的碎石土、极软岩	密实和很密的碎石土、软岩、极软岩

（一）工作准备

1. 安装探头、穿心锤及提引设备

探头为圆锥形，锥角 60°，探头直径为 40～74 mm，如图 1-3-17 所示。穿心锤为钢质圆柱形，中心圆孔略大于穿心杆 3～4 mm，如图 1-3-18 所示。对于提引设备，轻型圆锥动力触探试验采用人工放锤，重型及超重型圆锥动力触探试验采用机械提引器放锤，提引器主要有球卡式和卡槽式两类，如图 1-3-19 所示。

图 1-3-17　探头

图 1-3-18　穿心锤

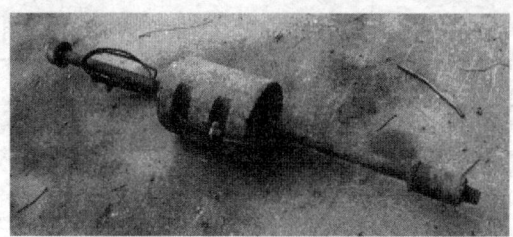
图 1-3-19　提引设备

2. 安装触探架

触探架应保持平稳，触探孔应与地面垂直。

（二）现场试验

1. 自由连续锤击

将穿心锤提至一定高度，自由下落并应尽量连续贯入，为防止锤击偏心、探杆倾斜晃动，应保证一定的锤击速率。

2. 转动钻杆

每贯入 1 m，宜将钻杆转动一圈半；当贯入深度超过 10 m 时，每贯入 20 cm 宜转动钻杆一次。

3. 测量读数

记录贯入深度和一阵击的贯入量及相应的锤击数。

关注点：轻型圆锥动力触探试验和重型圆锥动力触探试验的锤击速率为 15～30 击/min；超重型圆锥动力触探试验为 15～20 击/min。应特别注意各圆锥动力触探试验的适用条件和贯入土层中一定距离所需的锤击数。

1) 当采用轻型圆锥动力触探试验时，一般以 5 击为一阵击，土较松软时应少于 5 击。可由式（1-3-14）计算每贯入 10 cm 所需锤击数 N：

$$N = \frac{10K}{S} \quad (1-3-14)$$

式中：N 为每贯入 10 cm 的实测锤击数，击；K 为一阵击的锤击数，击；S 为相应一阵击的贯入量，cm。

2) 当土层较密实时（5 击贯入量小于 10 cm 时），可直接记读每贯入 10 cm 所需的锤击数。

3) 当连续三次 $N>50$ 击时，可停止试验或改用超重型圆锥动力触探试验。

4) 若为密实的碎石土或埋深较大、厚度较大的碎石土或软岩、极软岩等，则采用超重型圆锥动力触探试验，贯入深度一般不宜超过 20 m。

（三）资料整理与成果应用

1. 校正锤击数

（1）侧壁摩擦影响的校正

对于密实的碎石土或埋深较大、厚度较大的碎石土，超重型圆锥动力触探试验应考虑侧壁摩擦的影响：

$$N'_{120} = \alpha F_n N_{120} \quad (1-3-15)$$

式中：N'_{120} 为对侧壁摩擦影响校正后的锤击数，击；N_{120} 为实测锤击数，击；αF_n 为侧壁摩擦影响校正系数，按表 1-3-18 确定。

表 1-3-18　超重型圆锥动力触探试验触探杆长度（L）和侧壁摩擦影响校正系数（αF_n）

N_{120}/击	αF_n										
	$L=1$ m	$L=2$ m	$L=4$ m	$L=6$ m	$L=8$ m	$L=10$ m	$L=12$ m	$L=14$ m	$L=16$ m	$L=18$ m	$L=20$ m
1	0.92	0.86	0.80	0.66	0.60	0.54	0.50	0.46	0.43	0.40	0.39
2	0.85	0.79	0.74	0.61	0.55	0.50	0.46	0.43	0.40	0.37	0.36
4	0.80	0.74	0.70	0.58	0.52	0.47	0.43	0.40	0.38	0.35	0.34
6	0.78	0.73	0.68	0.56	0.51	0.46	0.42	0.39	0.37	0.34	0.33
8～9	0.76	0.71	0.66	0.55	0.49	0.45	0.41	0.38	0.36	0.33	0.32

续表

N_{120}/击	αF_n										
	$L=1$ m	$L=2$ m	$L=4$ m	$L=6$ m	$L=8$ m	$L=10$ m	$L=12$ m	$L=14$ m	$L=16$ m	$L=18$ m	$L=20$ m
10～12	0.75	0.70	0.65	0.54	0.49	0.44	0.41	0.38	0.35	0.33	0.32
13～17	0.74	0.69	0.64	0.53	0.48	0.44	0.40	0.37	0.35	0.33	0.31
18～24	0.73	0.68	0.64	0.53	0.47	0.43	0.39	0.37	0.34	0.32	0.31
25～31	0.72	0.67	0.63	0.52	0.47	0.42	0.39	0.36	0.34	0.32	0.30
32～50	0.71	0.66	0.62	0.51	0.46	0.42	0.38	0.36	0.33	0.31	030
>50	0.70	0.65	0.61	0.50	0.46	0.41	0.38	0.35	0.33	0.31	0.29

（2）触探杆长度的校正

1）重型圆锥动力触探试验：当触探杆长度大于 2 m 时，需按下式校正：

$$N'_{63.5} = \alpha_1 N_{63.5} \tag{1-3-16}$$

式中：$N'_{63.5}$ 为对触探杆长度影响校正后的锤击数，击；$N_{63.5}$ 为实测锤击数，击；α_1 为触探杆长度校正系数，可按表 1-3-19 确定。

表 1-3-19　重型圆锥动力触探试验锤击数与触探杆长度（L）校正系数 α_1

L/m	α_1								
	$N_{63.5}=5$ 击	$N_{63.5}=10$ 击	$N_{63.5}=15$ 击	$N_{63.5}=20$ 击	$N_{63.5}=25$ 击	$N_{63.5}=30$ 击	$N_{63.5}=35$ 击	$N_{63.5}=40$ 击	$N_{63.5} \geqslant 50$ 击
2	1.00	1.00	1.00	1.00	1.00	1.00	1.00	1.00	
4	0.96	0.95	0.93	0.92	0.90	0.89	0.87	0.86	0.84
6	0.93	0.90	0.88	0.85	0.83	0.81	0.79	0.78	0.75
8	0.90	0.86	0.83	0.80	0.77	0.75	0.73	0.71	0.67
10	0.88	0.83	0.79	0.75	0.72	0.69	0.67	0.64	0.61
12	0.85	0.79	0.75	0.70	0.67	0.64	0.61	0.59	0.55
14	0.82	0.76	0.71	0.66	0.62	0.58	0.56	0.53	0.50
16	0.79	0.73	0.67	0.62	0.57	0.54	0.51	0.48	0.45
18	0.77	0.70	0.63	0.57	0.53	0.49	0.46	0.43	0.40
20	0.75	0.67	0.59	0.53	0.48	0.44	0.41	0.39	0.36

2）超重型圆锥动力触探试验：当触探杆长度大于 1 m 时，锤击数可按下式进行校正：

$$N'_{120} = \alpha_2 N_{120} \tag{1-3-17}$$

式中：N'_{120} 为对触探杆长度影响校正后的锤击数，击；N_{120} 为实测锤击数，击；α_2 为触探杆长度校正系数，可按表 1-3-20 确定。

（3）地下水影响的校正

对于地下水位以下的中砂、粗砂、砾砂、圆砾和卵石，锤击数可按下式进行校正：

$$N''_{63.5} = 1.1 N'_{63.5} + 1.0 \tag{1-3-18}$$

式中：$N''_{63.5}$ 为对地下水影响校正后的锤击数，击；$N'_{63.5}$ 为对触探杆长度影响校正后的锤击数，击。

表1-3-20 超重型圆锥动力触探试验锤击数与触探杆长度（L）校正系数 α_2

L/m	$N_{120}=$1击	$N_{120}=$3击	$N_{120}=$5击	$N_{120}=$7击	$N_{120}=$9击	$N_{120}=$10击	$N_{120}=$15击	$N_{120}=$20击	$N_{120}=$25击	$N_{120}=$30击	$N_{120}=$35击	$N_{120}=$40击
1	1.00	1.00	1.00	1.00	1.00	1.00	1.00	1.00	1.00	1.00	1.00	1.00
2	0.96	0.92	0.91	0.90	0.90	0.90	0.90	0.89	0.89	0.88	0.88	0.88
3	0.94	0.88	0.86	0.85	0.84	0.84	0.84	0.83	0.82	0.82	0.81	0.81
5	0.92	0.82	0.79	0.78	0.77	0.77	0.76	0.75	0.74	0.73	0.72	0.72
7	0.90	0.78	0.75	0.74	0.73	0.72	0.71	0.70	0.68	0.68	0.67	0.66
9	0.88	0.75	0.72	0.70	0.69	0.68	0.67	0.66	0.64	0.63	0.62	0.62
11	0.87	0.73	0.69	0.67	0.66	0.66	0.64	0.62	0.61	0.60	0.59	0.53
13	0.86	0.71	0.67	0.65	0.64	0.63	0.61	0.60	0.58	0.57	0.56	0.55
15	0.84	0.69	0.65	0.63	0.62	0.61	0.59	0.58	0.56	0.55	0.54	0.53
17	0.85	0.68	0.63	0.61	0.60	0.60	0.57	0.56	0.54	0.53	0.52	0.50
19	0.84	0.66	0.62	0.60	0.58	0.58	0.56	0.54	0.52	0.51	0.50	0.48

2. 绘制圆锥动力触探试验曲线

绘制圆锥动力触探试验击数或动贯入阻力与深度的关系曲线，如图1-3-20所示。

1) 进行力学分层：根据曲线的动态（贯入指标近似相等），结合钻探资料进行力学分层。

2) 计算单孔分层贯入指标：剔除指标异常值后取平均值。

3) 计算场地分层贯入指标：用统计分析法进行计算，当土质均匀、圆锥动力触探数据离散性不大时，用厚度加权平均法计算。

3. 成果应用

（1）确定地基土承载力

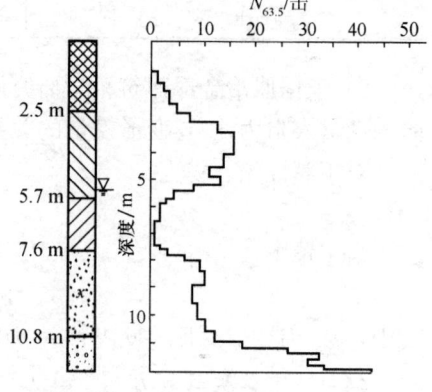

图1-3-20 圆锥动力触探试验直方图及土层划分

根据不同地区的试验成果资料，结合必要的区域及行业经验，进行必要的统计分析，并建立经验公式后确定地基承载力。详见项目二中任务一之一中"（四）确定地基承载力"。

（2）评价砂土的密实度

用重型圆锥动力触探试验数据可确定砂土、碎石土的孔隙比和砂土的密度，见表1-3-21和表1-3-22。

表1-3-21 碎石土密实度按 $N_{63.5}$ 分类

重型圆锥动力触探试验锤击数 $N_{63.5}$/击	密实度	重型圆锥动力触探试验锤击数 $N_{63.5}$/击	密实度
$N_{63.5} \leqslant 5$	松散	$10 < N_{63.5} \leqslant 20$	中密
$5 < N_{63.5} \leqslant 10$	稍密	$N_{63.5} > 20$	密实

注：本表适用于平均粒径小于或等于50 mm，且最大粒径小于100 mm的卵石、碎石、圆砾、角砾，对于平均粒径大于50 mm，或最大粒径大于100 mm的卵石、碎石、圆砾、角砾，可用超重型圆锥动力触探试验或野外观察进行分类。

表 1-3-22　碎石土密实度按 N_{120} 分类

超重型圆锥动力触探试验锤击数 N_{120}/击	密实度	超重型圆锥动力触探试验锤击数 N_{120}/击	密实度
$N_{120} \leqslant 3$	松散	$11 < N_{120} \leqslant 14$	密实
$3 < N_{120} \leqslant 6$	稍密	$N_{120} > 14$	很密
$6 < N_{120} \leqslant 11$	中密		

（3）确定变形模量

1）依据原铁道部第二勘测设计院 1988 年的研究成果，圆砾、卵石土地基变形模量 E_0(MPa) 可按式（1-3-19）或表 1-3-23 取值。

$$E_0 = 4.48 N_{63.5}^{0.7554} \tag{1-3-19}$$

表 1-3-23　用圆锥动力触探 $N_{63.5}$ 确定圆砾、碎石土的变形模量 E_0　单位：kPa

平均锤击数 $\overline{N}_{63.5}$/击	3	4	5	6	7	8	9	10	12	14
碎石土	140	170	200	240	280	320	360	400	470	540
中砂、粗砂、砾砂	120	150	180	220	260	300	340	380		
平均锤击数 $\overline{N}_{63.5}$/击	16	18	20	22	24	26	28	30	35	40
碎石土	600	660	720	780	830	870	900	930	970	1000

2）依据原冶金部建筑科学研究院和原武汉冶金勘察公司资料，重型圆锥动力触探试验的动贯入阻力 q_d 与变形模量的关系见式（1-3-20）和式（1-3-21）。

对于黏性土、粉土：

$$E_0 = 5.488 q_d^{1.468} \tag{1-3-20}$$

对于填土：

$$E_0 = 10(q_d - 0.56) \tag{1-3-21}$$

式中：E_0 为变形模量，MPa；q_d 为动贯入阻力，MPa。

（4）确定单桩承载力

原沈阳市桩基础试验研究小组资料：在沈阳地区用重型圆锥动力触探试验与桩载荷试验测得的单桩竖向承载力建立相关关系，得到经验公式：

$$p_a = \alpha \sqrt{\frac{Ll}{Ee}} \tag{1-3-22}$$

或

$$p_a = 24.3 \overline{N}_{63.5} + 365.4 \tag{1-3-23}$$

式中：p_a 为单桩竖向承载力，kN；L 为桩长，m；l 为桩进入持力层的长度，m；E 为打桩贯入度，采用最后 10 击的每击贯入度，cm；e 为圆锥动力触探试验在桩尖以上 10 cm 深度内修正后的平均每击贯入度，cm；$\overline{N}_{63.5}$ 为由地面至桩尖处，重型圆锥动力触探试验平均每 10 cm 修正后的锤击数，击；α 为经验系数。

案例讲解

某民用建筑场地中卵石土地基埋深为 2.0 m，地下水位为 1.0 m，在 2.5 m 处进行超重型动力触探试验，地面以上触探杆长度为 1.5 m，贯入

圆锥动力触探试验案例

16 cm，锤击数为 18 击，试计算修正后的锤击数。

解：(1) 实测锤击数 N_{120}

$$N_{120}=\frac{10K}{S}=\frac{10\times 18}{16}=11.3\text{（击）}$$

(2) 锤击数修正
触探杆长度：
$$L=2.5+1.5=4.0\text{（m）}$$

查表 1-3-18 得 $L=4$ m，$N_{120}=11.3$ 击，$\alpha F_n=0.65$，修正后的锤击数为

$$N'_{120}=\alpha F_n N_{120}=0.65\times 11.3=7.3\text{（击）}$$

案例分析

1) 超重型圆锥动力触探试验一般应采用侧壁摩擦影响校正系数 αF_n 进行修正；
2) 超重型圆锥动力触探试验适用范围一般为密实碎石土、卵石等。

案例讲解

某碎石土场地地下水埋深为 1.5 m，在 12.0 m 处进行重型圆锥动力触探试验，贯入 14 cm 的锤击数为 63 击，地面以上触探杆长度为 1.0 m，需确定碎石土的密实度，试求修正后的锤击数。

解：(1) 实测锤击数

$$N_{63.5}=\frac{10K}{S}=\frac{10\times 63}{14}=45\text{（击）}$$

(2) 实测锤击数的修正
触探杆长度：
$$L=1.0+12=13\text{（m）}$$

查表 1-3-19，$L=13$ m，$N_{63.5}=40$ 击时的修正系数

$$\alpha_{13/40}=\frac{0.59+0.53}{2}=0.56$$

$L=13$ m，$N_{63.5}=50$ 击时的修正系数

$$\alpha_{13/50}=\frac{0.55+0.50}{2}=0.525$$

$L=13$ m，$N_{63.5}=45$ 击时的修正系数

$$\alpha_{13/45}=\frac{0.56+0.525}{2}=0.543$$

对杆长修正后的锤击系数
$$N'_{63.5}=\alpha N_{63.5}=0.543\times 45=24.4\text{（击）}$$

再对地下水修正
$$N''_{63.5}=1.1N'_{63.5}+1.0=1.1\times 24.4+1.0=27.85\text{（击）}$$

查表 1-3-21，该碎石土为密实状态。对杆长和地下水修正后的锤击数为 28 击。

案例分析

1) 确定碎石土密实度对重型圆锥动力触探试验锤击数修正时，只对杆长进行修正；

2) 杆长修正系数可按触探杆长度 L 和实测锤击数 $N'_{63.5}$ 查表确定，插值应采用内插法；

3) 杆长系数可按触探杆长度与测试点埋深之和计算；

4) 当一个土层进行多次圆锥动力触探试验时，应对修正后的圆锥动力触探试验参数进行对应的分析，以其标准值进行评价。

目前国内主要以贯入土层一定深度所需锤击数作为贯入指标，也可用动贯入阻力表示，动贯入阻力可采用荷兰动力公式：

$$q_d = \frac{M}{M+M'} \cdot \frac{MgH}{A \cdot e} \qquad (1-3-24)$$

式中：q_d 为圆锥动力触探试验动贯入阻力，MPa；M 为落锤质量，kg；M' 为触探器（包括探头、触探杆、锤座和导向杆）质量，kg；g 为重力加速度，m/s²，其值为 9.81；H 为落距，m；A 为圆锥探头截面积，cm²；e 为每击贯入度，cm。

适用条件：①贯入土中深度小于 12 m，每击贯入 2~50 mm；②触探器的质量 M' 与落锤质量 M 之比小于 2。

如果实际情况与上述适用条件差别较大，使用上式计算应慎重。

案例讲解

某场地中地层为黏性土，在 3 m 处进行重型圆锥动力触探试验，触探杆长 4.0 m，探头及杆件系统质量为 20.0 kg，探头直径为 74 mm，重锤落距为 76 cm，贯入 15 cm 的击数为 20 击，试计算该测试点动贯入阻力为多少？

解：(1) 贯入度

$$e = \frac{15}{20} = 0.75 \text{ (cm)}$$

(2) 探头面积

$$A = \frac{\pi}{4}d^2 = \frac{3.14}{4} \times 7.4^2 = 43 \text{ (cm}^2\text{)}$$

(3) 动贯入阻力

$$q_d = \frac{M}{M+M'} \cdot \frac{MgH}{A \cdot e} = \frac{63.5}{63.5+20} \times \frac{63.5 \times 9.81 \times 0.76}{43 \times 0.75} = 11.2 \text{ (MPa)}$$

该测试点动贯入阻力为 11.2 MPa。

案例分析

1) 贯入度为每击的贯入深度，单位为 cm，同时应注意其他参数也必须按要求的单位代入公式，计算出的动贯入阻力单位为 MPa。

2) 要特别注意动贯入阻力的适用条件。

练一练

1. 某河滩场地为卵石土，在地面下 2.0 m 进行超重型圆锥动力触探试验，贯入 13.5 cm，锤击数为 19 击，地面以上触探杆长度为 1.5 m，地下水位为 1.0 m，修正后的锤击数为

( )。

　　A. 11.4击　　　　B. 10.3击　　　　C. 9.2击　　　　D. 8.1击

2. 某碎石场地中进行重型圆锥动力触探试验一次，测试深度为2.8 m，触探杆长度为4.0 m，贯入15 cm的锤击数为32击，需确定碎石土的密实度，试求修正后的锤击数为（　　）。

　　A. 18.0击　　　　B. 18.5击　　　　C. 19.0击　　　　D. 19.5击

3. 某场地中在深度为10 m处进行重型圆锥动力触探试验，探头及杆件系统质量为85 kg，探头直径为74 mm，重锤落距为76 cm，每击贯入度为0.3 cm，计算该测试点动贯入阻力为（　　）。

　　A. 11.0 MPa　　　B. 12.6 MPa　　　C. 14.5 MPa　　　D. 15.7 MPa

四、标准贯入试验

标准贯入试验（SPT）是利用一定的锤击动能（触探锤质量63.5±0.5 kg，落距76±2 cm），将一定规格的对开管式贯入器贯入钻孔孔底的土中，根据贯入土中的贯入阻力判别土层性质的变化和土的工程性质的原位测试方法，贯入阻力用贯入器贯入土中30 cm的锤击数N表示（也称为标准贯入锤击数N），如图1-3-21所示。

标准贯入试验

标准贯入试验是动力触探试验方法中最常用的一种，所使用设备的规格和测试程序在世界上已趋于统一。它与圆锥动力触探试验的区别主要是探头不同。标准贯入试验的探头是空心圆柱形，常称标准贯入器。

标准贯入试验要结合钻孔进行，国内统一使用直径为42 mm的钻杆，国外也有使用直径为50 mm或60 mm的钻杆。

图1-3-21　标准贯入试验现场图

标准贯入试验的优点在于设备简单，操作方便，土层的适用性广，除砂土外对硬黏土及软土也适用，而且贯入器能够携带扰动土样，可通过贯入器携带上来的土样直接对土层进行鉴别描述。标准贯入试验适用于砂土、粉土和一般黏性土。

（一）工作准备

1) 安装标准贯入器、触探杆、穿心锤及锤垫等，如图1-3-22所示。
2) 安装触探架，其应保持平稳，并与触探孔垂直。

（二）现场试验

1. 钻至试验层

先用钻具钻至试验土层标高以上0.15 m处，清除孔底残渣，当在地下水位以下土层进行试验时，保持孔内水位略高于地下水位，以免出现涌沙和塌孔；当孔壁不稳定时，应下套管泥浆护壁。

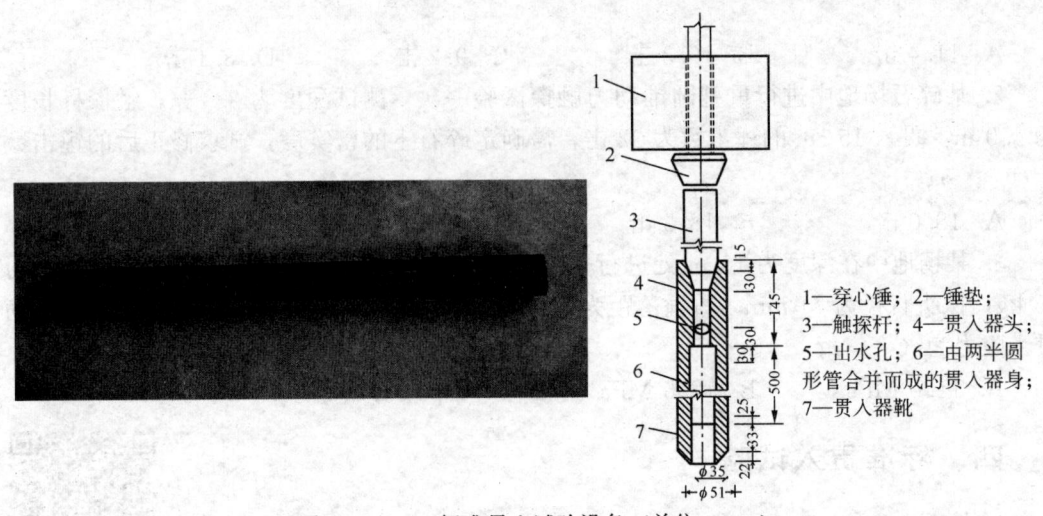

图 1-3-22 标准贯入试验设备（单位：mm）

1—穿心锤；2—锤垫；3—触探杆；4—贯入器头；5—出水孔；6—由两半圆形管合并而成的贯入器身；7—贯入器靴

2. 将贯入器放入孔内

注意保持贯入器、钻杆、导向杆连接后的垂直度。孔口宜加导向器，以保证穿心锤中心受力。

3. 自由连续贯入

贯入时应保证一定的锤击速率。

4. 测量读数

将贯入器以每分钟击打 15～30 次的频率，先贯入土中 15 cm 后（不计锤击数），开始记录每贯入 10 cm 的锤击数和累计打入 30 cm 的锤击数（标准贯入试验锤击数 N），并记录贯入深度与试验情况。

5. 提出贯入器

提出贯入器，取贯入器中的土样进行鉴别、描述并记录，测量土样长度，将需要保存的土样仔细包装、编号，以备试验用。

重复步骤 1 至步骤 5，进行下一深度的标准贯入试验，直至试验深度。一般每隔 1 m 进行一次标准贯入试验。

若遇密实土层，锤击数超过 50 击，而贯入深度未达 30 cm 时，不应强行贯入，可记录 50 击时的实际贯入深度，按下式换算成相当于贯入 30 cm 时标准贯入试验锤击数 N，并终止试验。

$$N = 30 \times \frac{50}{\Delta S} \tag{1-3-25}$$

式中：ΔS 为 50 击时的贯入度，cm。

关注点：①进行标准贯入试验时禁止使用弯曲变形、刃口卷折或缺损部分大于周长 1/10、刃口磨损至厚度大于 0.3 mm 的贯入器，锤击时应保证自由落锤顺畅，避免探杆侧向晃动和钻具松动。②标准贯入试验与圆锥动力触探试验方法的区别，主要是不能连续贯入，每贯入 0.45 m 必须提钻一次，然后换上钻头进行回转钻进至下一试验深度，重新开始试验。③此项试验不宜在含碎石土层中进行,只宜在黏性土、粉土和砂土中进行,以免损坏贯入器的管靴刃口。

(三) 资料整理与成果应用

1. 修正锤击数

(1) 触探杆长度校正

当用标准贯入试验锤击数按规范查表确定承载力或其他指标时,应按式(1-3-26)对锤击数进行触探杆长度校正:

$$N' = \alpha N \tag{1-3-26}$$

式中:N' 为经触探杆长度校正后的锤击数,击;N 为实测贯入 30 cm 的锤击数,击;α 为触探杆长度校正系数,可按表 1-3-24 确定。

表 1-3-24 触探杆长度校正系数

触探杆长度/m	≤3	6	9	12	15	18	21
校正系数 α	1.00	0.92	0.86	0.81	0.77	0.73	0.70

注:在实际应用 N 值时,应按具体岩土工程问题参照有关规范考虑是否对触探杆长度进行校正或进行其他校正;岩土工程勘察报告应提供不进行触探杆长度校正的 N 值,应用时再考虑校正或不校正以及用何种方法校正。

(2) 地下水影响校正

一般认为,对于有效粒径 d_{10} 在 0.1~0.05 mm 范围内的饱和粉、细砂,当贯入击数 $N>15$ 击时,其有效击数 N 应按下式校正:

$$N' = 15 + \frac{1}{2}(N - 15) \tag{1-3-27}$$

式中:N' 为校正后的标准贯入击数,击;N 为未校正的饱和粉、细砂的标准贯入击数,击。

2. 绘制 $N-H$ 曲线

1) 绘制标准贯入试验锤击数 N 与深度 H 的关系曲线图,如图 1-3-23 所示。

2) 计算单孔锤击数和多孔分层锤击数,计算方法与圆锥动力触探试验相同。

3. 成果应用

(1) 确定地基承载力

用查表法确定地基承载力:经过统计分析后查表确定。详见项目二中任务一之一中"(四)确定地基承载力"。

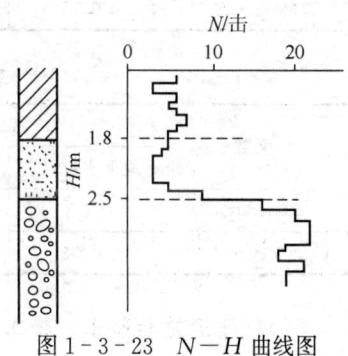

图 1-3-23 $N-H$ 曲线图

(2) 确定黏性土、砂土的抗剪强度和变形参数

在《工程地质手册》(第五版)中,砂土的标准贯入试验锤击数与抗剪强度指标的关系见表 1-3-25,黏性土标准贯入试验锤击数与抗剪强度指标间的关系见表 1-3-26。

表 1-3-25　国外用 N 值推算的砂土剪切角 φ

研究者	$\varphi/(°)$				
	$N<4$ 击	$N=4\sim10$ 击	$N=10\sim30$ 击	$N=30\sim50$ 击	$N>50$ 击
Peck	<28.2	28.5~30.0	30~36	36~41	>41
Meyerhof	<30	30~35	35~40	40~45	>45

注：国外用 N 值推算 φ，再用 Terzaghi 公式推算砂土的极限承载力。

表 1-3-26　黏性土 N 与 c、φ 的关系

N/击	c/kPa	$\varphi/(°)$	N/击	c/kPa	$\varphi/(°)$
15	78	24.3	25	98	26.4
17	82	24.8	29	103	27.0
19	87	25.3	31	110	27.3
21	92	25.7			

注：手拉落锤。据冶金工业部武汉勘察公司资料。

土的变形模量 E_s 可由下列经验公式计算：

当 $N>15$ 击时，
$$E_s = 4.0 + C(N-6) \qquad (1-3-28)$$

当 $N<15$ 击时，
$$E_s = C(N+6) \quad \text{或} \quad E_s = C_1 + C_2 N \qquad (1-3-29)$$

式中：E_s 为压缩模量，MPa；C、C_1、C_2 为系数，由表 1-3-27 和表 1-3-28 确定。

表 1-3-27　不同土类的 C 值

系数	含砂粉土	细砂	中砂	粗砂	含砾砂土	含砂砾石
$C/(\text{MPa}\cdot\text{击}^{-1})$	0.30	0.35	0.45	0.70	1.00	1.20

表 1-3-28　不同土类的 C_1、C_2 值

系数	细砂		砂土	粉质砂土	砂质黏土	松砂
	地下水位以上	地下水位以下				
C_1/MPa	5.2	7.1	3.9	4.3	3.8	2.4
$C_2/(\text{MPa}\cdot\text{击}^{-1})$	0.33	0.49	0.49	0.45	1.05	0.53

（3）评价饱和砂土、粉土的地震液化

详见项目四任务二中"五、场地和地基的地震效应勘察"。

（4）评定砂土的密实度

砂土的标准贯入试验可评定砂土的密实度，见表 1-3-29。

表 1-3-29　用 N 评定砂土的密实度

N/击	密实度	N/击	密实度
$N\leqslant10$	松散	$15<N\leqslant30$	中密
$10<N\leqslant15$	稍密	$30>N$	密实

案例讲解

已知某场地对 6 个钻孔的粉质黏土层进行了标准贯入试验，其结果见表 1-3-30，试确定每个钻孔的校正锤击数 N 校。

标准贯入试验案例

表 1-3-30 标准贯入试验结果

孔号	试验深度/m	野外锤击数/击	钻杆长度/m	钻杆长度校正系数 α	校正锤击数/击
ZK1	1.8～2.1	7	3.5	0.987	6.9
ZK3	2.1～2.4	6	3.5	0.987	5.9
ZK6	2.5～2.8	7	5.0	0.947	6.6
ZK7	4.0～4.3	8	5.0	0.947	7.6
ZK9	3.2～3.5	7	5.0	0.947	6.6
ZK10	3.0～3.3	7	5.0	0.947	6.6

解：(1) 对每个钻孔进行钻杆长度校正：

ZK1 孔，钻杆长度 $L=3.5$ mm，用内插法查表 1-3-24 计算校正系数 α_1：

$$\alpha_1 = 1 - \frac{1-0.92}{6-3} \times (3.5-3) = 0.987 \tag{1-3-30}$$

依次可分别计算各钻孔的钻杆长度校正系数，结果见表 1-3-30。

(2) 计算各钻孔校正锤击数：

ZK1 孔： $N_1' = \alpha_1 N_1 = 0.987 \times 7 = 6.9$（击）

依次分别计算各钻孔校正锤击数，结果见表 1-3-30。

案例分析

钻杆长度校正时，常用内插法，要灵活应用。

练一练

将上述案例中的钻孔钻杆长度分别改为 4.0 m、4.5 m、5.0 m、5.5 m、6.0 m、6.0 m，试确定每个钻孔的校正锤击数。

五、十字板剪切试验

十字板剪切试验是将插入软土中的十字板头，以一定的速率旋转，在土层中形成圆柱形的破坏面，测出土的抵抗力矩，从而换算出土的抗剪强度。

十字板剪切试验

十字板剪切试验主要用于原位测定饱和软黏土（$\varphi=0°$）不排水抗剪强度和估算软黏土的灵敏度，试验深度一般不超过 30 m。为测定软黏土不排水抗剪强度随深度的变化，对均质土试验点竖向间距可取 1 m，对非均质或夹薄层粉细砂的软黏土可依据静力触探试验确定。

优点是：①不用取样，特别是对于难以取样的灵敏度高的软黏土，比其他方法测得的抗剪强度指标可靠；②野外测试设备轻便，容易操作；③测试速度较快，效率高，成果整理简单。

但对较硬的黏性土和含有砾石、杂物的土不宜采用。对于不均匀土层,特别是夹有薄层粉细砂或粉土的软黏土不宜采用。

1. 分类

1) 机械式十字板:力的传递和计量均依靠机械,需配备钻孔设备,成孔后下放十字板进行试验;机械式十字板每做一次剪切试验都要清孔,费工费时,工效较低。

2) 电测式十字板:是用传感器将土抗剪破坏时的力矩转变成电信号,并用仪器测量出来,常用的为轻便式十字板和静力触探十字板两种,不用钻孔设备。试验时直接将十字板头以静力压入土层中,测试完成后,再将十字板压入下一层继续测试,实现连续贯入,测试效率比机械式十字板提高 5 倍以上,测试精度较高,如图 1-3-24 所示。

2. 仪器

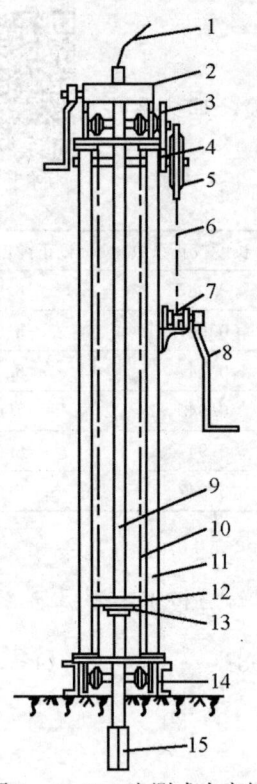

图 1-3-24 电测式十字板剪切仪的构造
1—电线;2—施加扭力装置;3—大齿轮;4—小齿轮;5—大链条;6,10—链条;7—小链条;8—摇把;9—探杆;11—支架立杆;12—山形板;13—垫压板;14—槽钢;15—十字板头

1) 测力装置。开口钢环式测力装置。

2) 十字板头。国内外多采用矩形十字板头,径高比为 1:2 的标准型。板厚宜为 2~3 mm。常用规格有 50 mm×100 mm 和 75 mm×150 mm 两种,前者适用于稍硬黏性土。图 1-3-25 为十字板头示意图。

3) 轴杆。一般使用的轴杆直径为 20 mm。

4) 设备。主要有钻机、秒表及百分表等。

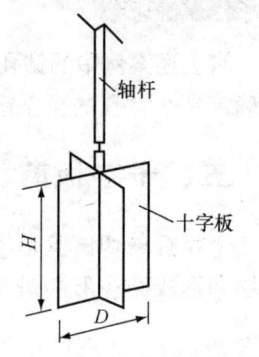

图 1-3-25 十字板头示意图
D—直径;H—高度

(一) 工作准备

1. 安装仪器设备

1) 仪器设备到位。

2) 将钢环进行率定,率定时应逐级加荷和卸荷,测记相应的钢环变形,至少重复 3 次,以 3 次量表读数的平均值为标准(差值不超过 0.005 mm)。

2. 熟知试验技术要求

1) 钻孔要求平直、垂直、不弯曲,应配用 Φ33 mm 和 Φ42 mm 专用十字板试验探杆。

2) 钢环最大允许力矩 80 kN·m。

3) 十字板板头形状宜为矩形,径高比 1:2,板厚宜为 2~3 mm,十字板头插入钻孔底的深度不应小于钻孔或套管直径的 3~5 倍。

4) 十字板插入至试验深度后,至少应静止 2~3 min 方可开始试验。

5) 扭转剪切速率宜采用（1°～2°）/10 s，并应在测得峰值强度后继续测记 1 min。

6) 在峰值强度或稳定值测试完成后，顺扭转方向连续转动 6 圈后，测定重塑土的不排水抗剪强度。

7) 对开口钢环十字板剪切仪，应校正轴杆与土间摩阻力的影响。

（二）现场试验

1. 开孔、下套管、清孔

1) 用回转钻机开孔，并用旋转法（不宜用击入法）下套管至预定试验深度以上 3～5 倍套管直径处。

2) 用螺旋钻或提土器清孔，孔内虚土不宜超过 15 cm。在软土中钻进时，应在孔中保持足够水位，以防止软土在孔底涌起，并保证一定的锤击速率。

2. 连接板头、轴杆、钻杆，并接上导杆

连接板头、轴杆、钻杆、导杆，下入试验深度将十字板头、离合器、轴杆与试验钻杆逐节接好，下入孔内，使十字板头与孔底接触，接上导杆，并将板头徐徐压至试验深度，管钻压入深度不小于 75 cm，螺旋钻不小于 50 cm，若板头压至试验深度遇到较硬夹层时，应穿过夹层再进行试验。

3. 装上百分表

套上传动部件，转动手柄使特制键自由落入键槽，将指针对准任一整数刻度，装上百分表并调整到零。

4. 开始试验

开动秒表，同时转动手柄，以 10 s/(°) 的转速均匀转动，每转 1° 测记一次百分表读数，当测记读数出现峰值或读数稳定后，再继续测记 1 min，其峰值或稳定读数即为原状土剪切破坏时百分表最大读数 ε_y (0.01 mm)，最大读数一般在 3～10 min 内出现。

5. 测量读数

按逆时针转动手柄，拔下特制键，导杆装上摇把，按顺时针转动 6 圈，使十字板板头周围土完全扰动，然后插上特制键，按步骤 4 进行试验，测记重塑土剪切破坏时百分表最大读数 ε_c (0.01 mm)，拔下特制键和支爪，上提导杆 2～3 cm，使离合齿脱离，再插上支爪和特制键，转动手柄，测记土对轴杆摩擦时百分表稳定读数 ε_g (0.01 mm)。

6. 试验完毕，卸除各种设备

完成试验后卸下传动部件和底座，在导杆吊孔内插入吊钩，逐节取出钻杆和十字板板头，清洗十字板板头并检查十字板板头螺丝是否松动，轴杆是否弯曲，若一切正常，便可按上述步骤继续进行试验。

十字板剪切试验现场成果见表 1-3-31。

（三）资料整理与成果应用

1. 计算原状土抗剪强度 c_u

原状土十字板不排水抗剪强度 c_u 计算公式如下：

表 1-3-31 十字板剪切试验现场成果表

孔号	深度 m	初读数 0.01 mm		原状土读数 0.01 mm	重塑土读数 0.01 mm	原状土强度 kPa	重塑土强度 kPa	灵敏度	传感器编号	率定系数 kN·(0.01 mm)$^{-1}$	十字板头类型 mm	备注
		原状	重塑									
GITB8	1.00	4	12	191	176	2.18	2.01	1.09	643	0.0114	150×75	
	2.00	10	17	2158	604	24.60	6.89	3.57	643	0.0114	150×75	含较多贝壳碎
	3.00	9	8	585	188	22.52	7.24	3.11	643	0.0385	100×50	3.0 m 开始换小十字板头
	4.00	24	23	591	216	22.75	8.32	2.74	643	0.0385	100×50	
	5.00	34	19	624	333	24.02	12.82	1.87	643	0.0385	100×50	
	6.00	21	28	681	344	26.22	13.22	1.98	643	0.0385	100×50	
	7.00	37	25	722	331	27.80	12.74	2.18	643	0.0385	100×50	
	8.00	18	12	694	223	26.72	8.59	3.11	643	0.0385	100×50	
	9.00	35	26	974	235	37.50	9.05	4.14	643	0.0385	100×50	
	10.00	47	18	839	248	32.30	9.55	3.38	643	0.0385	100×50	第一次清孔至 10.00 m
	11.00	7	11	847	159	32.61	6.12	5.33	643	0.0385	100×50	
	12.00	23	23	816	275	31.42	10.59	2.97	643	0.0385	100×50	
	13.00	25	34	1042	375	40.12	14.44	2.78	643	0.0385	100×50	

$$c_u = KC(\varepsilon_y - \varepsilon_g) \tag{1-3-31}$$

式中：c_u 为原状土不排水抗剪强度，kPa；C 为钢环系数，kN/0.01 mm；ε_y 为原状土剪损时量表最大读数，0.01 mm；ε_g 为轴杆与土摩擦时量表最大读数，0.01 mm；K 为十字板常数，m^{-2}，可按式（1-3-31）计算或采用表 1-3-32 中数据。

$$K = \frac{2R}{\pi D^2 \left(H + \dfrac{D}{3}\right)} \tag{1-3-32}$$

式中：R 为转盘半径，m；H 为十字板头高度，m；D 为十字板头直径，m。

表 1-3-32 十字板规格及十字板常数 K 值

十字板规格 $(D×H)$/mm	十字板头尺寸/mm			转盘半径 R mm	十字板常数 K m^{-2}
	直径 D	高度 H	厚度 B		
50×100	50	100	2~3	200, 250	436.78, 545.97
50×100	50	100	2~3	210	458.62
75×150	75	150	2~3	200, 250	129.41, 161.77
75×150	75	150	2~3	210	135.88

2. 计算重塑土的抗剪强度 c_u'

重塑土十字板不排水抗剪强度 c_u' 计算式为

$$c_u' = KC(\varepsilon_c - \varepsilon_g) \tag{1-3-33}$$

式中：c_u' 为重塑土不排水抗剪强度，kPa；ε_c 为重塑土剪损时量表最大读数，0.01 mm；其余符号含义同前。

3. 计算土的灵敏度

土的灵敏度 S_n 可用下式计算：

$$S_n = \frac{c_u}{c_u'} \tag{1-3-34}$$

4. 计算地基承载力

中国建筑科学院和华东电力设计院采用下式计算地基承载力：

$$f_k = 2c_u + \gamma h \tag{1-3-35}$$

式中：f_k 为地基承载力，kPa；c_u 为修正后的不排水剪抗剪强度，kPa；γ 为土的容重，kN/m³；h 为基础埋深，m。

5. 估算单桩极限承载力

单桩极限承载力计算公式如下：

$$Q_{umax} = N_0 c_u A + U \sum_{i=1}^{n} c_{ui} L \tag{1-3-36}$$

式中：Q_{umax} 为单桩极限承载力，kN；N_0 为承载力系数，均质土取 9；c_u 为桩端土不排水抗剪强度，kPa；c_{ui} 为桩周土不排水抗剪强度，kPa；A 为桩的截面积，m²；U 为桩的周长，m；L 为桩的入土深度，m。

【案例讲解】

某黏性土场地中地下水位为 0.5 m，基础埋深为 1.0 m，土层容重为 19 kN/m³，十字板剪切试验结果表明，修正后的不排水抗剪强度为 36 kPa，场地中黏性土地基的容许承载力应为多少？

解：地基的容许承载力

$$f_k = 2c_u + \gamma h = 2 \times 36 + 19 \times 0.5 + (19-10) \times 0.5 = 86 \text{ (kPa)}$$

黏性土地基的容许承载力为 86 kPa。

【案例分析】

可依据十字板剪切试验中修正后的不排水抗剪强度，结合地面试验确定地基承载力和单桩承载力，计算边坡稳定性并判定软黏土的固结历史。

【练一练】

某软黏土场地中基础埋深 2.0 m，土层容重为 19.5 kN/m³，3.0 m 处十字板剪切试验中校正后的不排水抗剪强度为 40 kPa，该地基的容许承载力为（　　）。

A. 80 kPa　　　B. 110 kPa　　　C. 119 kPa　　　D. 130 kPa

六、旁压试验

旁压试验（PMT）是通过旁压器在竖直的孔内加压，使旁压膜膨胀，并由旁压膜

（或护套）将压力传给周围岩土体，使其产生变形直至破坏，并通过测量装置测得施加的压力与岩土体径向变形的关系，从而估算地基岩土体的强度、变形等岩土工程参数的一种原位测试方法。它也是岩土工程勘察中一种常用的原位测试技术。

旁压试验可分为预钻式和自钻式，适用于黏性土、粉土、砂土、碎石土、残积土、极软岩和软岩等。

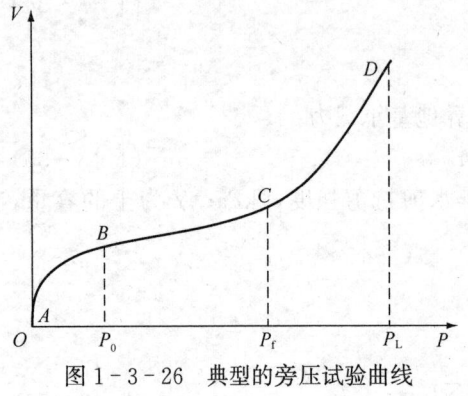

图 1-3-26　典型的旁压试验曲线

旁压试验可理想化为圆柱孔穴扩张课题，典型的旁压试验曲线如图 1-3-26 所示。旁压试验曲线可分为三段：AB 段为初始阶段，反映孔壁扰动土的压缩；BC 段为似弹性阶段，压力与体积变化为直线关系；CD 段为塑性阶段，压力与体积变化为曲线关系，随压力的增大，体积变化越来越大，最后急剧增大，达破坏极限。AB 与 BC 段的界限压力 P_0 相当于初始水平应力；BC 与 CD 段的界限压力 P_f 相当于临塑压力，CD 末端渐近线的压力 P_L 为极限压力。

旁压试验的优点是可在不同深度上进行试验，特别是可用于地下水位以下的土层，所求地基承载力值和平板载荷试验结果相近，精度高。缺点是受成孔质量影响大，在软土中应用精度不高。

旁压试验使用的主要仪器设备为旁压仪，主要分为预钻式旁压仪和自钻式旁压仪。

（一）工作准备

1. 安装仪器设备

将旁压仪（预钻式旁压仪）中的旁压器（圆筒状可膨胀的探头）、控制加压系统（液压）和孔径变形测量系统（电测位移计）三部分按图 1-3-27 所示安装好。

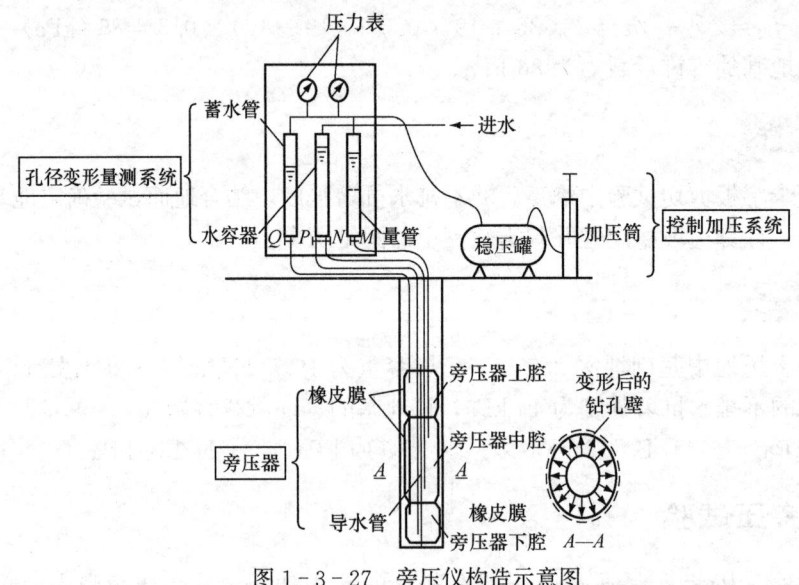

图 1-3-27　旁压仪构造示意图

2. 校正仪器

进行弹性膜约束力和仪器综合变形的率定。

3. 平整场地

了解地层情况，确定旁压孔位置、布局及测试深度等，必要时可先钻 1~2 个孔，以了解土层的分布情况。

4. 注水

1）将蒸馏水或干净的冷开水注满水箱。

2）向旁压器和变形测量系统注水。

5. 了解试验技术要求

1）旁压试验应在有代表性的位置和深度进行，旁压器的测量腔应在同一土层内。试验点的垂直间距应根据地层条件和工程要求确定，但不宜小于 1 m，试验孔与已有钻孔的水平距离不宜小于 1 m。

2）预钻式旁压试验应保证成孔质量，钻孔直径与旁压器直径应配合良好，防止孔壁坍塌；自钻式旁压试验的自钻钻头、钻头转速、钻进速率、刀口距离、泥浆压力和流量等应符合有关规定。

3）加荷等级可采用预期临塑压力的 1/7~1/5，初始阶段加荷等级可取小值，必要时，可做卸荷再加荷试验，测定再加荷旁压模量。

4）每级压力应维持 1 min 或 2 min 后再施加下一级压力。维持 1 min 时，加荷后 15 s、30 s、60 s 分别测读变形量；维持 2 min 时，加荷后 15 s、30 s、60 s、120 s 分别测读变形量。

（二）现场试验

1. 成孔

1）钻孔直径比旁压器外径大 2~6 mm。

2）尽量避免对孔壁土体的扰动，保持孔壁土体的天然含水量。

3）孔呈规则的圆形，孔壁应垂直光滑。

4）在取过原状土样和经过标准贯入试验的孔段以及横跨不同性质土层的孔段，不宜进行旁压试验。

5）最小试验深度、连续试验深度的间隔、离取原状土钻孔或其他原位测试孔的间距，以及试验孔的水平距离等均不宜小于 1 m。

6）钻孔深度应比预定的试验深度深 35 cm（试验深度自旁压器中腔算起）。

2. 调零和放入旁压器

1）将旁压器垂直举起，使旁压器中点与测管零刻度水平。

2）打开调零阀，把水位调整到零位后，立即关闭调零阀、测管阀和辅管阀。

3）把旁压器放入钻孔预定测试深度处，此时，旁压器中腔不受静水压力，弹性膜处于不膨胀状态。

3. 测试

1) 打开测管阀和辅管阀,此时旁压器内产生静水压力,该压力即为第一级压力,稳定后,读出测管水位下降值。

2) 可采用高压打气筒加压和氮气加压两种方式,逐级加压,并测记各级压力下测管的水位下降值。

3) 加压等级,宜取预估临塑压力的 1/7～1/5,以使旁压曲线大体有 10 个点,方能保证测试资料的真实性。如果不宜估计,可按表 1-3-33 确定。另外,在旁压曲线首曲线段和尾曲线段的加压等级应小一些,以便准确测定 P_0 和 P_f。

表 1-3-33 旁压试验加压等级表

土类型	加荷等级/kPa	
	临塑压力前	临塑压力后
淤泥、淤泥质土、流塑黏性土和粉土、饱和松散的粉细砂	≤15	≤30
软塑黏性土和粉土、疏松黄土、稍密很湿粉细砂、稍密中粗砂	15～25	30～50
可塑—硬塑黏性土和粉土、黄土、中密—密实很湿粉细砂、稍密—中密中粗砂	25～50	50～100
坚硬黏性土和粉土、密实中粗砂	50～100	100～200
中密—密实碎石土、软质岩	≥100	≥200

4) 加压稳定标准:每级压力应维持 1 min 或 2 min 后再施加下一级压力。维持 1 min 时,加荷后 15 s、30 s 和 60 s 分别测读变形量,维持 2 min 时,加荷后 15 s、30 s、60 s 和 120 s 分别测读变形量。

4. 终止试验

符合下列条件之一时,应终止试验:

1) 加荷接近或达到极限压力。
2) 测量腔的扩张体积相当于测量腔的固有体积。
3) 对国产 PY2-A 型旁压仪,当量管水位下降刚达 36 cm 时(绝对不能超过 40 cm)。
4) 对法国 GA 型旁压仪,当蠕变变形等于或大于 50 cm^3 或量筒读数大于 600 cm^3 时。

5. 试验记录

记录工程名称、试验孔号、深度、所用旁压器型号、弹性膜编号及其率定结果、成孔工具、土层描述、地下水位、正式试验时的各级压力及相应的测管水位下降值等。

(三) 资料整理与成果应用

1. 绘制旁压曲线

绘制 P-V 曲线(压力与体积变形量的关系)、P-$\Delta V_{30\sim60}$ 曲线(各级压力下 30～60 s 的体积变形增量),如图 1-3-28 所示。

2. 确定各特征压力 (P_0、P_f、P_L)

1) P_0 的确定:延长 P-V 曲线直线段与 V 坐标轴相交得截距 V_0,P-V 曲线上与 V_0 相应的压力即为 P_0。

2) P_f 的确定：P - V 曲线直线的终点或 P - $\Delta V_{30\sim60}$ 关系曲线上的拐点对应的压力即为 P_f。

3) P_L 的确定：P - V 曲线上与 $V=2V_0+V_c$ 对应的压力即为 P_L，或 P - ΔV 曲线的渐近线对应的压力或 P - $(1/\Delta V)$ 曲线末段直线延长线与 P 轴的交点压力。

3. 成果的应用

（1）计算旁压模量 E_m

根据压力曲线的直线段斜率，按下式计算旁压模量 E_m：

$$E_m = 2(1+\mu)\left(V_c + \frac{V_0+V_f}{2}\right)\frac{\Delta P}{\Delta V} \quad (1-3-37)$$

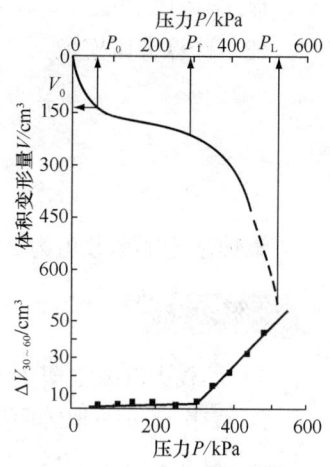

图 1-3-28　旁压曲线

式中：E_m 为旁压模量，kPa；μ 为泊松比，碎石土取 0.27，砂土取 0.30，粉土取 0.35，粉质黏土取 0.38，粉土取 0.42；V_c 为旁压器测量腔初始固有体积，cm^3；V_0 为与初始压力 P_0 对应的体积变形量，cm^3；V_f 为与临塑压力 P_f 对应的体积变形量，cm^3；$\Delta P/\Delta V$ 为旁压曲线直线段的斜率，kPa/cm^3。

（2）计算地基土的容许承载力

临塑压力法：

$$f = P_f - P_0 \quad (1-3-38)$$

极限压力法：

$$f = \frac{P_L - P_0}{k} \quad (1-3-39)$$

式中：f 为地基土的容许承载力，kPa；P_f 为临塑荷载，kPa；P_0 为初始荷载，kPa；P_L 为极限荷载，kPa，当基础埋深较深时，也可直接用 P_f 或 P_L/k 作为该深度处的承载力（不必再作深度修正）；k 为安全系数，一般可取 2.0～3.0。

（3）计算静止侧压力系数

$$K_0 = \frac{P_0}{z\gamma} \quad (1-3-40)$$

式中：K_0 为静止侧压力系数；z 为旁压器中心点至地面的土柱高度，m；γ 为土的容重，kN/m^3。

案例讲解

在某港口工程场地中进行旁压试验，从整理后的典型旁压曲线上查得 $P_0=40$ kPa，$P_f=280$ kPa，$P_L=460$ kPa。与各特征点压力相对应的体积变形量分别为 $V_0=80\ cm^3$，$V_f=130\ cm^3$，$V_L=600\ cm^3$，旁压器测量腔初始体积 V_c 为 565 cm^3，测量腔长度为 200 mm，外径为 60 mm，量管截面积为 13.2 cm^2，取安全系数为 2，泊松比为 0.3，试计算该土层的容许承载力及旁压模量为多少？

解：（1）计算地基土的容许承载力：

临塑压力法：

$$f = P_f - P_0 = 280 - 40 = 240 \text{ (kPa)}$$

极限压力法：

$$f = \frac{P_L - P_0}{k} = \frac{460 - 40}{2} = 210 \text{ (kPa)}$$

取 $f=210$ kPa。

(2) 计算旁压模量：

$$E_{\mathrm{m}}=2(1+\mu)\left(V_{\mathrm{c}}+\frac{V_0+V_{\mathrm{f}}}{2}\right)\frac{\Delta P}{\Delta V}$$

$$=2(1+0.3)\left(565+\frac{80+130}{2}\right)=8361.6\ (\mathrm{kPa})$$

该地基土的承载力为 210 kPa，旁压模量为 8361.6 kPa。

案例分析

1）承载力应取临塑压力法和极限压力法中较小值。
2）泊松比 μ 可取经验值。

练一练

在某港口工程中黏土场地进行旁压试验，旁压器测量腔长度为 250 mm，测量腔体积为 491 cm³，土体泊松比为 0.4，安全系数取 2.0，旁压特征点压力值分别为 $P_0=80$ kPa，$P_{\mathrm{f}}=240$ kPa，$P_{\mathrm{L}}=420$ kPa。与特征点压力相对应的体积变形量分别为 $V_0=80$ cm³，$V_{\mathrm{f}}=120$ cm³，$V_{\mathrm{L}}=480$ cm³，计算该土层的容许承载力及旁压模量分别为（　　）。

A. 170 kPa，6619.2 kPa
B. 170 kPa，8978.5 kPa
C. 160 kPa，6619.2 kPa
D. 160 kPa，8978.5 kPa

七、抽水试验

抽水试验是岩土工程勘察中查明建筑场地的地层渗透性、测定有关水文地质参数常用的方法之一。根据勘察目的、要求和水文地质条件的差异，可采用不同的抽水试验方法。岩土工程勘察中经常采用稳定流抽水试验。

抽水试验

1. 抽水试验分类

1）根据试验方法和孔数分类：单孔抽水试验、多孔抽水试验、群孔干扰抽水试验、试验性开采抽水试验。
2）根据试验段长度与含水层厚度关系分类：完整孔、非完整孔。
3）根据抽水孔抽取的含水层部位分类：分层抽水试验、混合抽水试验。
4）根据抽水试验的水量、水位与时间的关系分类：稳定流抽水试验、非稳定流抽水试验。

2. 抽水试验的技术要求

按照相关规范要求，抽水试验应符合下列规定：

1）抽水试验方法可根据渗透系数的应用范围选用不同的方法。
2）抽水试验宜进行三次降深，最大降深应接近工程设计所需的地下水位降深的标高，三次水位降深的间距应尽量均匀分配，最好符合，若 $S_1=S_{\max}$，则 $S_2=23S_{\max}$，$S_3=13S_{\max}$。
3）水位测量应采用同一方法和仪器，对抽水孔读数单位为厘米，对观测孔读数单位为毫米。

4) 当涌水量与时间关系曲线和动水位与时间关系曲线在一定范围内波动，而没有持续上升和下降时，可认为已经稳定。

5) 抽水结束后应测量恢复水位。

3. 抽水试验设备

抽水试验设备包括抽水设备、过滤器、排水设备及水位、流量、水温等测量器具等。

1) 抽水设备：种类较多，使用最多的是卧式离心泵和立式深水泵。

2) 过滤器：在破碎的岩层、特别是松散堆积层中，为防止孔壁坍塌和岩石颗粒涌入孔内，保证抽水试验正常进行，常需在孔内安装过滤器，根据不同含水层性质，抽水试验孔过滤器可选用不同类型。

3) 测量器具：电测水位计、流量计。

（一）工作准备

熟知抽水技术规范要求，熟悉掌握试验地段的地形地貌、水文地质条件和钻探抽水等施工技术资料，根据工程需要，准备一台额定流量的电动抽水泵，并检查抽、排水设备和测量器具，并准备各种记录表册等。

抽水试验案例

（二）现场试验

用电动潜水泵现场抽水，电测水位计测量水位，用水表流量法测量流量。稳定水位的延续时间大于3 h，水位波动值不超过降深的1‰，试验过程中应随时检查抽水试验设备的工作情况，并详细进行水文地质观测与记录。抽水试验现场观测记录内容包括：①抽水试验前后的孔深；②天然水位、动水位、恢复水位；③钻孔出水量；④气温、水温。

（三）资料整理

1) 绘制抽水试验钻孔柱状图，如图1-3-29所示。

2) 计算渗透系数及影响半径。①潜水完整井抽水试验含水层水文地质参数计算参照表1-3-34；②承压水完整井抽水试验含水层水文地质参数计算参照表1-3-35。当为单孔稳定流承压水完整井抽水试验时，渗透系数 K 计算还可采用下列公式：

$$\left. \begin{array}{l} K = \dfrac{0.366Q}{Ms} \lg \dfrac{R}{r} \\ R = 10s\sqrt{K} \end{array} \right\} \quad (1-3-41)$$

式中：Q 为涌水量，m^3/d；R 为影响半径，m；r 为抽水孔半径，m；M 为承压含水层厚度，m；s 为水位降深，m。

> **案例讲解**

某建筑北苑5#、6#楼地上层数为17层，地下室1层，地下室高度为5.9 m。为初步查明其主要含水层渗透性及其分布规律等水文地质参数，为拟建建筑物地下室抗浮设计提供参考依据，在ZK12号钻孔做钻孔简易抽水试验。拟建场地位于某市黄金开发区，地貌

图 1-3-29 ZK12抽水试验综合成果图表

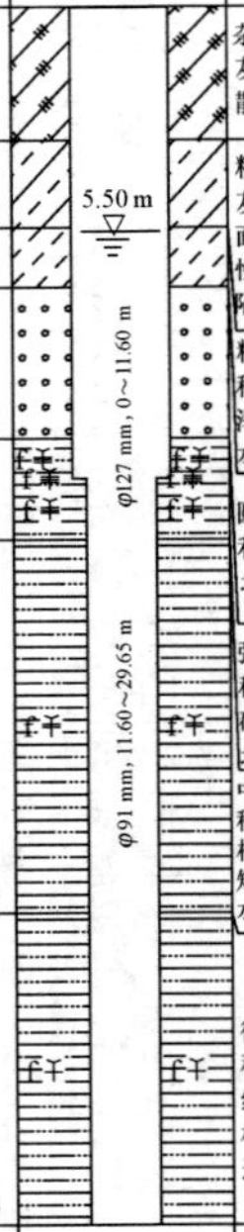

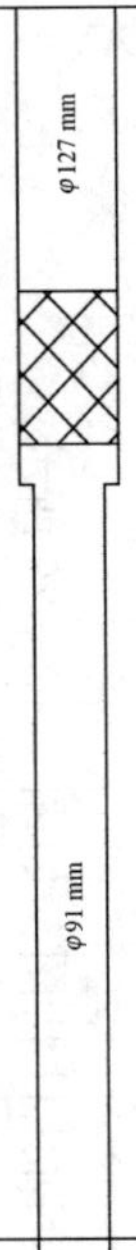

表 1-3-34 含水层水文地质参数计算

计算过程和结果	均质无限含水层潜水完整井稳定流抽水						
	涌水量 Q / $m^3 \cdot d^{-1}$	降深 s / m	抽水前含水层厚度 H / m	抽水时含水层厚度 h / m	抽水孔半径 r / m	抽水影响半径 R / m	含水层渗透系数 K / $m \cdot d^{-1}$
参数（含水层渗透系数 K 及抽水影响半径 R）计算过程	2000.00	4.32	15.40	11.08	0.0730		
	2000.00	4.32	15.40	11.08	0.0730	200	44.0517
	2000.00	4.32	15.40	11.08	0.0730	225.0379	44.7081
	2000.00	4.32	15.40	11.08	0.0730	226.7083	44.7493
	2000.00	4.32	15.40	11.08	0.0730	226.8126	44.7519
	2000.00	4.32	15.40	11.08	0.0730	226.8191	44.7520
	2000.00	4.32	15.40	11.08	0.0730	226.8195	44.7520
	2000.00	4.32	15.40	11.08	0.0730	226.8196	44.7520
	2000.00	4.32	15.40	11.08	0.0730	226.8196	44.7520
	2000.00	4.32	15.40	11.08	0.0730	226.8196	44.7520
	2000.00	4.32	15.40	11.08	0.0730	226.8196	44.7520
采用计算结果	采用计算公式：$K = \dfrac{Q}{\pi(H^2 - h^2)} \ln \dfrac{R}{r}$, $R = 2s\sqrt{HK}$。含水层渗透系数：44.75 m/d，抽水影响半径：227 m						

填表：　　　　　　　复核：　　　　　　　年　月　日

表 1-3-35 含水层水文地质参数计算

计算过程和结果	均质无限含水层承压水完整井稳定流抽水						
	涌水量 Q / $m^3 \cdot d^{-1}$	降深 s / m	抽水前含水层厚度 H/m	抽水时含水层厚度 h/m	抽水孔半径 r / m	抽水影响半径 R / m	含水层渗透系数 K / $m \cdot d^{-1}$
参数（含水层渗透系数 K 及抽水影响半径 R）计算过程	500.00	25.80	30.00	0.0750	500.00		
	500.00	25.80	30.00	0.0750	500.00	200	0.8111
	500.00	25.80	30.00	0.0750	500.00	232.3506	0.8265
	500.00	25.80	30.00	0.0750	500.00	234.5483	0.8274
	500.00	25.80	30.00	0.0750	500.00	234.6855	0.8275
	500.00	25.80	30.00	0.0750	500.00	234.6941	0.8275
	500.00	25.80	30.00	0.0750	500.00	234.6946	0.8275
	500.00	25.80	30.00	0.0750	500.00	234.6946	0.8275
	500.00	25.80	30.00	0.0750	500.00	234.6946	0.8275
	500.00	25.80	30.00	0.0750	500.00	234.6946	0.8275
	500.00	25.80	30.00	0.0750	500.00	234.6946	0.8275
采用计算结果	采用计算公式：$K = \dfrac{Q}{2\pi sM} \ln \dfrac{R}{r}$, $R = 10s\sqrt{K}$。含水层渗透系数：0.83 m/d，抽水影响半径：235 m						

填表：　　　　　　　复核：　　　　　　　年　月　日

类型属河流Ⅰ级阶地。根据钻探资料，自上而下揭露岩土层分别为：①杂填土 0~3.30 m；②粉质黏土 3.30~5.40 m；③粉土 5.40~6.90 m；④圆砾 6.90~10.60 m；⑤强风化泥质粉砂岩 10.60~13.10 m；⑥中风化泥质粉砂岩 13.10~22.10 m；⑦微风化泥质粉砂岩 22.10~29.56 m。地下水类型为承压水。含水层主要为圆砾层。孔口高程为 104.60 m，稳定地下水位为 5.5 m，地下水位标高为 99.10 m，补给来源主要为临近河流及大气降水。

解：本次试验采用单孔稳定流承压水完整井抽水试验，抽水设备为一台额定流量为 5 m³/h 的电动潜水泵。0~11.60 m 钻孔孔径为 127 mm，11.60~29.65 m 为 91 mm。钻孔主要含水层为圆砾层，埋深为 6.90~10.60 m，层厚 3.7 m，筛管位置 6.90~10.60 m。只进行了一个降深的抽水试验，稳定水位 5.5 m，抽水稳定水位 7.0 m，降深 1.5 m，抽水稳定时间 4.0 h。测得涌水量 3.571 L/s，即 308.53 t/d。

根据钻孔抽水试验成果，经计算后得出单位涌水量为 2.381 L/(s·m)。含水层的渗透系数 $K=66.856$ m/d，$R=122.65$ m。所有成果详见图 1-3-29 所示抽水试验综合成果图表。

知识小结

原位测试是岩土工程勘察中获取岩土技术参数最主要的方法之一，本任务按照野外测试的工作过程，从工作准备、现场试验和资料整理与成果应用三个方面详细介绍了目前常见的岩土体各项野外测试试验方法及技术要求，重点介绍了载荷试验、静力触探试验、圆锥动力触探试验、标准贯入试验等试验方法。各种试验方法所获取的岩土技术参数及其应用是学生必备技能。

思考训练

1. 常用的原位测试方法各适用于什么范围？主要有哪些应用？
2. 载荷试验的试验要点及资料整理有哪些？
3. 静力触探试验的要点及技术要求有哪些？如何进行资料整理及成果应用？
4. 圆锥动力触探的类型和适用范围有哪些？各类触探试验的试验要点有何不同？
5. 标准贯入试验的试验设备、试验方法要求与圆锥动力触探试验有何不同？试验成果的应用有哪些？
6. 在黏性土中进行平板载荷试验，承压板面积为 0.25 m²，各级荷载及相应的累积沉降见表 1-3-36。若按 $s/b=1\%$ 对应荷载为地基承载力特征值，该荷载所确定的地基承载力特征值为多少？

表 1-3-36 荷载及相应的累积沉降

参数 P/kPa	54	81	108	135	162	189	216	243
s/mm	2.15	5.01	8.95	13.90	21.05	30.55	40.35	48.50

7. 某地基土层为粗砂，进行重型动力触探取得 4 个锤击数，分别为 4 击、5 击、6 击、7 击，杆长分别为 2.0 m、2.5 m、2.0 m、3.0 m，试计算修正后的锤击数。
8. 某地基土层进行载荷试验，承压板面积为 0.25 m²，试验数据见表 1-3-37，试计

算该地基土层地基承载力特征值。

表1-3-37 各试验点在各级压力下的稳定变形量

载荷质量/t		1.1	2.2	3.3	4.4	5.5	6.6
稳定变形量 mm	试验点1	0.28	0.77	1.28	1.76	2.24	2.71
	试验点2	0.40	0.82	1.18	1.56	1.92	2.36
	试验点3	0.66	1.02	1.34	1.68	2.00	2.36
载荷质量/t		7.7	8.8	9.9	12.1	13.2	14.6
稳定变形量 mm	试验点1	3.32	4.18	5.12	6.44	8.08	9.76
	试验点2	3.00	3.84	4.88	6.20	8.24	10.16
	试验点3	2.88	3.68	4.72	6.04	8.40	10.68

9. 某港口工程场地为黏土，在 5.0 m 处进行旁压试验，测得初始压力为 35 kPa，临塑荷载为 240 kPa，极限荷载为 450 kPa，黏土的天然容重为 20 kN/m³，地下水位埋深为 2.0 m，该黏性土的静止侧压力系数为（　　）。
A. 0.35　　　　B. 0.5　　　　C. 0.6　　　　D. 0.7

任务四　现场检验与监测

知识目标

1. 了解现场检验与监测的工作程序。
2. 了解现场检验与监测的基本技术要求。
3. 掌握现场检验与监测资料整理与分析。

能力目标

1. 具备现场检验与监测的能力。
2. 具有编制现场检验与监测报告的能力。

思政目标

树立质量意识、安全意识，将灾害损失降至最低。

现场检验与监测是指在工程施工和使用期间进行的一些必要的检验与监测，是岩土工程勘察的一个重要环节，其目的在于保证工程质量和安全，提高工程效益。

现场检验是指在施工阶段对勘察成果的验证核查和施工质量的监控。现场检验主要包括两方面：第一，验证核查岩土工程勘察成果与评价建议；第二，对岩土工程施工质量的控制与检验。

现场监测是指在岩土工程勘察、施工以及运营期间，对工程有影响的不良地质现象、

桩基检测

岩土体性状和地下水进行监测。监测主要包括三方面：第一，施工和各类荷载作用下岩土体反映性状的监测；第二，对施工和运营过程中结构物的监测；第三，对环境条件的监测。

通过现场检验与监测，可以预测一些不良地质现象的发展演化趋势及其对工程建筑物的可能危害，以便采取防治对策和措施；也可以通过"足尺试验"进行反分析，求取岩土体的某些工程参数，以此为依据及时校正勘察成果，优化工程设计，必要时应进行补充勘察；也可对岩土工程的施工质量进行监控，保证工程质量和安全。可见，现场检验与监测在提高工程经济效益、社会效益和环境效益方面，起着十分重要的作用。两者的区别如图1-4-1所示。

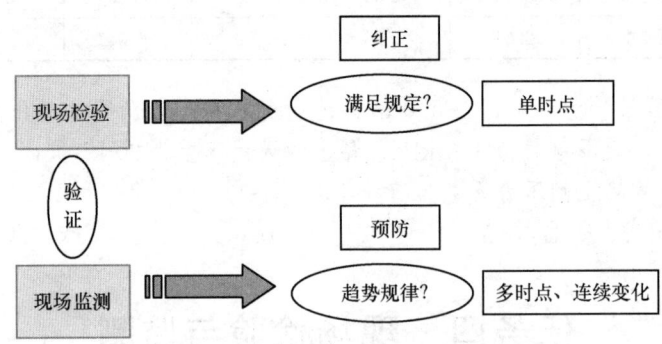

图1-4-1 现场检验与监测的区别

1. 技术要求

现场检验与监测应做好记录，并进行整理与分析，提交报告。现场检验与监测的一般规定有：

1）现场检验与监测应在工程施工期间进行。对有特殊要求的工程，应根据工程特点，确定必要的项目，在使用期内继续进行。

2）现场检验与监测的记录、数据和图件，应保持完整，并应按工程要求整理分析。

3）现场检验与监测资料，应及时向有关方面报送。当监测数据接近危及工程的临界值时，必须加密监测，并及时报告。

4）现场检验与监测完成后，应提交成果报告，报告中应附有相关曲线和图件，并进行分析评价，提出建议。

2. 主要内容

现场检验与监测内容主要包括：地基基础的检验与监测及不良地质作用和地质灾害监测等。对有特殊要求的工程，应根据工程特点确定必要的项目，在使用期内继续进行监测。

一、地基基础检验与监测

Ⅰ. 天然地基基坑（基槽）检测与监测

天然地基验槽

天然地基基坑（基槽）检测与监测的重要工作之一就是验槽，是勘察工作中必不可少的最后一个环节。天然地基基坑（基槽）开挖后，应由勘察人员会同建设、设计、施工、监理以及质量监督部门的技术负责人共同到施工现场进行验槽。

关注点：《岩土工程勘察规范（2009年版）》（GB 50021—2001）规定：基槽（基坑）开挖后，应进行基槽检验。基槽检验可用触探或其他方法，当发现与勘察报告和设计文件不一致或遇到异常情况时，应结合地质条件提出处理意见，经基槽检验后方可进行基础施工。

1. 验槽的目的、任务及要求

1）检验勘察报告所述各项地质条件及结论建议是否正确，是否与基槽开挖后的地质情况相符。①核对基槽施工位置、平面尺寸、基础埋深和槽底标高是否满足设计要求；②核对基槽岩土分布及其性质和地下水情况。

2）根据开槽后出现的异常地质情况，提出处理措施或修改建议。槽底基础范围内若遇异常情况，应结合具体地质、地形地貌条件提出处理措施，必要时可在槽底进行轻便钎探。当施工揭露的地基土条件与勘察报告有较大出入时，可有针对性地进行补充勘察。

3）解决岩土工程勘察报告中的遗留问题。

2. 无法验槽的情况

有下列情形之一者，不能达到验槽的基本要求：①基槽底面与设计标高相差太大；②基槽底面坡度较大，高差悬殊；③槽底有明显的机械车辙痕迹，槽底土扰动明显；④槽底有明显的机械开挖、未加人工清除的沟槽、铲齿痕迹；⑤现场没有详勘阶段的岩土工程勘察报告或基础施工图和结构总说明。

3. 推迟验槽的情况

有下列情形之一时，应推迟验槽或请设计方说明情况：
1）设计所使用承载力和持力层与勘察报告中不符；
2）场地内有软弱下卧层而设计方未说明相应的原因；
3）场地为不均匀场地，勘察方要求进行地基处理而设计方未进行处理。

（一）工作准备

1. 必备资料和条件

1）勘察、设计、质量监督、监理、施工及建设方有关负责人员及技术人员到场。
2）有基础平面和结构总说明的施工阶段的结构图。
3）详勘阶段的岩土工程勘察报告。
4）开挖完毕，槽底无浮土、松土（若分段开挖，则每段条件相同），条件良好的基槽。

2. 了解相关资料

1）察看结构说明和地质勘察报告，对比结构设计所用的地基承载力、持力层与报告中是否相同。
2）询问、察看建筑位置是否与勘察范围相符。
3）察看场地内是否有软弱下卧层。

4)察看场地是否为特别的不均匀场地、勘察方要求进行特别处理的情况,而设计方没有进行处理。

5)要求建设方提供场地内是否有地下管线和相应的地下设施的说明。

6)场地是否处在采空影响区而未采取相应的地基、结构措施。

3. 选用合适的验槽方法

验槽方法主要有以下几种,应根据实际情况采用。

(1)观察验槽

仔细观察基底土的结构、孔隙、湿度、包含物等,并与勘察资料进行对比,确定是否已挖到设计土层,对可疑之处应局部下挖检查。应重点注意柱基、墙角、承重墙下受力较大的部位。

(2)夯、拍验槽

用木槌、蛙式打夯机或其他施工机具对干燥的基底进行夯、拍(对潮湿和软土不宜),从夯、拍声音上判断土中是否存在空洞或墓穴,对可疑迹象应进一步采用轻便勘探仪查明。

(3)轻便勘探验槽

用钎探、轻便动力触探、手持式螺旋钻、洛阳铲等对地基主要持力层范围内的土层进行勘探,或对上述观察、夯、拍发现的异常情况进行探查。

钎探 采用钢钎(用 $\varphi 22 \sim 25$ mm 的钢筋做成,钎尖呈 60°锥尖,钎长 1.8~2.0 m),用质量为 8~10 lb[1] 的锤打入土中,进行钎探,根据每打入土中 30 cm 所需的锤击数,判断地基土好坏和是否均匀一致。钎探孔一般在坑底按梅花形或行列式布置,孔距为 1~2 m。钎探完毕后,对钎探孔应灌砂处理,全面分析钎探记录,并进行统计分析。如发现基底土质与原设计不符或有其他异常时,应及时处理。

手持螺旋钻 小型的螺旋钻具,钻头呈螺旋形,上接一 T 形把手,由人力旋入土中,钻杆可接长,钻探深度一般为 6 m,软土中可达 10 m,孔径约 70 mm。每钻入土中 30 cm 后将钻竖直拔出,根据附在钻头上的土了解土层情况。

(二)现场检验与监测

1. 现场检验(验槽)

(1)清槽

验槽前要清槽,应注意以下几点:

1)应把槽底清平,槽邦修直,土清到槽外。

2)观察及钎探基槽的过软过硬部位,要挖到老土。

3)柱基如有局部加深,必须将整个基础加深,使整个基础做到同一标高。条形基础基槽内局部有问题,必须按槽的宽度挖齐。

4)槽外如有坟、坑、井等,如在槽底标高以下基础侧压扩散角范围内时,必须挖到老土,加深处理。

---

[1] 1 lb(磅)=0.453592 kg。

5) 基槽加深部分，如果挖土较深，应挖成阶梯形。

(2) 观察验槽

以现场目测为主，采用先总体再局部的原则，先进行全面的目测，检验边坡稳定性、地下水位及已挖地基的土质是否合乎设计要求，了解降排水措施及其对基槽的影响。

1) 察看结构说明和地质勘察报告，对比结构设计所用的地基承载力、持力层与报告中是否相同；

2) 询问、察看建筑位置是否与勘察范围相符；

3) 察看场地内是否有软弱下卧层。

通过目测，辅以袖珍贯入仪，逐段逐个或按每个建筑物单元详细检查基槽底土质是否与勘察报告中提供的持力层相符，要特别注意基底有无填土及其分布。

(3) 现场钎探或触探

1) 当存在持力层明显不均匀，浅部有软弱下卧层，有浅埋的坑穴、古墓、古井等时，可采用轻型圆锥动力触探进行验证，必要时取样进行试验或施工勘察，以检验地基土是否与勘察报告中描述一致，持力层是否受人为扰动（施工扰动、浸水软化等）。通过钎探，了解基底土层的均匀性，基底下是否存在空穴、古墓、古井、防空掩体及地下埋设物的位置、深度、性状，审阅、分析研究钎探记录，找出异常钎探点及其分布规律，并分析其原因。

2) 坑底如发现有泉眼涌水，应立即堵塞（如用短木棒塞住泉眼）或排水加以处理，不得任其浸泡基坑。

3) 对需要处理的墓穴、松土坑等，应将坑中虚土挖除到坑底和四周都见到老土为止，然后用与老土压缩性相近的材料回填；在处理暗浜等时，先把浜内淤泥杂物清除干净，然后用石块或砂土分层夯填。如浜较深，则底层用块石填平，然后再用卵石或砂土分层夯实。

4) 妥善处理基底土后，进行基底抄平，做好垫层，再次抄平，并弹出基础墨线，以便砌筑基础。

几种常见基础的验槽内容详见表1-4-1。

表1-4-1 几种常见基础的验槽内容

基础类型	验槽内容
浅基础	①场地内是否有填土和新近沉积土；②槽壁、槽底岩土的颜色与周围土质颜色是否相同或有深浅变化；③局部含水量与其他部位是否有差异；④场地内是否有条带状、圆形、弧形（槽壁）异常带；⑤是否有因雨、雪、天寒等情况使基底岩土性质发生了变化；⑥场地内是否有被扰动的岩土；⑦识别填土及新近沉积土；⑧地基基础应尽量避免在雨季施工，无法避开时，应采取必要的措施防止地面水和雨水进入槽内，槽内水应及时排出，使基槽保持无水状态，水浸部分是否全部清除；⑨局部超挖后是否用虚土回填；⑩当建筑场地为耕地（草地）时，一般耕土深度在0.6~0.7 m之间，因此基础埋深不得小于0.70 m
深基础	①基槽开挖后，地质情况与地质报告中是否相符；②场地内是否有新近沉积土；③是否有因雨、雪、天寒等情况使基底岩土性质发生了变化；④边坡是否稳定；⑤场地内是否有被扰动的岩土；⑥地基基础应尽量避免在雨季施工，无法避开时，应采取必要的措施防止地面水和雨水进入槽内，槽内水应及时排出，使基槽保持无水状态，水浸部分是否全部清除；⑦局部超挖后是否用虚土回填

续表

基础类型	验槽内容
复合地基（人工地基）	①对换土垫层，应在垫层施工之前进行验槽，根据基坑深度的不同，分别按深基础和浅基础进行验槽。经检验符合有关要求后，才能进行下一步施工；②对各种复合桩基，应在施工中进行验槽，主要为查明桩端是否达到预定的地层；③对各种采用预压法压密、挤密、振密的复合地基，主要用试验方法（室内土工试验、现场原位测试）确定是否达到设计要求

2. 基坑监测

基坑开挖应根据设计要求进行监测，当基坑开挖较深或地基土较软弱时，可根据工程需要布置监测工作。

（1）编制基坑工程监测方案

编制基坑工程监测方案，内容包括：①支护结构的变形；②基坑周边的地面变形；③邻近工程和地下设施的变形；④地下水位；⑤渗漏、冒水、冲刷、管涌等情况。

（2）现场监测

1）现场监测内容可按表1-4-2选择。

表1-4-2 基坑现场监测项目

地基基础等级	监测项目										
	支护结构水平位移	临近建（构）筑物沉降与地下管线变形	地下水位	锚杆拉力	支撑轴力或变形	立柱变形	桩墙内力	地面沉降	基坑底隆起	土侧向变形	孔隙水压力	土压力
甲级	√	√	√	√	√	√	√	√	√	√	△	△
乙级	√	√	√	√	△	△	△	△	△	△	△	△
丙级	√	√	○	○	○	○	○	○	○	○	○	○

注："√"表示应测项目；"△"表示宜测项目；"○"表示可不测项目。对深度超过15m的基坑宜设坑底土回弹监测点。对基坑周边环境保护要求严格时，地下水位监测应包括对基坑内、外地下水位进行监测。

2）基坑底部回弹监测。

现场踏勘 首先，了解场地的实际现状（必要时须做适当平整）、基坑开挖的范围和场地周围建筑物（含堆载物）及地下管线（设施）的分布情况。并在现状地形图（比例尺1:200或1:500）上标注。其次，根据基坑形状和规模以及工程勘察报告和设计要求，确定回弹监测点数量和位置以及埋设深度，然后选择高程基准点和工作基点的位置。

布设回弹监测标点 根据基坑的形状及开挖规模布设回弹监测标点的数量和位置，力求以较少的工作量均匀地控制地基土的回弹量和变化规律。

监测标点布设：沿基坑纵横中心轴线及其他重要位置对称布置，并在基坑外一定范围内（基坑深度的1.5~2.0倍）布设部分测点。点距一般为10~15m，也可根据需要确定。回弹测点布设通常如图1-4-2所示。对于圆形（或椭圆形）基坑，一般可类似于方形（或矩形）的基坑进行布设。当地质条件复杂或基坑周围建筑物繁杂或有重堆载物体时，必须根据基坑开挖的实际情况增加测点的数量。当布设的测点遇有地下管线或其他地下构筑物时，应将其避开并移设到与之对称的空位上。

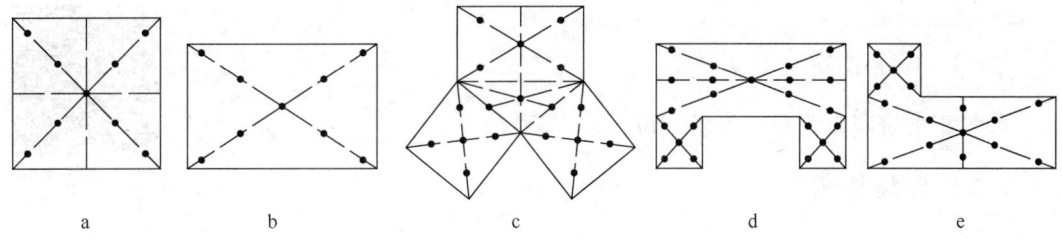

图1-4-2 基坑回弹监测标点布设

(据王珊，2005)

a—正方形基坑；b—长方形基坑；c—多边形基坑；d—槽形基坑；e—曲折基坑

布置高程基准点和工作基点：一般设置在基坑外相对稳定处，根据基坑形状和规模至少应设置4个以上工作基点，以便于独立引测（减少测站数）回弹监测点的高程。

埋设回弹标志：必须在基坑开挖前埋设，并同时测定各标志点顶的标高。埋设方法：钻孔成孔→钻进→清理孔底残渣→安回弹标志至孔底→用重锤击入法把测标打入土中→卸下钻杆并提出。

3）相关要求。①成孔要求：用SH-30型或DPP-100型工程钻机打孔，成孔时要求孔位准确（应控制在10 cm以内），孔径要小于φ127 mm，钻孔必须垂直，孔底与孔口中心的偏差不超过5 cm。②钻进要求：采用跟管钻进（套管直径与孔径相应），孔深控制在基坑底设计标高下20 cm左右。钻孔达到深度后，用钻具清理孔底使其无残土。③回弹标志要求：去钻头，安上回弹标志下至孔底，采用重锤击入法，把测标打入土中，并使回弹标志顶部低于基坑底面标高20 cm左右，以防止基坑开挖时破坏标志。要使标志圆盘与孔底土充分接触，而后卸下钻杆并提出。④基坑开挖前，回弹监测标志点的标高引测一般是逐点进行的。⑤基坑开挖后进行回弹监测。

4）基坑支护系统工作状态的监测。主要对支护结构的位移（包括竖向位移、水平位移）和支撑结构轴力（内力）进行监测，支护结构的位移可采用几何测量法实现。

（三）资料整理

1. 整理检验与监测记录

1）整理基槽复验记录表和基坑验槽检查记录表。

2）整理基坑回弹监测点平面位置图、回弹监测成果表、地基土回弹等值线图和基坑纵横中心轴线回弹剖面图及监测记录表和图件。

2. 编写检验与监测报告

1）编写验槽报告：主要内容包括岩土描述、槽底土质平面分布图、基槽处理竣工图、现场测试记录及检验报告。验槽报告是岩土工程的重要技术档案，应做到资料齐全，及时归档。

2）编写基坑回弹监测成果技术报告：结合场地地质条件、基坑开挖过程和施工工艺等，对基坑地基土回弹规律进行综合分析，提出基坑回弹监测成果技术报告。

Ⅱ. 桩基工程检测

桩基工程检测

（一）工作准备

收集相关资料，人员、设备到位。

（二）现场检测

1. 桩基验槽

（1）机械成孔桩基

对于机械成孔桩基，应在施工中判明桩端是否进入预定的桩端持力层；泥浆钻进时，仔细判断从井口返浆中新带上的岩屑，认真判明是否已达到预定的桩端持力层。

（2）人工成孔桩

对于人工成孔桩，验槽应在桩孔清理完毕后进行。

1）对于摩擦桩，主要检验桩长；对于端承桩，主要查明桩端进入持力层长度、桩端直径。

2）在混凝土浇筑前，应清除桩底松散岩土和桩壁松动岩土。

3）检验桩身的垂直度。

4）对于大直径桩，特别是以端承为主的大直径桩，必须做到每桩必验。

5）检验的重点是桩端进入持力层的深度、桩端直径等。①桩端全面进入持力层的深度应符合下列要求：对于黏性土、粉土不宜小于 $2d$（d 为桩径），砂土不宜小于 $1.5d$，碎石土不宜小于 $1d$；季节性冻土和膨胀土，应超过大气影响急剧深度并通过抗拔稳定性验算，且不得小于 $4d$ 及 1 倍扩大端直径，最小深度应大于 1.5 m。对岩面较为平整且上覆土层较厚的嵌岩桩，嵌岩深度宜为 0.2 m 或不小于 0.2 m。②桩进入液化层以下稳定土层中的长度（不包括桩尖部分）应通过计算确定：对于黏性土、粉土不宜小于 $2d$，砂土类不宜小于 $1.5d$，碎石土不宜小于 $1d$，且对碎石土、砾、粗砂、中砂、密实粉土、坚硬黏土，尚不应小于 500 mm，对其他非岩类土，尚不应小于 1.5 m。

2. 桩基检测

（1）检测方法

根据检测目的或内容可采用不同的检测方法，见表 1-4-3。

表 1-4-3　桩基检测方法、内容、目的及时间

检测方法		检测内容或目的	检测时间
成孔检测法		孔径、垂直度、成渣厚度	成孔后立即检测
静载试验法	单桩竖向抗压静载试验	确定单桩竖向抗压极限承载力是否满足设计要求。通过桩身内力及变形测试，测定桩侧、桩端阻力	桩身混凝土强度达到设计要求；休止期：砂 7 d；粉土 10 d；非饱和黏土 15 d，饱和黏土 25 d
	单桩竖向抗拔静载试验	确定单桩竖向抗压极限承载力是否满足设计要求。通过桩身内力及变形测试，测定桩的抗拔摩阻力	同上

续表

检测方法		检测内容或目的	检测时间
静载试验法	单桩水平静载试验	确定单桩水平临界承载力和极限承载力。通过桩身内力及变形测试,测定桩身弯矩和挠度	同上
动测法	高应变法	判断单桩竖向抗压极限承载力是否满足设计要求。检测桩身缺陷及其位置,判断桩身完整性类别	同上
	低应变法	检测桩身缺陷及其位置,判断桩身完整性类别	混凝土强度达到设计强度的70%,约14 d
	声波透射法	检测桩身混凝土的均匀性、桩身缺陷及其位置,判断桩身完整性类别	混凝土强度达到设计强度的70%,约14 d
	钻芯法	检测灌注桩的桩长、桩身混凝土强度、桩底沉渣及其厚度,鉴别桩底岩土性状,判断桩身完整性类别	28 d以上
	动力触探法	检测水泥搅拌桩桩身强度,检测碎石桩的桩身密实度	水泥搅拌桩:7 d或7 d以内;碎石桩:成桩后

(2) 检测项目

成孔质量直接影响混凝土浇筑后的成桩质量,也是作业施工情况下灌注桩的检测项目及要求,见表1-4-4。

表1-4-4 桩基检测项目及要求

项 目		要 求
成孔质量	桩位偏差	精密经纬仪或红外测距仪测定,桩位中心位置的偏差应满足桩的设计规定或相关的规范标准
	桩径、垂直度	简易法检测、孔径仪检测等,桩径和垂直度偏差应满足设计规定或相关的规范标准
	孔底沉渣厚度	测锤法、电测法、声测法等检测,应满足设计规定或相关的规范标准
桩身质量		目前常采用低应变法、高应变法、声测法、钻芯法等检测,应满足《建筑基桩检测技术规范》(JGJ 106—2014)要求
桩的承载力		包括桩的竖向抗压承载力检测、竖向抗拔承载力检测、水平承载力检测,主要采用静载试验进行检测,应满足《建筑基桩检测技术规范》(JGJ 106—2014)要求

(三) 资料整理

1. 数据整理与分析

桩基检测完成后,应对获得的所有原始记录(如岩芯描述、混凝土试样、试验资料等)进行归纳整理、数据分析与判定,做出结论,并给出建议,提出桩基检测或监测报告,为桩基工程施工质量和工程使用功能的最终验收提供依据。

2. 编制桩基检测报告

桩基检测报告主要包括:①检测目的、任务、工作量及完成情况;②桩基设计及施工概况；③检测设备、工艺及基本原理；④桩基施工质量状况及成桩主要参数；⑤检测结果及分析；⑥存在的主要质量问题、产生原因及对工程使用的影响；⑦结论与建议。

桩基工程检测的内容和方法详见《基础工程》（周景生，2015）教材中的相关内容。

Ⅲ. 地基处理检验与监测

（一）工作准备

1. 基础工作

收集相关资料，人员、设备到位。

2. 确定检测时间

地基处理效果检测应在施工后间隔一定时间进行，对饱和黏性土地基，应待孔隙水压力消散后进行，一般应间隔 21～28 d，对于砂土和粉土地基，不宜少于 7 d。

3. 确定检测位置

质量检测宜选择在地基最不利位置和工程关键部位进行。

4. 确定检测数量

1）灰土地基、砂和砂石地基、土工合成材料地基、粉煤灰地基、强夯地基、注浆地基、预压地基的承载力检验，每单位工程检测数量不应少于 3 点。

2）1000 m^3 以上的工程，每 100 m^3 至少应检测 1 点。

3）3000 m^3 以上的工程，每 300 m^3 至少应检测 1 点。

4）每独立基础下至少应检测 1 点，基槽每 20 延米应检测 1 点。

（二）现场检验与监测

1. 施加荷载

为验证加固效果所进行的载荷试验，其施加荷载不应低于设计荷载的 2 倍。

2. 现场检验

1）地基处理方案的适用性，必要时可预先进行一定规模的试验性施工。

2）换填或加固材料的质量。

3）施工机械性能、影响范围和深度。

4）施工速度、进度、顺序、工序搭接的控制情况。

5）按规范要求对施工质量的控制。

6）按计划，不同期间和部位的处理效果。

7）停工及周围环境变化对施工效果的影响。

3. 现场监测

1）施工时土体性状的改变，如地面沉降、土体变形监测等。

2）进行地基处理后地基前后性状比较和处理效果，采用原位试验、取样试验等方法。

3）施工噪声和环境。

4）必要时，地基处理后的长期效果。

（三）资料整理

地基处理的检验与监测结束后，应及时整理资料，并编写地基处理检验与监测报告。各种地基处理方案常用的现场检验和监测方法详见《地基处理》（周景生，2015）教材中的相关内容。

Ⅳ. 建筑物沉降观测

（一）工作准备

收集相关资料，人员、设备到位。

关注点：《岩土工程勘察规范（2009年版）》（GB 50021—2001）规定：下列建筑物应在施工及使用期间进行变形观测：①地基基础设计等级为甲级的建筑物；②复合地基或软弱地基上的设计等级为乙级的建筑物；③加层、扩建建筑物；④受邻近深基坑开挖施工影响或受场地地下水等环境因素变化影响的建筑物；⑤需要积累经验或进行设计反分析的工程。

（二）现场观测

1. 水准基点的设置

1) 设备：水准仪。
2) 设置水准基点：其位置必须稳定可靠，妥善保护。埋设地点宜靠近观测对象，必须在建筑物所产生的压力影响范围以外。在一个观测区内，水准基点不得少于3个。

2. 设置观测点

1) 埋置深度：与建筑物基础埋深相适应。
2) 设置数量：由设计人员确定，一般设置在室外地面以上，外墙（柱）身的转角及重要部位，数量不宜少于6点。

3. 确定观测数量

1) 在灌注基础时就开始观测。
2) 施工期的观测：根据施工进度确定。①民用建筑：每施工完一层（包括地下室部分）应观测1次；②工业建筑：按不同荷载阶段分次观测，施工期间的观测次数不应少于4次，建筑物竣工后的观测，第一年不应少于3～5次，第二年不少于2次，以后每年1次，直到沉降稳定为止。以半年沉降量不超过2mm为沉降稳定标准。
3) 特殊情况观测：遇地下水位升降、打桩、地震、洪水淹没现场等情况，应及时观测。对于突然发生严重裂缝或产生大量沉降等情况时，应增加观测次数。

（三）资料整理

沉降观测后应及时整理好资料，计算出各点的沉降量、累计沉降量及沉降速率，以便及时、及早处理出现的地基问题。

二、不良地质作用和地质灾害监测

在工程建设过程中,由于受到各种内、外因素的影响,如滑坡、崩塌、泥石流、岩溶等,这些不良地质作用及其所带来的地质灾害都会直接影响工程安全乃至人民生命财产安全。因此在现阶段的工程建设中,对上述不良地质作用和地质灾害的监测已经是不可缺少的工作。

关注点:《岩土工程勘察规范(2009年版)》(GB 50021—2001)规定,场地及其附近有不良地质作用或地质灾害,并可能危及工程安全或正常使用时;工程建设和运行,可能加速不良地质作用的发展、引发地质灾害时或可能对附近环境产生显著不良影响时,应进行不良地质作用和地质灾害监测。

(一)编制监测纲要

纲要内容应包括监测目的、监测内容、监测点布设、观测时间间隔和期限以及监测仪器、方法和精度等,并及时提出灾害预报和采取措施的建议。

1. 监测目的

不良地质作用和地质灾害监测目的:一是正确判定、评价已有不良地质作用和地质灾害的危害性,监视其对环境、建筑物和人民财产的影响,对灾害的发生进行预报;二是为防治灾害提供科学依据;三是预测灾害发生发展趋势和检验整治后的效果,为今后的防治、预测提供经验教训。

滑坡监测

2. 监测内容

1)对于岩溶土洞发育区,监测内容包括:①地面变形;②地下水位的动态变化;③场区及其附近的抽水情况;④地下水位变化对土洞发育和塌陷产生的影响。

2)对于滑坡,监测内容包括:①滑坡体的位移;②滑面位置及错动;③滑坡裂缝的发生和发展;④滑坡体内外地下水位、流向及泉水流量和滑带孔隙水压力;⑤支挡结构及其他工程设施的位移、变形、裂缝的发生和发展。

3)对于崩塌,当需判定崩塌剥离体或危岩稳定性时,应对张裂缝进行监测。对可能造成较大危害的崩塌,应进行系统监测,并根据监测结果,对可能发生崩塌的时间、规模、塌落方向、途径和影响范围等做出预报。

4)对于现场采空区,应进行地表移动和建筑物变形的观测,并应符合:①观测线宜平行和垂直矿层走向布置,其长度应超过移动盆地的范围;②观测点的间距可根据开采深度确定,并大致相等;③观测周期应根据地表变形速度和开采深度确定。

5)对于地面沉降,因城市或工业区抽水而引起区域性地面沉降,应进行区域性地面沉降监测,基本监测内容包括:①地面沉降长期观测;②地下水动态观测;③对已有建筑物的沉降观测。监测要求和方法应按相关标准执行。

3. 监测点布设

不良地质作用和地质灾害监测点应根据各地不同的经济和地质条件来布设,主要布设在对人类生存影响大的区域,如广西壮族自治区国土资源厅对地质灾害监测点布设遵循了以下原则。

(1) 自动监测仪器布设要求

1) 无气象、水文部门雨量站点控制的花岗岩、碎屑岩丘陵区。

2) 有通信网络覆盖，向阳光线较充足，地形迎风坡处。

3) 城镇、人口密集区（学校、旅游景区）中的重要地质灾害危险区、易发区、重点防范区；危害程度较大的地质灾害隐患点或地震频发区，周边群众具有高度责任感，有协助看护意愿的监测员。

4) 交通便利（在可通过 5 t 卡车的道路附近）地区。

5) 拟安装视频监测的地点要选择在泥石流沟口或威胁人数多、短期内无法治理的大型以上的地质灾害隐患点处。

(2) 实时报警监测仪布设要求

1) 主要布设在花岗岩和碎屑岩丘陵区、人口密集的地质灾害易发区和中型以上滑坡或不稳定斜坡上；

2) 拟布设地点要有移动通信网络覆盖，监测员要有高度的责任感。

(二) 现场监测

监测技术方法按相关标准进行。

(三) 资料整理

在监测过程中或完成监测后，应提供有关监测数据和相关曲线，并编制监测报告。报告内容包括工程概况、监测目的任务、监测技术要求、监测工作依据、监测内容、监测仪器设备及监测精度要求、监测点的布设、监测过程及其质量控制、监测数据成果和相关曲线、监测成果分析、结论及工作建议等。

三、地下水监测

地下水监测是指对地下水的水位、水量、水质、水压、水温及流速、流向等自然或人为因素影响下随时间或空间变化规律的监测。地下水监测应根据岩土工程和建筑物稳定性的需要有目的、有计划、有组织地进行。

与水文地质学中的"长期观测"不同，地下水观测是对地下水的天然水位、水质和水量随时间的变化进行观测，一般仅提供动态观测资料。而监测不仅仅是观测，还要根据观测资料提出问题，制定处理方案和措施。

当地下水位变化影响建筑工程的稳定且有如下情况时需对地下水进行监测：

1) 地下水位升降影响岩土稳定；

2) 地下水位上升产生浮托力对地下室或地下构筑物防潮、防水或稳定性产生较大影响；

3) 施工降水对拟建工程或相邻工程有较大影响；

4) 施工或环境条件改变造成的孔隙水压力、地下水压力变化，对工程设计或施工有较大影响；

5) 地下水位下降造成区域性地面下沉；

6) 地下水位升降可能使岩土产生软化、湿陷、胀缩;
7) 污染物运移对环境影响的评价。

(一) 制订地下水监测方案

1. 调查研究和收集资料

收集、汇总监测区域水文、地质、气象等方面的有关资料和以往的监测资料。例如,温度、湿度、降水量、地质图、剖面图、测绘图、水井的成套参数、含水层及地下水补给、径流和流向等。

2. 监测的布设及内容

(1) 地下水监测点布设

应根据监测目的、场地条件、工程要求和水文地质条件决定,对于地下水压力(水位)和水质的监测,一般顺地下水流向布设观测线。

1) 在平原及地质条件简单的地区,监测点可布设成方格网状,监测线应平行或垂直地下水流向布设,间距不宜大于 40 m。

2) 在狭窄地区,当无地表水体时,监测点可按三角形布设;当有地表水体时,监测线应垂直地表水体的岸边线布设。

3) 在水位变化大的地段和上层滞水或裂隙水聚集的地段应布设监测点,但有多层含水层时,必要时可分层布设监测孔,以了解不同含水层的水位、水质、水压、水温,以及各水层的联系情况。

4) 在滑坡、岸边地段,应在坝肩、坝基、坝上下游和滑动带布设观测点。对于基坑,可在垂直基坑长边方向布设监测线。

5) 监测点的间距视地下水的水力梯度或地形坡度及距地表水体的距离确定,当地下水水力梯度大(或地形坡度大)或靠近地表水体时,间距可小些,否则可大些,但不宜超过 400 m。

6) 监测孔深度应达到可能最低水位或基础施工最大降深 1 m 处。

(2) 地下水监测内容

地下水监测内容应根据工程需要和水文地质条件确定,主要有:

水位监测 查明地下水位(最高、最低水位)、水位变化幅度范围;查明地下水位与地表水体(江、河、湖等)和大气降水的联系。

水质监测 查明地下水的物理、化学成分及其变化;查明污染源、污染途径、污染程度及其对建筑材料的腐蚀等级。

水压监测 开挖深基坑、洞室、隧道工程,评价岸边、斜坡稳定性工程,软土地基加固处理工程等,都应对岩土的孔隙或裂隙水压力进行监测。当地下水可能对岩土产生潜蚀作用,出现管涌现象,引起基坑坍塌、矿井突涌时,也应对地下水进行监测。

降水工程地面沉降的监测 长期抽降地下水,可能引起地面产生不均匀沉降、建筑物开裂失稳等不良现象时,应对地下水位和地面沉降进行监测。

3. 地下水监测方法及时间

1) 地下水位监测,可布设专门的地下水位观测孔,或利用水井、泉等进行;

2）孔隙水压力、地下水压力监测，可采用孔隙水压力计、测压计进行；
3）用化学分析法监测水质时，采样次数每年不应少于 4 次，以进行相关项目的分析；
4）地下水动态监测时间不应少于一个水文年；
5）当孔隙水压力变化影响工程安全时，应在孔隙水压力降至安全值后方可停止监测；
6）受地下水浮托力的工程，地下水压力监测应进行至工程荷载大于浮托力后方可停止。

（二）现场监测

监测技术方法按相关标准进行。

（三）资料整理

整理各种监测记录表，编制地下水监测报告。地下水监测方法详见《水文地质勘察》（蒋辉等，2019）教材中的相关内容。

知识小结

本任务主要介绍了地基基础检测与监测、不良地质作用和地质灾害监测、地下水监测三项内容，阐述了现场检测与监测的内容、方法与要求，重点讲述了验槽的基本方法和内容，要求学生具备现场验槽的能力和编写验槽报告和监测报告的能力。

思考训练

1. 什么是现场检测与监测？它们与长期观测有何不同？
2. 验槽的内容、方法和要求有哪些？验槽报告应反映哪些内容？
3. 什么情况下无法验槽？什么情况下推迟验槽？
4. 不良地质作用和地质灾害监测目的、内容及要求有哪些？
5. 地下水监测内容、方法及要求有哪些？
6. 实地进行验槽工作，并编写验槽报告。

项目二　岩土工程勘察成果

　　岩土工程勘察成果即岩土工程勘察报告，是岩土工程勘察的最后一项工作。通过对现场勘察获取的各类岩土参数进行统计分析，归纳总结，最终应用到岩土工程勘察报告中。要编写出高质量的岩土工程勘察报告，报告编写者需熟练掌握岩土参数统计分析方法、岩土工程分析评价内容、绘制岩土工程勘察图件的技巧和报告编写注意事项。岩土工程勘察报告是指导建筑设计的依据，故应予以足够重视。

　　岩土参数统计分析计算过程繁杂，应细心严谨。岩土工程分析评价结果是影响工程建设的重要因素，应结合地质、水文、土力学、基础工程、地基处理、地质灾害等知识融会贯通。编写岩土工程勘察报告时，应注意前后逻辑关系，所用图例、符号等应符合规范要求。

导学图

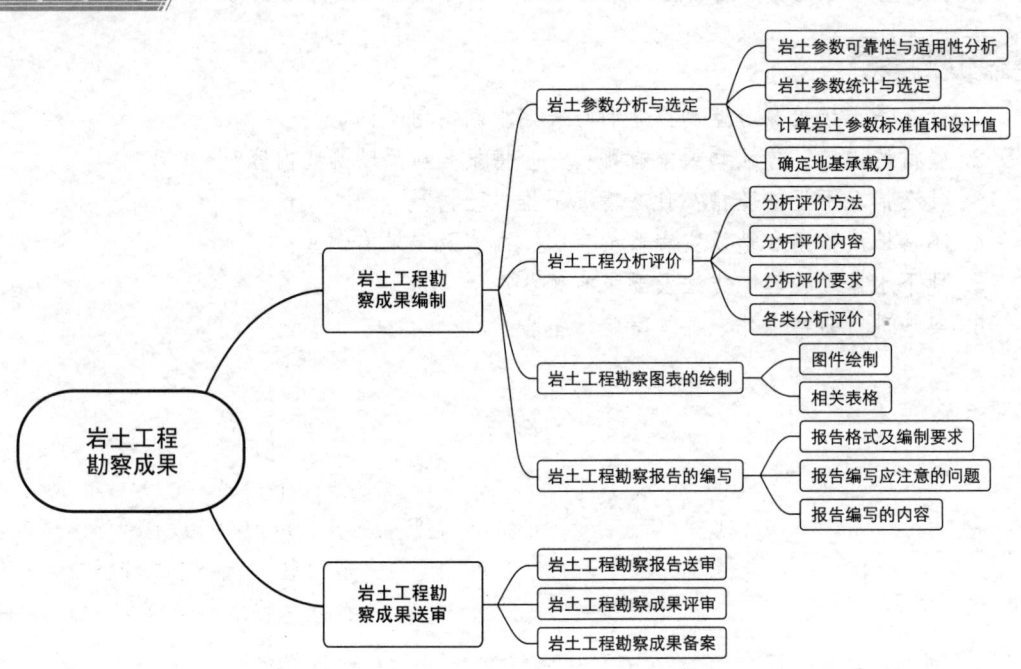

任务一　岩土工程勘察成果编制

知识目标

1. 掌握岩土参数的统计与分析方法。

2. 掌握岩土工程勘察图件的绘制方法。
3. 掌握岩土工程分析评价的内容、方法和要求。
4. 掌握岩土工程勘察报告的编写方法。

能力目标

1. 能进行岩土参数统计分析。
2. 能编制岩土工程勘察图件。
3. 能进行岩土工程分析评价。
4. 能编制简单场地的岩土工程勘察报告。

思政目标

树立规范意识、质量意识，编写高质量的岩土工程勘察报告。

岩土工程勘察成果即岩土工程勘察报告，是在资料内业整理的基础上，通过分析评价编写而成。资料内业整理是在各项野外勘察工作获得的原始资料、数据和收集已有资料的基础上，进行统计整理、归纳和分析，并绘制成图件和表格，编写出岩土工程勘察报告的过程。

1. 岩土工程勘察成果的主要内容

对于一般建设工程，岩土工程勘察成果主要包括：①封面、内页（签字页）；②报告目录；③报告文字及其内插图表；④拟建物及勘探点平面位置图、工程地质剖面图、柱状图；⑤原位测试试验及原位测试图表（如注水试验、标准贯入试验、静力触探试验、十字板剪切试验等）；⑥工程物探及专项测试报告附件及图表（如波速测试报告及图表）；⑦室内各种试验成果图表（如土工试验成果图表、三轴试验等特殊试验图表、水质分析图表等）；⑧其他各种特殊图表（如工程地质分区图、场地类别分区图、持力层层面标高等高线图或层厚等厚线图等）；⑨图例。

2. 编写岩土工程勘察报告应重点关注的问题

应重点关注：①勘察委托书要求及设计技术要求；②场地工程地质条件及水文地质条件；③场地地质分层合理性（成因、岩性及物理力学性质指标等）；④岩土参数统计、删减及选定的合理性及参数值类型对应性（即标准值或设计值等）；⑤岩土分析与评价的全面性、深入性、先进性、技术可行性、经济合理性及设计适用性；⑥结论正确性及建议合理性和经济性；⑦勘察成果附图、附件齐全、合理；⑧责任栏签署及图签印章合规。

要编写高质量的岩土工程勘察报告，外业和试验资料准确可靠是关键，而内业成果资料整理则是岩土工程勘察工作的重要组成部分。内业成果资料整理是把现场勘察获得的岩土工程勘察成果资料进行统计整理、归纳和分析，并绘制成图件和表格，以适应工程设计和工程地质条件评价的需要。岩土工程勘察成果资料内业整理一般是在现场勘察工作告一段落或整个勘察工作结束后进行。其主要工作内容是：岩土参数分析与选定、岩土工程分析评价、岩土工程勘察图表绘制和岩土工程勘察报告编写。

一、岩土参数分析与选定

(一) 岩土参数可靠性与适用性分析

1. 岩土参数

岩土参数分析与选定

岩土参数主要指岩土的物理力学性质指标,在工程上一般可分为评价指标和计算指标。评价指标主要用于评价岩土的性状,作为划分地层和鉴定岩土类别的主要依据。计算指标主要用于岩土工程设计,预测岩土体在荷载和自然因素及人为因素影响下的力学行为和变化趋势,并指导施工和监测。因此,岩土参数应根据其工程特点和地质条件选用,并分析、评价所选取岩土参数的可靠性和适用性。

2. 岩土参数可靠性与适用性及影响因素

(1) 岩土参数可靠性

是指参数能正确地反映岩土体在规定条件下的性状,能比较准确地估计参数真值所在的区间。

(2) 岩土参数适用性

是指参数能满足岩土工程设计计算的假定条件和计算精度要求。

(3) 影响岩土参数可靠性和适用性的因素

影响因素包括:①取样方法;②采用的试验方法和取值标准;③不同测试方法所得结果的分析比较;④测试结果的离散程度;⑤测试方法与计算模型的匹配性。

岩土工程勘察报告应对主要参数的可靠性和适用性进行分析,并在分析基础上选定参数。在岩土工程勘察报告中,必须对所获得的大量岩土物理力学性质指标数据加以整理,才能获得有代表性的数值,用于岩土工程的设计计算。岩土工程勘察报告对岩土参数的基本要求是可靠适用。

(二) 岩土参数统计与选定

1. 统计目的

(1) 作为岩土工程勘察分析、评价的重要依据

岩土参数的统计分析与取值是岩土工程勘察内业工作的重要组成部分,是对原位测试和室内试验数据进行处理、加工,从中获得代表性的设计、施工参数的过程。

(2) 保证岩土参数的可靠性和适用性

由于岩土体的非均匀性和各向异性以及参数的测定方法、条件和工程类别等的不同,造成岩土参数分散性、变异性较大,必须进行岩土参数的统计和分析以保证岩土参数的可靠性和适用性。

(3) 获得岩土参数的代表性数值

对通过试验、测试获得的岩土参数值,必须经过整理、分析及数理统计计算,才能获得岩土参数的代表性数值。代表性数值是在对试验数据的可靠性和适用性做出分析评价的基础上,参照相应的规范,通过统计方法进行整理和选择。

2. 统计原则

（1）按工程地质单元及层次分别进行统计

一般情况下，同一工程地质单元具有如下特征：①具有同一地质年代和相同的成因类型，并处于同一构造部位和同一地貌单元；②具有基本相同的岩土性质特征，包括矿物成分、结构构造、风化程度、物理力学性质和工程性能；③影响岩土体工程地质性质的因素基本相似；④对不均匀变形沉降敏感的某些建（构）筑物的关键部位，视需要可划分更小的单元。

（2）合理选择统计方法

对数据进行统计、整理时，应在合理分层的基础上，根据测试次数、地层均匀性、建筑物等级选择合理的数理统计方法，以便对每层土的物理力学指标进行统计分析和选取。通常采用分层统计法，即按地质分层统计各层岩土体（如为亚层时按亚层）的物理力学性质指标。对于包括公路、铁路和轨道交通等在内的线性工程地区，可先进行地质分区，再按分区进行统计。

3. 统计方法

一般算术统计　一般的岩土参数指标统计，用算术平均值。

厚度加权统计　与厚度变化有关的岩土参数指标统计，用厚度加权平均值。

深度加权统计　与埋深变化有关的岩土参数指标统计，用深度加权平均值。

数理统计　经过数理统计，由岩土参数的基本值计算标准值。

4. 统计的岩土参数指标

1）黏性土：天然密度、天然含水量、液限、塑限、塑性指数、液性指数等常规试验指标；

2）砂土：相对密实度、粒度成分指标；

3）岩石：吸水率、各种力学特性指标；

4）特殊性岩土的各种特征指标以及各种原位测试指标。

以上指标在岩土工程勘察报告中应提供各工程地质单元或各地层的最小值、最大值、平均值、标准差、变异系数和参加统计数据的数量。

关注点：每层统计参数子样数不得少于 6 个，变异系数一般不得大于 30％（夹层、互层地层另行分析），当统计样本数量少于 6 个时，统计标准差和变异系数意义不大，可不进行统计，只提供指标的范围值。

5. 岩土参数统计要求

1）岩土物理力学指标，应按场地的工程地质单元和层位分别统计。

2）对工程地质单元内所获得的试验数据，应逐一进行检查，对某些有明显错误或试验方法有问题的数据，应进行检查或将其舍弃。

3）每一单元内，岩土的物理力学性质指标应基本接近，试验数据所表现出来的离散性只能是土质不均匀或试验误差的随机性造成的。

（三）计算岩土参数标准值和设计值

假定岩土参数用符号 ϕ 来表示，按下列过程计算标准值 ϕ_k。

1. 计算平均值、标准差和变异系数

计算公式如下：

$$\phi_m = \frac{\sum_{i=1}^{n} \phi_i}{n} \quad (2-1-1)$$

$$\sigma_f = \sqrt{\frac{\sum_{i=1}^{n} \phi_i^2 - n\phi_m^2}{n-1}} \quad (2-1-2)$$

$$\delta = \frac{\sigma_f}{\phi_m} \quad (2-1-3)$$

式中：ϕ_m 为岩土参数平均值；ϕ_i 为第 i 个样本的岩土参数测试值；σ_f 为岩土参数的标准差；δ 为岩土参数的变异系数；n 为统计样本数量。

2. 计算离差

统计岩土参数后，应对统计结果进行分析判别，如果某一组数据比较分散，相互差异较大，应分析产生误差的原因，并剔出异常的粗差数据。剔出粗差数据有不同的标准，常用方法是±3倍的标准差法。

当离差 d 满足下式时，该数据应舍弃：

$$|d| > g\sigma_f \quad (2-1-4)$$

式中：d 为离差，$d = \phi_i - \phi_m$；g 为由不同标准给出的系数，当采用3倍标准差方法时，$g = 3$。

3. 计算岩土参数的标准值与设计值

在岩土工程勘察报告中，所有岩土参数必须由基本值经过数理统计给出标准值，再由建筑设计部门给出设计值。

（1）岩土参数标准值

计算公式如下：

$$\phi_k = \gamma_s \phi_m \quad (2-1-5)$$

$$\gamma_s = 1 \pm \left(\frac{1.704}{\sqrt{n}} + \frac{4.678}{n^2}\right)\delta \quad (2-1-6)$$

式中：ϕ_k 为岩土参数标准值；γ_s 为统计修正系数，式中加减号的取用按不利组合考虑。

关注点：《岩土工程勘察规范（2009年版）》（GB 50021—2001）规定：在岩土工程勘察报告中，应按下列不同情况提供岩土参数值：①一般情况下，应提供岩土参数的平均值、标准差、变异系数、数据分布范围和数据的数量。②承载能力极限状态计算所需要的岩土参数标准值，应按式（2-1-5）计算；当设计规范另有专门规定的标准值取值方法时，可按有关规范执行。③岩土工程勘察报告一般只提供岩土参数的标准值，可用分项系数计算岩土参数的设计值。

（2）岩土参数设计值

计算公式如下：

$$\phi_{s}=\frac{\phi_{k}}{\gamma} \qquad (2-1-7)$$

式中：ϕ_s 为岩土参数设计值；γ 为岩土参数的分项系数，按有关设计规范的规定取值。

（四）确定地基承载力

地基承载力是指地基受荷后，塑性区限制在一定范围内，保证不产生剪切破坏而丧失稳定，且地基变形不超过容许值时的承载能力，即同时满足地基土强度条件和变形条件的限制要求。

2011 年发布的《建筑地基基础设计规范》（GB 50007—2011）把地基承载力分为地基承载力特征值和修正后的地基承载力特征值。地基承载力特征值（f_{ak}）指由载荷试验测定的地基土压力与变形曲线线性变形段内规定的变形所对应的压力值，其最大值为比例界限。修正后的地基承载力特征值（f_a）则是地基承载力特征值经基础深度和宽度修正后的地基承载力值。

《建筑地基基础设计规范》（GB 50007—2011）明确规定：地基承载力特征值可由载荷试验或其他原位测试、公式计算，并结合工程实践经验等方法综合确定。

1. 原位测试试验确定

原位测试试验可通过静力载荷试验、动力触探试验、静力触探试验、标准贯入试验等方法确定。《建筑地基基础设计规范》（GB 50007—2011）规定：静力触探、动力触探、标准贯入等原位测试用于确定地基承载力，在我国已有丰富的经验，可以应用，但必须与当地的相关资料进行对比。同时还应注意，当地基基础设计等级为甲级和乙级时，原位测试结果不宜单独应用，应结合室内试验成果综合分析。

（1）载荷试验确定地基承载力

载荷试验可直接确定地基承载力特征值，前面已详细叙述。见项目一中任务三之"一、载荷试验"的相关内容。

（2）轻型圆锥动力触探试验确定地基承载力

在《工程地质手册》（第五版）中，列举了几种用轻型圆锥动力触探试验确定地基承载力的方法。

1) 广东省建筑设计研究院资料（表 2-1-1）。

表 2-1-1　黏性土 N_{10} 与承载力 f_k 的关系

N_{10}/击	f_k/kPa	N_{10}/击	f_k/kPa
6	51	50	249
10	69	60	294
20	114	70	339
30	159	80	384
40	204	90	429

注：N_{10} 为轻型动力触探试验锤击数；f_k 为地基承载力标准值。

2) 《铁路工程地质原位测试规程》（TB 10018—2018）规定：当贯入深度小于 4 m

时，可按表2-1-2确定黏性土的承载力。

表2-1-2 用$\overline{N}_{10}$评价黏性土的承载力

$\overline{N}_{10}/[击·(30\ cm)^{-1}]$	基本承载力/kPa	极限承载力/kPa
15	100	180
20	140	260
25	180	330
30	220	400

注：数值可以线性内插。极限承载力的变异系数δ为0.291。

(3) 重型圆锥动力触探试验确定地基承载力

铁道部行业标准《铁路工程地质原位测试规程》(TB 10018—2018)用$\overline{N}_{63.5}$平均值评价冲积、洪积成因的中砂、砾砂和碎石类土地基承载力，见表2-1-3。

表2-1-3 用重型圆锥动力触探$\overline{N}_{63.5}$确定地基承载力

$\overline{N}_{63.5}/[击·(10\ cm)^{-1}]$	基本承载力/kPa		极限承载力/kPa	
	碎石类土	中砂—砾砂土	碎石类土	中砂—砾砂土
3	140	120	320	240
4	170	150	390	300
5	200	180	460	360
6	240	220	550	440
7	280	260	645	520
8	320	300	740	600
9	360	340	835	680
10	400	380	930	760
12	480	—	1100	—
14	540	—	1250	—
16	600	—	1390	—
18	660	—	1530	—
20	720	—	1670	—
22	780	—	1810	—
24	830	—	1930	—
26	870	—	2020	—
28	900	—	2090	—
30	930	—	2160	—
35	970	—	2260	—
40	1000	—	2330	—

注：$\overline{N}_{63.5}$应进行触探杆长度修正。

（4）超重型圆锥动力触探试验确定地基承载力

《成都地区建筑地基基础设计规范》（DB51/T 5026—2001）中，利用 N_{120} 评价卵石土的极限承载力标准值，见表 2-1-4。

表 2-1-4　成都地区卵石土极限承载力标准值

N_{120}/击	f_{uk}/kPa	N_{120}/击	f_{uk}/kPa
4	700	10	1640
5	860	12	1800
6	1000	14	1950
7	1160	16	2040
8	1340	18	2140
9	1500	20	2200

注：N_{120} 值经过触探杆长度修正；f_{uk} 为极限承载力标准值。

（5）标准贯入试验确定地基承载力

《工程地质手册》（第五版）给出了国内外关于标准贯入试验与砂土、黏性土承载力的关系，在实际工作中可作为参考，见表 2-1-5。

表 2-1-5　标准贯入试验锤击数与地基承载力的关系

研究者	回归公式	适用范围	备注
江苏省水利工程总队	$P_0=23.3N$	黏性土、粉土	不作杆长修正
冶金部成都勘察公司	$P_0=56N-558$	老堆积土	
	$P_0=19N-74$	一般黏性土、粉土	
冶金部武汉勘察公司	$N=3\sim23$ $P_0=4.9+35.8N_{机}$	第四纪冲、洪积黏土及粉质黏土、粉土	
	$N=23\sim41$ $P_0=31.6+33N_{手}$		
	$N=23\sim41$ $P_0=20.5+30.9N_{手}$		
武汉市规划设计院 湖北勘察院 湖北水利电力勘察设计院	$N=3\sim18$ $f_k=80+20.2N$	黏性土、粉土	
	$N=18\sim22$ $f_k=152.6+17.48N$		
铁道部第三勘察设计院	$f_k=72+9.4N^{1.2}$	粉土	
	$f_k=-212+222N^{0.3}$	粉细砂	
	$f_k=-803+850N^{0.1}$	中、粗砂	
纺织工业部设计院	$f_k=N/(0.00308N+0.01504)$	粉土	
	$f_k=105+10N$	细、中砂	
冶金部长沙勘察公司	$N=8\sim37$ $P_0=33.4N+360$	红土	
	$N=8\sim37$ $P_0=5.3N+387$	老堆积土	

续表

研究者	回归公式	适用范围	备注
Terzaghi	$f_k=12N$	黏性土、粉土	条形基础 $F_s=3$
	$f_k=15N$		独立基础 $F_s=3$
日本住宅公团	$f_k=8.0N$		

注：P_0 为载荷试验比例界限；f_k 为地基承载力；F_s 为安全系数；N 为标准贯入锤击数；$N_机$ 为机械化自动落锤方法测得的锤击数；$N_手$ 为手拉绳方法测得的锤击数；$N_手=0.74+1.12N_机$，适用范围为 $2<N_机<23$。

2. 理论公式计算

对竖向荷载偏心和水平力都不大的基础，当荷载偏心距 e 小于或等于 0.033 倍基础底面宽度时，可采用《建筑地基基础设计规范》(GB 50007—2011) 推荐的公式计算地基承载力特征值：

$$f_a = M_b \gamma b + M_d \gamma_m d + M_c C_k \tag{2-1-8}$$

式中：f_a 为由土的抗剪强度指标确定的地基承载力特征值，kPa；M_b、M_d、M_c 为承载力系数，按 φ_k 值查表 2-1-6；b 为基础底面宽度，m，大于 6 m 时取 6 m，对于砂土小于 3 m 时取 3 m；d 为基础埋深，m；γ 为基础底面以下土的容重，kN/m³，地下水位以下取浮容重；γ_m 为埋深 d 范围内土的加权平均容重，kN/m³；C_k 为基底下 1 倍短边宽度的深度范围内土的黏聚力标准值，kPa。

表 2-1-6 承载力系数 M_b、M_d、M_c

$\varphi_k/(°)$	M_b	M_d	M_c	$\varphi_k/(°)$	M_b	M_d	M_c
0	0.00	1.00	3.14	22	0.61	3.44	6.04
2	0.03	1.12	3.32	24	0.80	3.87	6.45
4	0.06	1.25	3.51	26	1.10	4.37	6.90
6	0.10	1.39	3.71	28	1.40	4.93	7.40
8	0.14	1.55	3.93	30	1.90	5.59	7.95
10	0.18	1.73	4.17	32	2.60	6.35	8.55
12	0.23	1.94	4.42	34	3.40	7.21	9.22
14	0.29	2.17	4.69	36	4.20	8.25	9.97
16	0.36	2.43	5.00	38	5.00	9.44	10.80
18	0.43	2.72	5.31	40	5.80	10.84	11.73
20	0.51	3.06	5.66				

注：φ_k 为基底下一倍短边宽度的深度范围内土的内摩擦角标准值。

3. 工程实践经验确定

经过长期的岩土工程勘察工作，各单位勘察技术人员依据大量工程实践及系统分析对比，都对本地区各地层地基承载力积累了实践经验，总结编制了可供使用的图表，这些都是极有价值的资料，因此对于一些中小型工程，可直接用类比法依据经验确定地基承载力，并直接用于设计。在岩土工程勘察中，除了应用各种技术方法确定地基承载力以外，工程实践经验也可以比较准确地确定地基承载力。需注意的是，应将实践经验与各种技术方法获得的结果对照，不断地进行检查修正，以获得更准确的地基承载力数据。

4. 规范法确定

《建筑地基基础设计规范》（GB 50007—2011）中提出，由于我国幅员辽阔，土质条件各异，用几张表很难概括全国的规律。用查表法确定地基承载力，在大多数地区可能基本适合或偏保守，但也不排除个别地区可能不安全。因而现行规范取消了有关承载力表的条文和附录，勘察单位应根据原位试验和地区经验确定地基承载力的设计值，也可参考地区和行业规范确定地基承载力。

5. 修正后地基承载力特征值的确定

《建筑地基基础设计规范》（GB 50007—2011）中规定，由载荷试验或其他原位试验、经验值等方法确定的地基承载力特征值，当基础宽度大于 3 m 或埋深大于 0.5 m 时，尚应按下式修正：

$$f_a = f_{ak} + \eta_b \gamma (b-3) + \eta_d \gamma_m (d-0.5) \quad (2-1-9)$$

式中：f_a 为修正后的地基承载力特征值，kPa；f_{ak} 为按现场载荷试验或其他原位试验、经验值等方法确定的地基承载力特征值，kPa；η_b、η_d 分别为基础宽度与埋深的地基承载力修正系数，根据基底下土的类别查表 2-1-7；b 为基础底面宽度，m，当基础宽度小于 3 m 时取 3 m，大于 6 m 时取 6 m；d 为基础埋深，一般自室外地面标高算起，在填方整平地区，可自填土地面标高算起，但填土在上部结构施工后完成时，应从天然地面标高算起，对于地下室，如采用箱形基础或筏基础时，基础埋深自室外地面标高算起，当采用独立基础或条形基础时，应从室内地面标高算起；γ 为基础底面以下土的容重，kN/m³，地下水位以下取浮容重；γ_m 为基础底面以上土的加权平均容重，kN/m³，位于地下水位以下的土层取浮容重。

表 2-1-7 地基承载力修正系数

土的类别		η_b	η_d
淤泥和淤泥质土		0	1.0
人工填土 e 或 I_L 大于或等于 0.85 的黏性土		0	1.0
红黏土	含水比 $\alpha_w > 0.8$	0	1.2
	含水比 $\alpha_w \leq 0.8$	0.15	1.4
大面积压实填土	压实系数大于 0.95、黏粒含量大于或等于 10% 的粉土	0	1.5
	最大干密度大于 2100 kg/m³ 的级配砂石	0	2.0
粉土	黏粒含量大于或等于 10% 的粉土	0.3	1.5
	黏粒含量小于 10% 的粉土	0.5	2.0
e 及 I_L 均小于 0.85 的黏性土		0.3	1.6
粉砂、细砂（不包括很湿与饱和时的稍密状态）		2.0	3.0
中砂、粗砂、砾砂和碎石土		3.0	4.4

注：强风化和全风化的岩石，可参照所风化成的相应土类取值，其他状态下的岩石不修正。地基承载力特征值按《建筑地基基础设计规范》（GB 50007—2011）"附录 D　深层平板载荷试验"确定时，η_d 取 0。含水比是指土的天然含水量与液限的比值。大面积压实填土是指填土范围大于两倍基础宽度的填土。e 为孔隙比，I_L 为液性指数。

对于完整、较完整、较破碎的岩石地基承载力特征值，可根据《建筑地基基础设计规范》(GB 50007—2011)"附录 H　岩基载荷试验方法"确定，也可根据室内饱和单轴抗压强度按下式进行计算；对破碎、极破碎的岩石地基承载力特征值，可根据平板载荷试验确定；对完整、较完整和较破碎的岩石地基承载力特征值，也可根据室内饱和单轴抗压强度按下式进行计算：

$$f_a = \psi_f \times f_{fk}$$

式中：f_a 为岩石地基承载力特征值，kPa；f_{fk} 为岩石饱和单轴抗压强度标准值，kPa，可按《建筑地基基础设计规范》(GB 50007—2011)附录 J 确定；ψ_f 为折减系数，根据岩体完整程度以及结构面的间距、宽度、产状和组合，由地方经验确定，无经验时，对完整岩体可取 0.5，对较完整岩体可取 0.2~0.5，对较破碎岩体可取 0.1~0.2。折减系数的选择未考虑施工因素及建筑物使用后风化作用的继续。对于黏土质岩，在确保施工期及使用期不致遭水浸泡时，也可采用天然湿度，不进行饱和处理。

案例讲解

已知某工程土工试验成果见表 2-1-8。试统计含水量的平均值、标准差、变异系数、统计修正系数、标准值。

表 2-1-8　土工试验成果一览表

土样编号	含水量 w /%	容重 γ /kN·m^{-3}	孔隙比 e	塑性指数 I_p	液性指数 I_L	压缩系数 α_{1-2} /MPa^{-1}	压缩模量 E_s /MPa	内聚力 c /kPa	内摩擦角 φ /(°)
ZK1-1	23.11	19.10	0.747	13.0	-0.45	0.16	11.02	65.0	22.5
ZK2-1	21.93	19.80	0.669	14.0	-0.22	0.17	9.73	62.0	21.5
ZK3-1	19.48	20.50	0.579	13.5	0.07	0.19	8.10	65.0	19.5
ZK4-1	22.47	19.70	0.685	15.0	-0.17	0.17	9.61	50.0	19.0
ZK5-1	21.55	20.10	0.639	13.0	-0.15	0.18	9.14	45.0	19.2
ZK6-1	21.96	21.96	0.661	12.5	-0.28	0.16	10.14	50.0	18.0

解：(1) 计算含水量平均值 w_m：

$$w_m = \frac{\sum_{i=1}^{n} w_i}{n} = \frac{23.11 + 21.93 + 19.48 + 22.47 + 21.55 + 21.96}{6} = 21.75\%$$

(2) 计算标准差 σ_f：

$$\sigma_f = \sqrt{\frac{\sum_{i=1}^{n} w_i^2 - n w_m^2}{n-1}}$$

$$= \sqrt{\frac{23.11^2 + 21.93^2 + 19.48^2 + 22.47^2 + 21.55^2 + 21.96^2 - 6 \times 21.75^2}{6-1}} = 1.24\%$$

(3) 含水量参数的选取

由于 $|w_i - w_m| < 3\sigma_f$，故 6 个含水量数据都参与统计计算。

(4) 计算变异系数 δ：

$$\delta = \frac{\sigma_f}{w_m} = \frac{1.24}{21.75} = 0.057$$

(5) 计算统计修正系数 γ_s：

$$\gamma_s = 1 \pm \left(\frac{1.704}{\sqrt{n}} + \frac{4.678}{n^2}\right)\delta$$

式中加减号的选择按不利组合考虑，由于含水量越大越不利，故取正号，

$$\gamma_s = 1 + \left(\frac{1.704}{\sqrt{6}} + \frac{4.678}{6^2}\right) \times 0.057 = 1.05$$

(6) 计算含水量标准值 w_k：

$$w_k = \gamma_s \times w_m = 1.05 \times 21.75\% = 22.84\%$$

将计算结果列入表 2-1-9 中。

表 2-1-9 岩土层主要物理力学性质指标统计表

统计项目	含水量 w	容重 γ	孔隙比 e	塑性指数 I_p	液性指数 I_L	压缩系数 α_{1-2}	压缩模量 E_s	黏聚力 c	内摩擦角 φ
统计数量 n	6								
平均值 w_m	21.75%								
标准差 σ_f	1.24%								
变异系数 δ	0.057								
统计修正系数 γ_s	1.05								
标准值 w_k	22.84%								

案例分析

在进行岩土参数统计分析时，一定要考虑参数的离散性，将离散程度较大的数据删除再进行统计计算；由于含水量越大，对工程越不利，故按不利条件考虑，统计修正系数计算时取加号。

案例讲解

某工程对粉质黏土层做标准贯入试验，试验结果见表 2-1-10。试计算粉质黏土层锤击数的标准值，并确定该土层的地基承载力标准值。

解：(1) 计算击数的平均值 N_m：

$$N_m = \frac{9.8 + 8.8 + 9.0 + 9.8 + 9.3 + 9.0 + 9.0}{7} = 9.2 \text{（击）}$$

(2) 计算击数的标准差 σ_f：

$$\sigma_f = \sqrt{\frac{9.8^2 + 8.8^2 + 9.0^2 + 9.8^2 + 9.3^2 + 9.0^2 + 9.0^2 - 7 \times 9.2^2}{7-1}} = 1.04 \text{（击）}$$

表 2-1-10 标准贯入试验结果

土层名称	试验编号	试验深度 m	试验方法	贯入量 cm	野外击数 击	钻杆长度 m	修正系数	修正击数 击	土的状态
粉质黏土	ZK1-1	1.80~2.10	标准贯入法	30	10	3.40	0.983	9.8	可塑
	ZK2-1	1.70~2.00			9	3.40	0.983	8.8	
	ZK3-1	1.25~1.55			9	2.80	1.000	9.0	
	ZK5-1	1.60~1.90			10	3.40	0.983	9.8	
	ZK6-1	2.30~2.60			10	5.50	0.965	9.3	
	ZK8-1	1.20~1.50			9	2.90	1.000	9.0	
	ZK10-1	1.30~1.60			9	2.90	1.000	9.0	

(3) 计算变异系数 δ:

$$\delta = \frac{\delta_f}{N_m} = \frac{1.04}{9.2} = 0.11$$

(4) 计算统计修正系数 γ_s:

经判定,所有参数参与统计计算,按不利组合考虑,应取减号计算修正系数 γ_s:

$$\gamma_s = 1 - \left(\frac{1.704}{\sqrt{7}} + \frac{4.678}{7^2}\right) \times 0.11 = 0.92$$

(5) 计算粉质黏土锤击数标准值 N_k:

$$N_k = \gamma_s \times N_m = 0.92 \times 9.2 = 8.5 \text{ (击)}$$

(6) 确定粉质黏土的承载力 f:

根据表 2-1-5 经验公式:

$$f_k = 80 + 20.2N = 80 + 20.2 \times 8.5 = 251.7 \text{ (kPa)}$$

案例分析

在用统计方法统计计算时,应先进行锤击数的修正。计算统计修正系数 γ_s 应按不利条件考虑加减取值,本案例取减号。

练一练

1. 将学生分成若干小组分别计算表 2-1-8 中其他岩土参数指标的标准值,填写在表 2-1-9 中,并计算该土层的地基承载力特征值。

2. 某黏性土层进行标准贯入试验,测试数据见表 2-1-11。试计算该土层承载力标准值。

二、岩土工程分析评价

岩土工程分析评价应在工程地质测绘、勘探、测试和收集已有资料的基础上,结合工程特点和要求进行。

(一) 分析评价方法

岩土工程分析评价包括定性分析和定量分析。定性分析主要分析场地的适宜性和地质条件的稳定性。定量分析主要分析岩土体的变形、强度和稳定性。岩土工程分析评价应在定性分析的基础上进行定量分析。

表 2-1-11 标准贯入试验数据表

试验编号	试验深度/m	试验方法	贯入量/cm	野外击数/击	钻杆长度/m
ZK1-1	2.25~2.55			5	3.20
ZK1-2	9.55~9.85			15	10.40
ZK2-1	3.30~3.60			6	3.90
ZK2-2	5.45~5.75			13	6.90
ZK3-1	3.60~3.90			6	4.80
ZK3-2	5.35~5.65			14	6.60
ZK4-1	3.60~3.90			6	4.80
ZK4-2	6.75~7.05	标准贯入试验	30	14	8.50
ZK5-1	2.50~2.80			5	3.90
ZK5-2	7.55~7.85			16	8.80
ZK6-1	2.20~2.50			5	3.80
ZK6-2	6.45~6.75			15	7.80
ZK7-1	2.20~2.50			4	3.80
ZK7-2	6.45~6.75			16	8.00
ZK8-1	3.65~3.95			6	5.00
ZK8-2	7.45~7.75			17	9.00

(二) 分析评价内容

1) 场地的稳定性和适宜性。

区域稳定性评价 根据区域地质条件,判定有无不良地质现象、新构造运动、特殊性岩土等灾害性岩体对区域稳定性的影响。

场地和地基稳定性评价 对场地地层分布情况、均匀性、有无不良地质现象和特殊性岩土对场地和地基稳定性的影响。

地基均匀性评价 对各工程地质层,从分布稳定情况、均匀程度、状态或密实度、压缩性、强度特征及承载力判定每一工程地质层的适宜情况。

2) 为岩土工程设计提供场地地层结构和地下水空间分布的几何参数、岩土体工程性状的设计参数。

3) 预测拟建工程对现有工程的影响,工程建设产生的环境变化,以及环境变化对工程的影响。

4) 提出地基与基础、边坡工程、地下工程等各项岩土工程方案设计的建议。

5) 预测拟建工程施工和运营过程中可能出现的岩土工程问题,并提出相应的防治措施和合理的施工方法。

（三）分析评价要求

岩土工程分析评价应符合《岩土工程勘察规范（2009年版）》（GB 50021—2001）的有关规定。

1）充分了解工程结构的类型、特点、荷载情况和变形控制要求。

2）掌握场地的地质背景，考虑岩土材料的非均质性、各向异性及其随时间的变化，评估岩土参数的不确定性，确定其最佳估值。

3）充分考虑当地经验和类似工程经验。

4）对于理论依据不足、实践经验不多的岩土工程问题，可通过现场模型试验或足尺试验取得实测数据进行分析评价。

5）必要时，可建议通过施工监测调整设计和施工方案。

岩土工程分析评价，应在工程地质测绘、勘探、测试和收集已有资料的基础上，结合工程特点和要求进行，同时应根据岩土工程勘察等级区别进行。对丙级岩土工程勘察，可根据邻近工程经验，结合触探试验和钻探试验资料进行；对乙级岩土工程勘察，应在详细勘探、测试的基础上，结合邻近工程经验进行，并提供岩土的强度和变形指标；对甲级岩土工程勘察，除按乙级要求进行外，尚宜提供载荷试验资料，必要时应对其中的复杂问题进行专门研究，并结合监测结果对评价结论进行检验。

（四）各类分析评价

1. 天然地基分析评价

天然地基分析评价主要包括：

1）场地和地基的整体稳定性。

2）提出地基承载力标准值。

3）工程需要时，估计建筑物的沉降、倾斜、差异沉降。

4）根据岩土埋藏条件、地下水位、冻结深度等，对设计单位初定的基础埋深提出调整建议。

5）依据岩土工程条件，提出基础和结构的设计施工措施及监测建议。

2. 桩基工程分析评价

桩基工程分析评价主要包括：

1）采用桩基的适宜性。

2）对桩基类型、桩的布置、桩直径和桩尖持力层提出建议。

3）提出各有关岩土的极限侧阻力与极限端阻力标准值。

4）对桩尖持力层的选择进行分析论证，提出单桩极限承载力标准值的建议，在大面积堆载及欠压密土地区，尚应分析桩的负摩阻力，并提出有关数据。

5）对预制桩或沉管式灌注桩的沉桩可能性，挤土效应，沉桩顺序和方法，对挖孔桩、钻孔桩、冲孔桩的成孔可行性，对桩端稳定性，桩端位于倾斜基岩面上，进行论证，提出建议。

6）对桩基施工过程中的环境影响污染噪声等进行评价，提出建议。

7）对桩基工程设计、施工、监测的其他建议。

3. 地基处理分析评价

地基处理分析评价主要包括：

1）论证地基处理的必要性。

2）提出地基处理的方法，并对其适宜性进行论证。

3）对处理厚度提出建议，对处理效果进行预测。

4）对地基处理的设计、施工、监测方案提出初步意见，并对地基处理可能产生的环境影响进行初步评价。

4. 基坑工程分析评价

基坑工程分析评价主要包括：

1）提供岩土的容重和抗剪强度指标标准值，并说明抗剪强度的试验方法。

2）对软土的蠕变和长期强度、软岩失水崩解、膨胀土的胀缩性和裂隙性、非饱和土的增湿软化等岩土的特殊性质及其对基坑工程的影响进行评价。

3）分析评价各层地下水对基坑工程的影响，包括静水压力、动水压力、流沙、管涌等。

4）分析基坑环境条件与基坑工程的相互影响。

5）提出基坑开挖与支护方案的初步建议。

6）提出降水、截水及其他地下水控制方案的初步建议。

5. 其他分析评价

（1）地下水作用分析评价

地下水作用分析评价主要包括：

1）地下水力学作用：浮力的作用、静水和动水压力的作用、地下水位升降作用、潜蚀和流沙作用、基坑降水作用；

2）地下水的物理、化学作用；

3）工程降水作用；

4）水和土的腐蚀性作用。

地下水作用评价详见项目四之任务一之"（三）地下水作用评价"中的内容。

（2）地震效应分析评价

地震效应分析评价主要包括：

1）场地地震的基本烈度或抗震设防烈度；

2）场地土的类型和场地类别；

3）场地所处位置属于对抗震有利、不利或危险地段；

4）场地断裂的地震工程分类及其对工程稳定性的影响；

5）对场地土地震液化进行判别，并计算液化指数，划分液化等级；

6）对场地与地基的抗震措施提出建议。

地震效应分析评价详见项目四之任务二之五"（三）勘察评价"中的内容。

三、岩土工程勘察图表的绘制

（一）岩土工程勘察图件绘制

1. 综合图例

主要用于绘制其他有关图件。图2-1-1中所示图例可供参考。

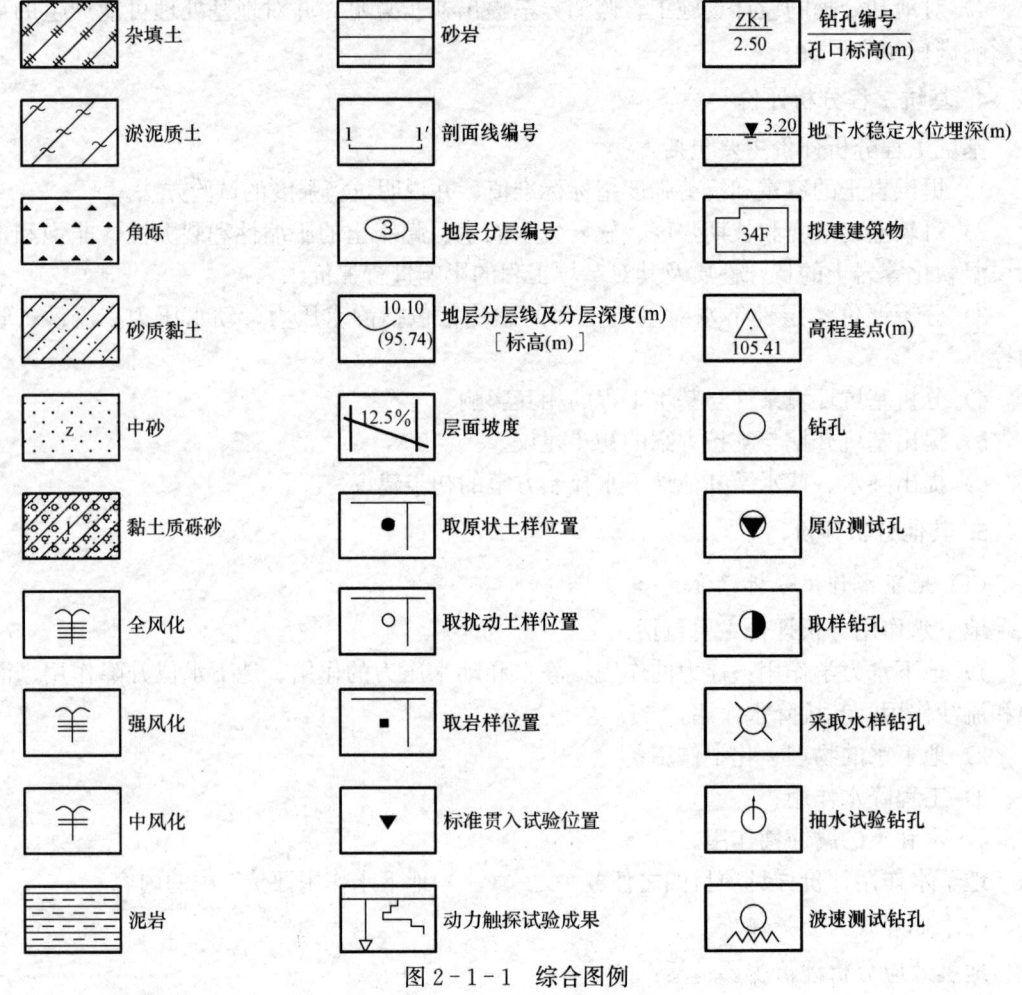

图2-1-1 综合图例

2. 建筑物与勘探点平面位置图

平面位置图内容包括：

1）拟建建筑物的轮廓线、层数及名称。

2）勘探点的位置、类型、编号、深度和孔口标高，应区分出技术孔、鉴别孔、抽水试验孔、取水样孔、地下水动态观测孔、专门试验孔（如孔隙水压力测试孔）。

3）剖面线的位置及编号，剖面线应沿建筑周边、中轴线、柱列线、建筑群布设，较大的工地应布设纵横剖面线。

4）原位测试点的位置及编号。

5) 已有其他重要地物。
6) 方向标、必要的文字说明。

建筑物与勘探点平面位置图比例尺应根据工程规模和勘察阶段确定，比例尺宜采用1∶500，如图2-1-2所示。

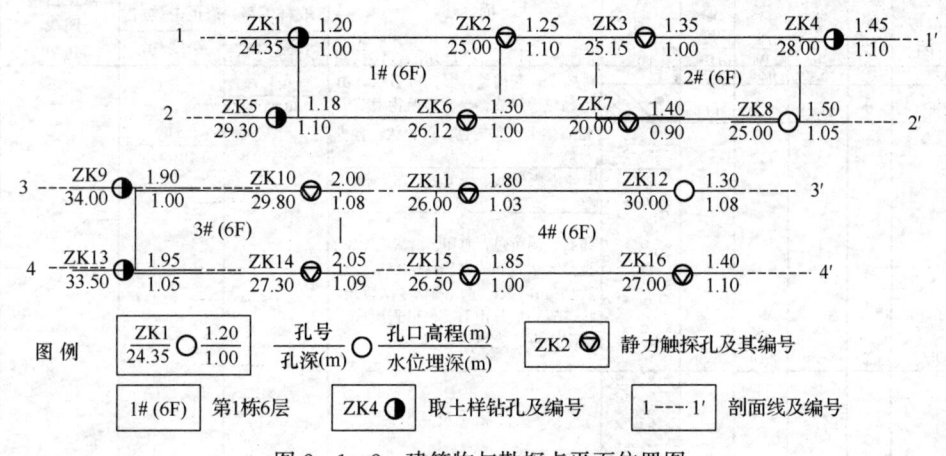

图2-1-2 建筑物与勘探点平面位置图

3. 钻孔柱状图

由表头和主体两部分组成（图2-1-3）。

（1）钻孔柱状图表头

钻孔柱状图表头包括工程名称、勘察单位、钻孔深度、孔口标高、坐标、初见水位埋深、稳定水位埋深、开孔日期、终孔日期。

（2）钻孔柱状图主体

钻孔柱状图主体包括地层代号及成因、岩土分层序号、层底深度、层底标高、分层厚度、柱状图、岩土描述、岩土取样及原位测试位置、地下水位等。在地层柱状图上，第四系与下伏基岩应表示出接触关系。柱状图比例尺一般采用1∶100～1∶200。

钻孔柱状图中岩性描述：对于岩石，描述名称、颜色、风化程度、矿物成分、结构构造、裂隙宽度、裂隙间距和充填情况、工程质量等级和其他特征；对于碎石土，描述名称、颜色、磨圆度、一般和最大粒径、均匀性、包含物、母岩成分、风化成分和其他特征；对于砂土和粉土，描述名称、颜色、均匀性、包含物、密实度、湿度及其他特征；对于黏性土，描述名称、颜色、稠度、包含物、状态及其他特征。

4. 工程地质剖面图

（1）主要内容

工程地质剖面图主要包括：

1) 勘探孔在剖面图上的位置、编号、地面标高、勘探深度、勘探孔间距、剖面方向。
2) 岩土图例符号、岩土分层编号、分层界线、接触关系界线、地层产状。
3) 断层等地质构造位置、产状、性质。
4) 地下水稳定水位。
5) 取样及原位测试位置、编号及测试结果。

工程名称	×××				勘察单位		×××		
钻孔深度	24.00 m			坐标	X: 530359.64 m	初见水位埋深	3.00 m	开孔日期	2012年07月15日
孔口标高	96.90 m				Y: 2844387.80 m	稳定水位埋深	2.10 m	终孔日期	2012年07月16日

地层代号及成因	分层序号	层底标高 m	层底深度 m	分层厚度 m	柱状图 1:150	岩 土 描 述	取 样 取样编号 深度/m	标准贯入 修正击数/击 深度/m	动力触探 修正击数曲线 $10 N_{63.5}$/击
Q^{al}	①	96.40	0.50	0.50		耕植土：灰褐色，湿，可塑状，由粉黏粒等组成，含少量植物根茎	ZK1-1 0.80～1.00		
Qh^{al}	②	95.40	1.50	1.00		粉质黏土：灰褐色，可塑状，含少量砂砾		5.0 1.10～1.40	
						中砂：灰褐色、褐黄色，湿，松散			
Qh^{al}	③	88.80	8.10	6.60		卵石：褐黄色，饱和，稍密－中密，直径大于2 cm的占50%～70%，大者10 cm以上，呈次圆状－次棱角状，砾石成分由石英、砂岩组成，级配不良，充填中粗砂			
Qh^{al+pl}	④	78.20	18.70	10.60		黏土质砾砂：褐红色、褐黄色，湿－饱和，松散，粒径大于2 mm以上者占30%～50%，砾石成分由灰岩、砂岩碎块组成			
C_2	⑤	77.70	19.20	0.50		中风化石灰岩：灰白色，坚硬，岩芯呈碎块状、短柱状，锤击声响，裂隙发育，结构面间距0.1～0.3 cm，轴心夹角65°～80°，岩芯较破碎，充填钙质			
C_2	⑤-1	73.80	23.10	3.90		溶洞：充填砾砂、灰岩碎块、黏土物			
C_2	⑤	72.90	24.00	0.90		中风化石灰岩：灰白色，坚硬，岩芯呈碎块状、短柱状，锤击声响，裂隙发育，结构面间距0.1～0.3 cm，轴心夹角65°～80°，岩芯较破碎，充填钙质			

▽ 原位测试位置　　■ 岩样位置　　● 原状土样位置　　○ 扰动土样位置

校对：　　　　　　　　　　　　图号

图 2-1-3　ZK1 钻孔柱状图

6）标尺。

（2）绘制方法

绘图时，先绘水平坐标，定出钻孔或探井间的距离，再绘纵坐标，确定各钻孔或探井的地面标高，各标高点连线表示地面。再在钻孔（或探井）线上用符号及一定比例尺按岩层由上而下依次表明其厚度和岩性，将同地质时代的同种岩性连线后，绘上岩性符号、图例和比例尺，即是工程地质剖面图。

在剖面图旁侧，应用垂直线比例尺标注标高，孔口高程需与标注的标高一致。剖面上邻孔间的距离用数字写明，并附上岩性图例，工程地质剖面图比例尺常采用1：100～1：500，如图2-1-4所示。

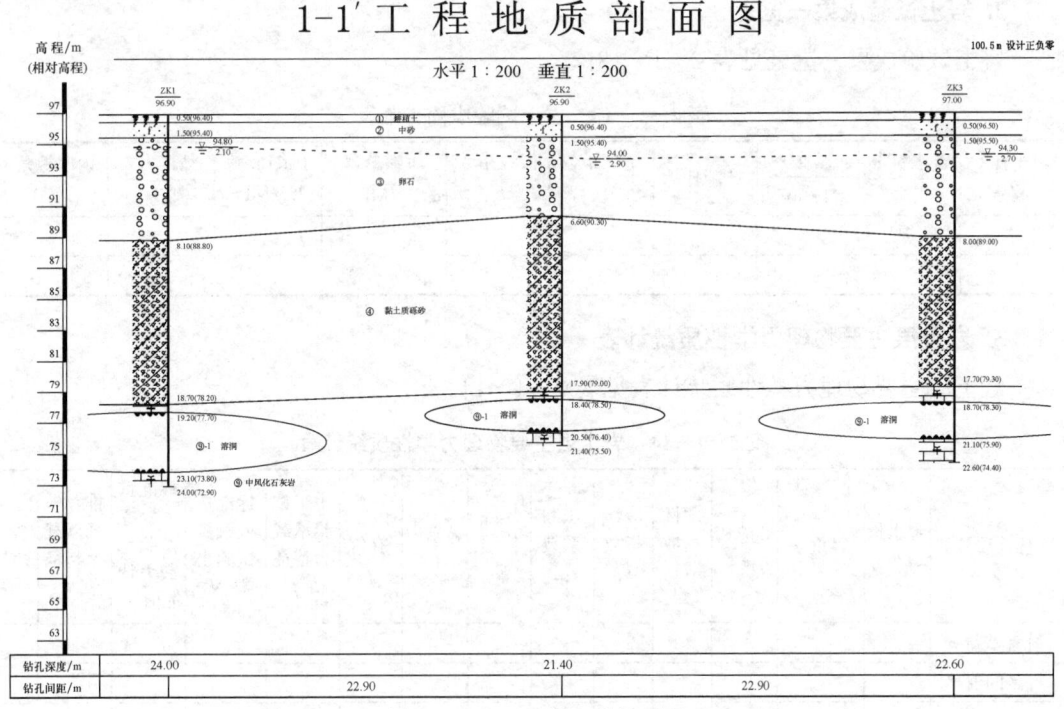

图2-1-4 工程地质剖面图

5. 其他专门性图件

常见的专门性图件有第四系地层分布图，水文地质图，地下水等水位线图，表层软弱土等厚线图，软弱夹层底板等深线图，基岩顶面等深线图和强风化、中风化或微风化岩顶面等深线图，硬塑或坚硬土等深线图，持力层层面等高线图等。显然，这些图件可根据需要用于建设工程设计、地基基础设计、建设工程施工，有的图件还可以反映隐伏地质条件，如中风化顶面等深线图可以反映隐伏断层，等深线上呈线状伸展的沟部，往往是断层通过地段。并不需要每份勘察报告都包括专门性图件，视勘察要求和反映重点而定。

（二）岩土工程勘察相关表格

在岩土工程勘察报告中，需附相应的表格，由于各地要求不同，表格形式和内容表示有所不同，下面几种常见表格可供参考。

1. 钻孔一览表

钻孔一览表格式见表2-1-12。

表 2-1-12 钻孔一览表

工程名称：　　　　　　　钻孔总数：　　　　　　　钻孔深度：

钻孔编号	孔口标高/m	钻孔深度/m	坐标 X/m	坐标 Y/m	钻孔类型	初见水位/m	稳定水位/m	土样数量/个	原位测试数量/个	开孔日期	终孔日期

2. 岩土试验成果一览表

岩土试验成果一览表见表 2-1-13。

表 2-1-13 岩土试验成果一览表

土样编号	含水量 w /%	容重 γ /kN·m^{-3}	孔隙比 e	塑性指数 I_p	液性指数 I_L	压缩系数 α_{1-2}/MPa^{-1}	压缩模量 E_s/MPa	黏聚力 c /kPa	内摩擦角 φ/(°)

3. 岩土层主要物理力学性质统计表

岩土层主要物理力学性质统计表见表 2-1-14。

表 2-1-14 岩土层主要物理力学性质统计表

统计项目	含水量 w	容重 γ	孔隙比 e	塑性指数 I_p	液性指数 I_L	压缩系数 α_{1-2}	压缩模量 E_s	黏聚力 c	内摩擦角 φ	土工试验承载力特征值 f'_k	标准贯入触探试验击数 N_k	标准贯入触探承载力特征值 f_k	推荐地基承载力特征值 f_{ak}	备注
统计数量 n														
区间值														
一般值														
平均值 ϕ_m														
标准差 σ_f														
变异系数 δ														
统计修正系数 γ_s														
标准值 ϕ_k														

4. 原位测试数据统计表

原位测试数据统计表见表 2-1-15。

表 2-1-15 原位测试数据统计表

层序号	土层名称	试验编号	试验深度/m	原位测试类型	贯入量/cm	野外击数/击	钻杆长度/m	修正系数	修正击数/击	统计数量/个	锤击数/击 区间值	锤击数/击 平均值	锤击数/击 标准值	变异系数	承载力标准值	土的状态	备注

5. 钻孔岩土层水位一览表

钻孔岩土层水位一览表见表 2-1-16。

表 2-1-16 钻孔岩土层水位一览表

地层代号	层号	岩土名称	孔号	顶面标高 m	顶面埋深 m	层厚 m	最大值 m	最小值 m	平均值 m	合计 m

地层代号	层号	岩土名称	孔号	静止水位埋深 m	静止水位高程 m	标准贯入试验击数 击	取样数量 件			

6. 钻孔抽水试验成果表

钻孔抽水试验成果表见表 2-1-17。

表 2-1-17 钻孔抽水试验成果表

日期	时间			动水位 m	降深/m	涌水量			水温 ℃
	时	分	秒			计量用时 s	总涌水量 L	单位涌水量 L·s⁻¹	

7. 桩基力学参数表

桩基力学参数表见表 2-1-18。

表 2-1-18 桩基力学参数表

地层编号	岩土名称	预应力管桩		钻孔灌注桩		预应力管桩		钻孔灌注桩		抗拔系数 λ
		桩周土极限摩阻力标准值 kPa	桩端土极限承载力标准值 kPa	桩周土极限摩阻力标准值 kPa	桩端土极限承载力标准值 kPa	桩周土摩阻力特征值 kPa	桩端土承载力特征值 kPa	桩周土摩阻力特征值 kPa	桩端土承载力特征值 kPa	

8. 水质分析表等

水质分析表见表 2-1-19。

表 2-1-19 水质分析表

工程名称：				报告编号：		委托单位：		报告日期：	
	试样名称					试样编号			
	来样编号					收样日期			
	试样外观					取样位置			
	检验项目					检验依据			
主要检测仪器	名称				检验环境	温度			
	型号					湿度			
分析结果									
	分析项目	$\rho\ (B^{z+})$ mg·L^{-1}		$c\ (B^{z+})$ mmol·L^{-1}	分析项目		$\rho\ (B^{z-})$ mg·L^{-1}		$c\ (B^{z-})$ mmol·L^{-1}
阳离子	K$^+$				阴离子	Cl$^-$			
	Na$^+$					SO$_4^{2-}$			
	Ca^{2+}					HCO$_3^-$			
	Mg^{2+}					CO$_3^{2-}$			
	NH$_4^+$					OH$^-$			
	$\Sigma c\left(\dfrac{1}{z} B^{z+}\right)$					$\Sigma c\left(\dfrac{1}{z} B^{z-}\right)$			
	$\Sigma \rho\left(\dfrac{1}{z} B^{z+}\right)$					$\Sigma \rho\left(\dfrac{1}{z} B^{z-}\right)$			
游离 CO$_2$					侵蚀性 CO$_2$				
总矿化度					pH				
备注									

批准： 审核： 试验：

四、岩土工程勘察报告的编写

岩土工程勘察报告是岩土工程勘察的最终成果，根据勘察阶段、项目性质及勘察等级不同，其要求也不同。

(一) 勘察报告格式及编制要求

1. 格式要求

按《岩土工程勘察报告编制标准（CECS：9998）》编制技术规定要求编写。

2. 编制要求

1）应对岩土工程勘察报告所依据的原始资料进行整理、检查、分析，确认无误后方可使用。

2）岩土工程勘察报告资料应完整、真实准确、数据无误、图表清晰、结论有据、建议合理、便于使用和适宜长期保存，并应因地制宜、重点突出、有明确的工程针对性。

3）岩土工程勘察报告应根据任务要求、勘察阶段、工程特点和地质条件等具体情况编写。拟建工程性质、勘察委托要求、设计技术要求应明确，执行的技术规范、标准等现行、合理而且有效。

4）应充分利用多种勘察手段和先进勘察手段获得的勘察测试资料，按工程性质、勘察阶段及勘察委托要求或设计技术要求有针对性的分析与评价，并提供相应岩土参数统计指标和计算值以及需注意的岩土问题和有关事项。

5）岩土工程勘察结论正确、有效，勘察建议可行、合理。应对岩土利用、整治和改造的方案进行分析论证，提出建议；对工程施工和使用期间可能发生的岩土工程问题进行预测，提出监控和预防措施的建议。

6）成果报告图表齐全、美观，能真实反映勘察工作手段、工作量、设计所需资料及材料。

7）根据任务需要，可提交的专题报告有：①岩土工程测试报告；②岩土工程检测或监测报告；③岩土工程事故调查与分析报告；④岩土利用、整治或改造方案报告；⑤专门岩土工程问题的技术咨询报告等。

8）勘察报告的文字、术语、代号、符号、数字、计量单位、标点，均应符合有关标准规定。

9）对丙级岩土工程勘察成果报告内容可适当简化，采用以图表为主，辅以必要的文字说明；对甲级岩土工程勘察成果报告除应符合本节规定外，尚可对专门的岩土工程问题提交专门的试验报告、研究报告或监测报告。

10）岩土工程勘察报告编制除应符合现行《岩土工程勘察规范（2009年版）》（GB 50021—2001）外，特别应严格执行《工程建设标准强制性条文　房屋建筑部分》（2013年版）。

（二）勘察报告编写应注意的问题

1. 拟建工程性质、勘察委托要求或任务书欠明确甚至不明确

需注意要求补充提供委托要求，或者和委托单位协商一致，签订合同补充条款等予以明确，避免勘察报告无针对性或不符合委托方要求。

2. 土工试验指标、原位测试或原位测试成果经整理分析异常

对于异常指标及异常原位测试或原位试验成果资料需进行分析、评估，若引用将影响勘察报告乃至整个勘察成果质量时，需进行重新试验或测试，若弃用不影响勘察深度及勘察精度时，则坚决弃用。而对于可能存在的涉嫌造假或编造的原始资料，则一律进行验证后方可使用。

3. 岩土条件发生异常造成原勘察方案不能满足勘察精度要求

一般采取增加勘探工作量、加密孔距或加深孔深的方法进行补充勘察后再编制勘察报告，也可采用降低勘察精度的方式或先提供勘察报告初步成果，再进行补充勘察后提供完整的、勘察精度高的勘察报告。

4. 岩土指标统计后变异系数过大

除夹层、互层外，一般土层指标若分层合理或较合理时，岩土参数指标统计后变异系数不会太大，只需删除极少量异常指标即可，但若分层不合理，或对存在明显的亚层不进行细分，即可能产生此问题，这时应对地质分层进行分析或调整，以合理分层。对于勘察区域大或线性工程，可先进行工程地质分区，再采用分区统计方法进行统计。

5. 岩土指标不匹配或不协调

要分析试验或测试原因，查找可能存在的问题，判别各种试验或测试岩土指标的合理性，同时与地区经验对比，充分利用可信和可靠的岩土参数和岩土指标，必要时需返工。

6. 由于环境条件变化可能引发地质灾害

勘察场地岩土条件按设计与施工要求分析后，在基础施工和工程建设中可能引发地质灾害的，对场地适宜性评价应着重加以明确，提出回避原则或提供存在的岩土风险与注意事项。

7. 平面图、剖面图比例尺选择

按所选图形比例尺绘制图件，图件所反映勘察资料信息要齐全、清晰，比例尺不能过小。

8. 其他注意事项

勘察报告编制应用非规范、标准的研究成果手册、指南等技术方法时，应予以注明出处，并对应用结果提出相关论证和专家评审建议。

（三）勘察报告编写的内容

岩土工程勘察报告一般由文字和图表组成。

1. 一般规定

文字报告的内容，应根据任务要求、勘察阶段、地质条件、工程特点等具体情况确定，与图表应互相配合，相辅相成，不得出现前后矛盾的情况。

文字报告中的插图和表格的位置应紧随有关文字段，插图和表格应均有图名、图号和表名、表号。

2. 各勘察阶段文字报告内容

各勘察阶段文字报告内容详见表 2-1-20。

表 2-1-20　各勘察阶段文字报告内容一览表

勘察阶段	勘察内容
可行性研究勘察阶段	(1) 勘察目的、任务和要求； (2) 拟建工程概况； (3) 勘察方法和勘察工作完成情况； (4) 自然地理、区域地质、地震概况； (5) 场地地质、岩土、水文地质条件； (6) 不良地质现象； (7) 场地稳定性和适宜性评价
初步勘察阶段	(1) 勘察目的、任务和要求； (2) 拟建工程概况； (3) 勘察方法及勘察工作完成情况； (4) 场地地形地貌、地质构造和环境工程地质条件； (5) 场地各种岩土的分布和性质； (6) 场地地下水情况； (7) 岩土参数统计分析与选用； (8) 场地稳定性和适宜性评价； (9) 岩土工程分析和评价

续表

勘察阶段	勘察内容
详细勘察阶段	(1) 勘察目的、任务和要求； (2) 拟建工程概况； (3) 勘察方法及勘察工作完成情况； (4) 场地地形地貌、地质构造和环境工程地质条件； (5) 场地各层岩土的分布、性质，岩石的产状、结构和风化情况； (6) 场地地下水情况； (7) 岩土参数统计分析和选用； (8) 对工程设计和施工的建议； (9) 场地稳定性和适宜性评价； (10) 施工和使用期间可能发生的岩土工程问题的预测和监控及防治措施的建议

3. 文字报告编写具体内容

由于各地方或行业对岩土工程勘察报告文件编制的技术规定要求不同，在内容编排上也有所不同，现以详细勘察阶段报告编写为例说明报告编写的具体内容，仅供参考。

一、前言

1. 勘察目的、任务、要求和依据的技术标准

应以勘察任务书或勘察合同为依据，并应说明委托单位名称、勘察阶段和所依据的技术标准。

2. 拟建工程概况

拟建工程的性质、规模、结构特点、层数（地上及地下）、高度；拟采用的基础类型、尺寸、埋置深度、基底荷载、地基允许变形及其他特殊要求等；建筑抗震设防要求、勘察阶段、建筑物周边环境条件等；场地及邻近工程地质水文地质条件的研究程度。

3. 勘察方法和勘察工作布置

勘探孔、原位测试点布置原则，即位置、深度、数量、距离；掘探、钻探方法说明；取样器规格与取样方法说明，取样质量评估；原位测试的种类、仪器及试验方法说明，资料整理方法及成果质量评估；室内试验项目、试验方法及资料整理方法说明，试验成果质量评估；取土孔和原位测试点数占总数的比例等。

二、场地工程地质条件

1. 地形地貌

包括勘察场地的具体地理位置（地理经纬度）；地貌单元及主要形态、次一级地貌单元划分；地面标高，室内地坪标高；各种气象特征：气温、降水量、蒸发量、常年风向、冻深线（冻土深度）、水系发育情况。如果场地小且地貌简单，应着重论述地形的平整程度、相对高差。

2. 地质构造

主要阐述场地区域地层岩性、分布及埋藏特征；主要大的构造形迹如断层、褶皱的性质、分布特征，断裂的活动性及最新活动年代；得出区域稳定性评价结果，并附区域地质图。

3. 地层岩性

自上而下分层描述岩土层成因类型、埋深段、厚度、顶板标高、组成、颜色、状态、包含物、压缩性，结合物理力学指标、原位测试指标分析岩土层水平方向和垂直

方向分布规律、土质均匀性。

4. 岩土参数的统计分析与选用

岩土参数指标统计：按场地工程地质单元和层位分别统计如下。对于取样和试验数据，应叙述取样数量、主要物理力学指标，对叙述的每一物理力学指标，提供最大值、最小值、算术平均值、标准差、变异系数；对于原位测试，包括试验类别、次数和主要数据，也应叙述其区间值、一般值、平均值和经理统计后的修正值。

岩土参数均匀性评价：变异系数 δ 是评价岩土参数均匀性的主要指标，均匀性评价见表 2-1-21。主要岩土参数变异系数 δ 可按表 2-1-22 控制，当变异系数超过规定时，应重新考虑分层的合理性。

表 2-1-21 岩土参数均匀性评价表

变异系数	变异性	均匀性
$\delta<0.1$	很低	很均匀
$0.1 \leqslant \delta<0.2$	低	均匀
$0.2 \leqslant \delta<0.3$	中等	一般
$0.3 \leqslant \delta<0.4$	高	不均匀
$\geqslant 0.4$	很高	很不均匀

表 2-1-22 岩土参数变异系数 δ 控制表

指标	变异系数 δ	指标	变异系数 δ
容重 γ	0.05	内摩擦角 φ	0.20
天然含水量 w、孔隙比 e	0.15	液性指数 I_L、压缩系数 a_{1-2} 和 E_s、黏聚力 c	0.30

岩土参数的选用：岩土参数值的选用，如抗剪强度指标，宜采用标准值。评价岩土性状的指标，宜采用平均值。

承载力：据土工试验资料和原位测试资料分别查算承载力特征值，然后综合判定，提供承载力特征值的建议值。

5. 场地的水文地质条件

(1) 地下水埋藏情况、类型、水位及其变化：地下水类型、含水层分布状况、埋深、岩性、厚度、静止水位、降深、涌水量、地下水流向、水力坡度；含水层间和含水层与附近地表水体的水力联系；地下水的补给和排泄条件；水位季节变化。

(2) 土和水对建筑材料的腐蚀性：水土腐蚀性评价根据《岩土工程勘察规范（2009 年版）》(GB 50021—2011) 执行。

a. 判定地下水对混凝土结构腐蚀性时，主要离子为 SO_4^{2-}、Mg^{2+}、NH_4^+、OH^- 及总矿化度。市区主要离子为 SO_4^{2-}，沿海地区主要为 SO_4^{2-}、Mg^{2+} 及总矿化度。当地下水中有腐蚀性 CO_2 时，按弱透水层考虑。

b. 判定地下水对钢筋的腐蚀性时主要离子为 Cl^- 含量。

c. 判定地下水的腐蚀性时，单孔中按最高腐蚀等级判定。整个场地的腐蚀性按所有取水孔的腐蚀等级综合判定。

d. 沿海地带地下水具有腐蚀性时，一般进行土的腐蚀性评价，其他地区有污染源时，应进行土的腐蚀性评价。

6. 不良地质作用及评价

主要对可能影响工程稳定的不良地质作用的描述和对工程危害程度进行评价，应特别注意人类工程活动（人工洞穴、地下采空、大挖大填、抽水排水及水库诱发地震等）对场地稳定性的影响。

7. 场地地震效应

根据《建筑抗震设计规范（2016年版）》（GB 50011—2010）和所在地区抗震设防烈度及场地设计基本地震动加速度值，判定建筑场地类别，并对地震液化及液化等级进行判别。

三、场地稳定性和适宜性评价

1. 区域稳定性评价

根据区域地质条件，有无不良地质现象，新构造运动特征，特殊性岩土等灾害性岩体，得出场地区域稳定性评价结果。

2. 场地和地基稳定性评价

对场地地层分布情况、均匀性及有无不良地质现象与特殊性岩土进行评价。

3. 地基均匀性评价

通过对各工程地质层进行综合评述，从分布稳定情况、均匀程度、状态或密实度、压缩性、强度特征及承载力值判断出每一工程地质层的适宜情况。

四、基础方案选择

基础方案的选择应在收集有关地质资料、上部结构及其他如环境、材料、劳力、技术等资料的基础上，通过经济、技术、环境综合比较与论证，最后选择合理的基础方案。一般遵循"先浅后深、先自然后人工"的原则，尽量做到经济、合理，只有浅基础不能满足条件时，才考虑桩基础等深基础。基础方案选择需包括：

（1）天然地基方案。

（2）桩基方案：包括桩基持力层及桩型选择。

（3）桩基设计参数。

（4）沉桩的可能性及桩的施工条件对环境的影响。

（5）基坑支护与开挖：提供基坑开挖和支护有关参数；对边坡稳定性进行评价，建议边坡放坡坡度值；如地下水位埋藏较浅，建议可行的降水措施（如轻型井点降水）。

五、岩土整治、现场监测方案

提出对岩土的利用、整治和改造建议，宜进行不同方案的技术经济论证，并提出对设计、施工和现场监测要求的建议。

六、结论与建议

结论与建议主要包括：

（1）对场地条件和地基岩土条件的评价。

（2）结合建筑物类型及荷载要求，论述各层地基岩土作为基础持力层的可能性和适宜性，给出各层地基岩土地基承载力特征值的建议值。

（3）选择持力层，建议基础型式和埋深。若采用桩基础，应建议桩型、桩径、桩长、桩周土摩擦力和桩端土承载力标准值。

（4）地下水对基础施工的影响和防护措施。

(5) 基础施工中应注意的有关问题。
(6) 建筑是否有抗震设防。
(7) 其他需要专门说明的问题。
七、附图表及专用图例
附图表及专用图例包括：
(1) 建筑物与勘探点平面布置图；
(2) 工程地质剖面图；
(3) 钻孔柱状图；
(4) 勘探点主要数据一览表；
(5) 土工试验成果汇总表；
(6) 水土腐蚀性水质分析报告；
(7) 原位测试成果表等。

任务二　岩土工程勘察成果送审

知识目标

1. 了解岩土工程勘察成果送审应注意的事项。
2. 了解岩土工程勘察报告评审要求。
3. 了解岩土工程勘察成果备案要求、程序和方法。

能力目标

1. 具备协助完成岩土工程勘察成果报告评审工作的能力。
2. 具备吸收专家评审意见与建议并修改岩土工程勘察报告的能力。

思政目标

树立档案意识，建立逐级严格把关程序。

（一）岩土工程勘察报告送审

1. 单位内技术校审

岩土工程勘察报告编写完成后，要将所有原始资料（包括分层资料，调查材料，邻近工程设计、施工和测试材料等；各类参数统计资料、各类计算书材料；勘察成果报告全部初稿）交单位总工进行审核，并提出审核意见。

2. 勘察报告审图送审资料

送审资料包括如下内容：
1) 签字盖章后的勘察成果报告书正式文件。
2) 已整理完整并经相关责任人签字的原始材料，包括：①地质钻探编录；②原位测试及原位试验记录；③勘察测量资料；④相关仪器及试验设备检定、校验或率定合格证明书；⑤所有土工试验等室内试验原始资料；⑥所有岩土参数计算书、统计资料；⑦特殊勘察的专项报告。

3. 建设主管部门审查或质量检查

除审图资料外，尚需以下资料：①单位资质证书及项目参与人员从业资格证书原件（或副本原件）；②审图意见回复及对审图意见整改修订后的勘察报告或补充勘察报告；③地基验槽及现场验证资料；④桩基测试资料等。

对审图回复、现场验槽验孔、基础验收、施工勘察或者补充勘察工程过程产生的岩土工程分析报告成果，一般以工程勘察说明通知单的文件形式表达，不宜修改已经提交给建设单位设计施工使用了的勘察报告文件。由于场地地基工程水文地质条件复杂多变、建设工程布置方案的调整变更，对于工程勘察项目委托单位等提出的勘察新要求，一般情况下应以书面函件形式向勘察单位提出。勘察单位应当根据实际情况，以积极的态度进行沟通处置，及时进行岩土工程分析，及时出具解释性报告或者变更报告，必要时应当及时进行施工勘察或者补充勘察。

（二）岩土工程勘察成果评审

1. 评审准备

对于需进行专门评审的勘察项目，在接到评审计划通知后，项目负责人应尽量熟悉并掌握评审项目勘察成果报告重点和精髓，分析评价过程，报告内选用背景、理由和经验，岩土参数统计、使用的技术性、合理性及经济性，岩土参数建议值的出处和计算来由，结论正确性及可靠性，建议的合理性与经济性，附图表的全面性、齐整性等问题，并形成汇报书面材料及当场汇报影像材料等。

2. 评审需提交的资料

评审会前，应提交下列资料：

1) 完整的正式勘察成果报告 N 套（包括签章等）及整理完成的原始资料一套（可装在档案盒中，如已归档，需列明档案编号等）。

2) 书面汇报材料。

3) 其他证明性材料，如勘察监理审查意见书、设计单位初步审查意见书等。

3. 评审汇报

（1）汇报内容

根据评审会议要求，利用影像汇报材料或 PPT 等进行汇报，汇报主要内容有：

1) 工程概况；

2) 拟建工程性质、勘察委托要求及设计要求；

3) 执行规范标准等，尤其需介绍执行行业特殊规范、规范冲突时的处理方法、地区经验和要求；

4) 勘察方案及完成情况、工作时间等，尤其需介绍勘察方案合理性及可能存在的调整情况；

5）主要分析与评价，特殊问题的处理与建议；
6）岩土参数统计、选用、建议的方法、标准和取舍等情况；
7）主要勘察结论；
8）主要勘察建议；
9）勘察工作质量及勘察成果质量自评等级；
10）其他需说明的事项及可能存在需进一步解决的问题。

关注点：①汇报时不能宣读报告书或汇报 PPT；②PPT 多用图表、图片和数字等，文字表达多用口头形式；③重点介绍来由，解释原因和报告思考等。

（2）提问及回答

汇报过程中或在汇报后，有专家提出勘察报告中各类问题的，应简要并直接回答，不得答非所问，更不能说不清楚、不知道，最多也只能回答可能未考虑周全等。专家评审并发表个人意见阶段，必须认真记录，并形成详细会议纪要，收集专家个人书面意见和专家组总的评审意见。

4. 报告修改及归档

评审会后，对于专家提出的意见，应在报告审核人员及技术负责人的帮助下学习、消化，并形成吸收意见，根据评审意见对勘察报告进行修改。修改完善后提交勘察报告时，除满足正式勘察报告提交的要求外，尚需附专家评审意见和专家签到表。对于评审会材料，需与项目原始资料一并归档备查。

5. 评审专家意见处理方法与技巧

在工作实践中，评审专家来自不同地区，工作专业、研究方向及工作方向也不尽相同，而且专业性强，勘察项目（如轨道交通项目）也存在特殊性，因此专家意见可能存在一致、相并、不同乃至相左的情况，如何吸收专家意见并修改勘察报告，需认真分析与研究，采取"补缺堵漏、取长补短、综合平衡、以我为主"的原则吸收专家意见，并对勘察报告进行修改。但如果是设计单位专家提出的需求，一般需从勘察专业角度尽量满足，由于国内存在岩土设计与岩土勘察难以划界的原因，部分岩土设计内容应在建议中尽量完善，不明确时，可不提供。

（三）岩土工程勘察成果备案

勘察成果报告按专家意见修改完善后，应按项目所在地相关管理文件规定及勘察合同书约定要求提交委托方及有关部门备案，备案按项目所在地有关规定执行。

知识小结

本项目主要介绍了岩土工程勘察成果编制和岩土工程勘察成果送审，其中岩土工程勘察成果编制是重点学习内容，包括岩土参数分析与选定、岩土工程分析评价、岩土工程勘察图表的绘制及岩土工程勘察报告的编写。岩土工程勘察报告因工程类别、勘察阶段不同而有所不同，应灵活掌握。岩土工程勘察成果送审应严格把关，材料齐全。

岩土工程勘察
报告范例

思考训练

1. 试区分岩土参数平均值、标准值和设计值。
2. 岩土参数统计的特征值有哪些?如何进行统计计算?
3. 试述岩土工程分析评价方法。
4. 简述岩土工程勘察报告的基本内容和所附的图件及表格。
5. 编写岩土工程勘察报告的要求有哪些?
6. 岩土工程勘察成果评审内容有哪些?
7. 在评审过程中,应注意哪些事项?
8. 某拟建建筑物为6层,建筑平面长×宽为55 m×7.5 m,各钻孔分别布置在建筑物的四个角,等间距布置钻孔。建筑设计要求地基承载力为230 kPa。场地所在地区抗震设防烈度为Ⅵ度。钻孔基本数据见表2-2-1。岩土分层及钻孔野外工程地质编录资料如下。

表2-2-1 钻孔基本数据

钻孔号	孔口标高 m	钻孔深度 m	稳定水位埋深 m	坐标 X/m	坐标 Y/m	外业日期
ZK1	2.00	15.80	3.00	0	7.50	2007年5月13日
ZK2	0.10	15.45	3.20	15.00	7.50	2007年5月12日
ZK3	0.00	15.00	3.40	35.00	7.50	2007年5月12日
ZK4	1.50	15.20	3.60	55.00	7.50	2007年5月12日
ZK5	−0.10	15.10	3.00	0	0	2007年5月12日
ZK6	1.80	15.30	3.20	15.00	0	2007年5月12日
ZK7	1.50	15.30	3.40	35.00	0	2007年5月12日
ZK8	0	15.40	3.50	55.00	0	2007年5月12日

(1) 岩土分层情况

各钻孔均依次揭露以下四个岩土层:①素填土;②粉质黏土;③砂砾、卵石;④强风化泥质粉砂岩。各层厚度见表2-2-2。

表2-2-2 场地各钻孔揭露岩土层厚度

岩土名称	ZK1	ZK2	ZK3	ZK4	ZK5	ZK6	ZK7	ZK8
①素填土	1.80	1.10	0.60	1.90	0.70	0.80	0.90	1.10
②粉质黏土	3.80	3.70	4.20	4.30	3.70	3.90	3.50	4.10
③砂砾、卵石	5.20	6.65	5.20	6.00	6.70	6.10	6.40	6.20
④强风化泥质粉砂岩	5.00	4.00	5.00	3.00	4.00	4.50	4.50	4.00

(2) 钻孔野外工程地质编录资料(经汇总整理)

①素填土(Qh^{ml}):土黄色,湿,松散。以粉质黏土为主,含少量碎砖块、瓦砾。

②粉质黏土(Qp_3^{al}):土黄—褐黄色,局部含白色条带,潮湿,可塑。以粉黏粒为主。成分主要为石英颗粒,石英砂岩岩屑,分别占50%和40%。土体韧性较好,摇振无反应,干强度较大。

③砂砾、卵石（Qp_3^{al}）：杂色，湿，稍密—中密。粗砂、砾石、卵石各占30%，中细砂、粉黏粒各占5%左右。成分以石英颗粒、砂岩岩屑为主，分别占45%。磨圆度好，分选性一般。

④强风化泥质粉砂岩（K_2g）：紫红色，中厚层状，块状构造。岩石锤击易碎。岩芯呈短柱状，见轴心夹角为40°的裂隙，裂隙面有铁锰质渲染，裂隙性质为压扭性。

取样及土工试验成果和野外原位测试数据分别见表2-2-3和表2-2-4。

表2-2-3　土工试验成果表

土样编号	取样深度 m	天然含水量 w %	天然密度 ρ g·cm^{-3}	土粒相对密度 G_s	孔隙比 e	液限 w_l	塑限 w_p	压缩系数 α_{1-2} MPa^{-1}	压缩模量 E_{s1-2} MPa	黏聚力 c kPa	内摩擦角 φ (°)
ZK1-1	3.00~3.20	34.60	1.83	2.70	0.986	53.4	30.0	0.53	3.8	42.1	8.6
ZK2-1	2.10~2.30	40.30	1.76	2.70	1.152	64.2	31.8	0.31	6.9	43.9	13.2
ZK4-1	3.50~3.70	46.30	1.73	2.67	1.258	55.0	30.0	0.39	5.8	32.7	16.4
ZK5-1	2.30~2.50	45.00	1.95	2.71	0.958	55.5	35.0	0.55	5.6	33.0	15.3
ZK7-1	2.50~2.70	35.60	1.94	2.71	0.755	33.0	20.0	0.40	7.84	40.0	19.0
ZK8-1	2.50~2.70	35.80	1.94	2.70	0.751	33.0	21.0	0.36	7.42	39.0	17.0

表2-2-4　野外原位测试数据表

试验编号	试验深度/m	试验方法	贯入量/cm	野外击数/击	钻杆长度/m
ZK1-1	2.25~2.55	标准贯入试验	30	10	3.10
ZK1-2	9.55~9.85	重型动力触探试验	10	7	10.40
ZK2-1	3.30~3.60	标准贯入试验	30	6	3.90
ZK2-2	5.45~5.75	重型动力触探试验	10	8	6.90
ZK3-1	3.60~3.90	标准贯入试验	30	10	4.80
ZK3-2	5.35~5.65	重型动力触探试验	10	9	6.60
ZK4-1	3.60~3.90	标准贯入试验	30	10	4.80
ZK4-2	6.75~7.05	重型动力触探试验	10	8	8.50
ZK5-1	2.50~2.80	标准贯入试验	30	8	3.90
ZK5-2	7.55~7.85	重型动力触探试验	10	7	8.80
ZK6-1	2.20~2.50	标准贯入试验	30	6	3.80
ZK6-2	6.45~6.75	重型动力触探试验	10	10	7.80
Zk7-1	3.55~3.85	标准贯入试验	30	9	4.80
ZK7-2	6.45~6.75	重型动力触探试验	10	10	8.00
ZK8-1	3.65~3.95	标准贯入试验	30	10	5.00
ZK8-2	7.45~7.75	重型动力触探试验	10	10	9.00

根据上述条件，试回答下列问题：

（1）试根据上述工程地质勘察原始资料，绘制钻孔平面布置图、钻孔柱状图和工程地质剖面图。

（2）试对土工试验和现场原位测试数据进行数理统计分析，确定各土层的地基承载力特征值，并进行简单的岩土工程评价。同时绘制相关图件，编写岩土工程勘察报告。

项目三　岩土工程勘察设计

　　岩土工程勘察设计即岩土工程勘察施工组织设计,是进行岩土工程勘察工作的指导性文件,该项目主要内容是勘察工作量的设计和勘察成本预算,勘察设计是在熟悉勘察流程和勘察工作内容的基础上完成的,要求读者熟悉勘察施工内容、工艺流程和勘察要求,将规范要求合理运用在设计过程中,全面提升知识综合运用能力。勘察设计是直接影响工程是否中标及能否高质量完成勘察工作的关键。要求树立规范意识,培养科学严谨的计算思维能力。

导学图

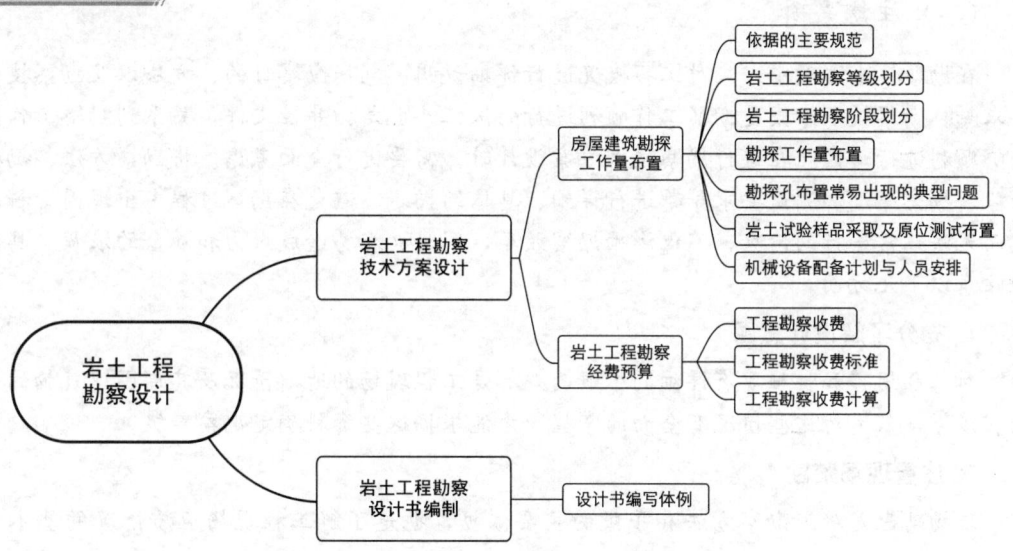

任务一　岩土工程勘察技术方案设计

知识目标

掌握岩土工程勘察技术方案设计的内容和方法。

能力目标

能根据相关规范要求进行岩土工程勘察工作量的布置和勘察经费预算。

思政目标

树立规范意识,建立勘察设计为施工服务的理念。

(一) 设计原则

岩土工程勘察技术方案设计一般要遵循：技术可行，安全可靠，经济合理三原则。

1. 技术可行性

编制的岩土工程勘察技术方案应是可行的，针对不同的地形地貌、地质条件、水文条件及建筑物的固有特性，编制相应的岩土工程勘察设计方案。

2. 安全可靠性

编制的岩土工程勘察技术方案采用的技术手段、技术方法及技术成果应是安全可靠的，各种岩土参数建议值可以在建筑物和岩土体的设计施工中使用。

3. 经济合理性

编制的岩土工程勘察技术方案应能使单位获得一定的经济效益。应在满足相关规范、规程要求的前提下，用最经济的勘察手段和最少的工作量实现勘察目的和任务。

(二) 注意事项

在勘察技术方案中，应对工程概况进行详细说明，包括勘察目的、方法以及勘察技术要求等。勘察技术方案是勘察工作顺利进行的保证，也是指导性文件，关系到勘察工作能否顺利进行，因此在进行勘察技术方案设计时，需要进行全面考虑。将勘察方法、勘察手段、勘察深度和测试要求等都进行详细、具体的描述，避免在勘察过程中出现因资料缺失而无法正常进行的情况，不仅影响勘察效率，同时也容易造成人力和资金的浪费。具体应注意以下几方面。

1. 充分了解设计意图

对工程规模和特征要有详细的了解，尤其是工程现场的地质情况及其周围建筑物的复杂程度等，只有对这些情况有全面的掌握，才能根据这些资料确定勘察等级。

2. 注重现场踏勘

现场踏勘是确定勘察方法和手段的主要依据，也是了解工程现场地质情况的基本手段，必须给予高度重视。

3. 以规程、规范为编制依据

相关规程、规范是进行岩土工程勘察技术方案设计的重要依据，对勘察工作的目的、任务、评价等均提出了详细、可操作的要求，岩土工程技术人员要重视对规程、规范的学习，充分了解其要求后，在岩土工程勘察技术方案设计中才不会出现诸如工作量布置不足、原状土样或原位测试数量不足、未划分抗震地段、抗浮设计等问题。另外，规范、规程中的条文说明，中有丰富的信息，对于提高理论水平及正确理解规范、规程有重要作用，技术人员应认真研读。

(三) 设计书的内容

勘察设计前必须熟悉勘察工作流程，明确勘察目的和任务，了解场地工程地质概况，合理安排人力、物力。设计书的作用是指导并规范勘察工作。

勘察设计书的主要作用是对勘察工作进行技术性指导，一般包括以下内容：

1）勘察工作大纲编制依据及勘察依据：详细论述各勘察方法选用的依据、要求及需要查明的工程地质问题。

2）工程及场地概况：评价建筑场区工程地质条件和可能出现的工程地质问题。

3）勘察技术方案：阐述勘探工作量的布置（勘察阶段、勘察方法、勘探设备、勘探线的布置、勘探孔数量和深度，原位测试方法、取样数量、位置及施工顺序等）以及如何获取评价或计算所需的参数或指标值。

4）实施勘察工作时管理力量的安排和组织。

5）施工时主要机械设备的配备计划。

6）岩土工程勘察成本预算。

一、房屋建筑勘探工作量布置

（一）依据的主要规范

勘察工作布置

勘探工作量布置所依据的规范主要包括《岩土工程勘察规范（2009年版）》（GB 50021—2001）、《高层建筑岩土工程勘察标准》（JGJ/T 72—2017）、《建筑地基基础设计规范》（GB 50007—2011）、《建筑桩基技术规范》（JGJ 94—2008）、《建筑抗震设计规范》（2016年版）（GB 50011—2010）、《建筑工程地质勘探与取样技术规程》（JGJ/T 87—2012）等。

（二）岩土工程勘察等级划分

岩土工程勘察等级划分主要包括：①工程重要性等级划分；②场地复杂程度等级划分；③地基复杂程度等级划分；④根据工程重要性等级、场地复杂程度等级和地基复杂程度等级划分勘察等级。

（三）岩土工程勘察阶段划分

岩土工程勘察设计依据建筑工程类别和勘察阶段不同而侧重点不同，可行性研究勘察阶段应符合选择场址方案的要求；初步勘察阶段应符合初步设计的要求；详细勘察阶段应符合施工图设计的要求；场地条件复杂或有特殊要求的工程，宜进行施工勘察。各勘察阶段应对建筑场地的适宜性和稳定性做出评价，各勘察阶段的工作内容详见表3-1-1。

当建筑平面位置已确定，工程地质条件较简单，场地或其附近已有工程资料时，可根据实际情况，直接进行详细勘察。

（四）勘探工作量布置

勘探工作量的布置要依据场地的工程地质条件、岩土工程勘察等级及工程上部荷载、功能特点、结构类型、拟采用的基础型式、变形性质和环境条件等综合考虑。

岩土工程勘探孔的布置包括：勘探点、线的布置及勘探点间距和勘探孔深度的确定，随工程类别、地质条件、勘察阶段的不同而不同，同时应按相关的勘察规程、规范执行。

表 3-1-1 房屋建筑勘察各勘察阶段的工作任务

可行性研究勘察	初步勘察	详细勘察
(1) 收集区域地质、地形、地貌、地震、矿产及当地工程地质、岩土工程和建筑经验等资料； (2) 在充分收集和分析已有资料的基础上，通过踏勘了解场地的地层、构造、岩性、不良地质作用和地下水等工程地质条件； (3) 当拟建场地工程地质条件复杂，已有资料不能满足要求时，应根据具体情况进行工程地质测绘和必要的勘探工作； (4) 当有两个或两个以上拟选场地时应进行比选分析	(1) 收集拟建工程的有关文件、工程地质和岩土工程资料以及工程场地范围的地形图； (2) 初步查明地质构造、地层结构、岩土工程特性、地下水埋藏条件； (3) 查明场地不良地质作用的成因、分布、规模、发展趋势，并对场地的稳定性做出评价； (4) 对抗震设防烈度等于或大于Ⅵ度的场地，应对场地和地基的地震效应做出初步评价； (5) 季节性冻土地区，应调查场地土的标准冻结深度； (6) 初步判定水和土对建筑材料的腐蚀性； (7) 对于高层建筑，在进行初步勘察时，应对可能采取的地基基础类型、基坑开挖与支护及工程降水方案进行初步分析、评价	(1) 收集附有坐标和地形的建筑总平面图，场区的地面整平标高，建筑物的性质、规模、荷载、结构特点、基础型式、埋置深度、地基允许变形等资料； (2) 查明不良地质作用的类型、成因、分布范围、发展趋势和危害程度，提出整治方案建议； (3) 查明建筑范围内岩土层的类型、深度、分布、工程特性，分析和评价地基的稳定性、均匀性和承载力； (4) 对需进行沉降计算的建筑物，提供地基变形计算参数，预测建筑物的变形特征； (5) 查明埋藏的河道、沟浜、墓穴、防空洞、孤石等对工程不利的埋藏物； (6) 查明地下水埋藏条件，提供地下水位及其变化幅度； (7) 在季节性冻土地区，提供场地土的标准冻结深度； (8) 判定水和土对建筑材料的腐蚀性

1. 初步勘察阶段

(1) 布孔原则

1) 勘探线应垂直地貌单元、地质构造和地层界线布置；

2) 每个地貌单元均应布置勘探点，在地貌单元交接部位和地层变化较大的地段，勘探点应加密布置；

3) 在地形平坦地区，可按网格布置勘探点；

4) 对岩质地基，勘探线、勘探点的布置和勘探孔的深度，应根据地质构造、岩体风化情况等按地方标准或当地经验确定；

5) 对发育不良地质作用的地段应进行专门布置工作。

(2) 勘探点布置

1) 根据《岩土工程勘察规范（2009年版）》（GB 50021—2001），初步勘察阶段勘探线、勘探点间距及勘探孔深度可按表 3-1-2 确定，局部异常地段应加密布置。

表 3-1-2 初步勘察阶段勘探线、勘探点间距及勘探孔深度　　　　单位：m

地基复杂程度等级	勘探线间距	勘探点间距	工程重要性等级	一般性勘探孔深	控制性勘探孔深
一级（复杂）	50~100	30~50	一级（重要工程）	≥15	≥30
二级（中等）	75~150	40~100	二级（一般工程）	10~15	15~30
三级（简单）	150~300	75~200	三级（次要工程）	6~10	10~20

注：表中勘探点、勘探线间距不适用于地球物理勘探；控制性勘探点宜占勘探点总数的1/5~1/3，且每一个地貌单元均应有控制性勘探点；勘探孔包括钻孔、探井和原位测试孔等，特殊用途的钻孔除外。

2) 按重庆市地方标准《工程地质勘察规范》(DB 50/5005—2005)，初步勘察阶段勘探线、勘探点间距和孔深可按表3-1-3确定。

表3-1-3 初步勘察阶段勘探线、勘探点间距和孔深

工程勘察等级	勘探工作布置原则	勘探线间距/m	勘探点间距/m	一般性勘探孔深	控制性勘探孔深
一级	控制整个场地，并兼顾建筑物周边及中心或筒体	30～50	25～35	进入预计基底下6～10 m	进入预计基底下10～15 m
二级	以控制整个场地为主，兼顾建筑物边线	40～60	35～45	进入预计基底下4～8 m	进入预计基底下8～12 m
三级	控制整个场地	≥60	≥45	进入预计基底下2～6 m	进入预计基底下5～10 m

注：对岩质地基，孔深宜取较小值，对土质地基，可取较大值；勘探线间距、勘探点间距不适用于地球物理勘探；对于斜坡、基岩面起伏较大或岩层产状较陡地带，需查清岩层层序、基岩面起伏状况等，控制孔可适当加密、加深；当前对场地的研究程度较高、地质条件简单、清楚且不存在场地稳定性问题时，控制性钻孔的数量可适当减少，深度可适当减小，一般性钻孔的间距可适当增大。

(3) 勘探孔深度调整

当遇下列情形之一时，应进行适当调整：

1) 当勘探孔的地面标高与预计整平地面标高相差较大时，应按其差值调整勘探孔深度；

2) 在预定深度内遇基岩时，除控制性勘探孔仍应钻入基岩适当深度外，其他勘探孔达到确认基岩后即可终止钻进；

3) 在预定深度内有厚度较大且分布均匀的坚实土层（如碎石土、密实砂、老沉积土等）时，除控制性勘探孔应达到规定深度外，一般性勘探孔的深度可适当减小；

4) 当预定深度内有软弱土层时，勘探孔深度应适当增加，部分控制性勘探孔应穿透软弱土层或达到预计控制深度；

5) 对重型工业建筑，应根据结构特点和荷载条件适当增加勘探孔深度。

2. 详细勘察阶段

关注点：《岩土工程勘察规范（2009年版）》(GB 50021—2011)规定：详细勘察应按单体建筑物或建筑群提供详细的岩土工程资料和设计、施工所需的岩土参数，对建筑地基做出岩土工程评价，并对地基类型、基础型式、地基处理、基坑支护、工程降水和不良地质作用的防治等提出建议。

(1) 布置原则

详细勘察阶段，勘探点布置和勘探孔深度应根据建筑物特性和岩土工程条件确定。对岩质地基，应根据地质构造、岩体特性、风化情况等，结合建筑物对地基的要求，按地方标准或当地经验确定；对土质地基，应符合下列规定：

1) 勘探点宜按建筑物周边线和角点布置，对无特殊要求的建筑物可按建筑物或建筑群的范围布置；

2) 同一建筑物范围内的主要受力层或有影响的下卧层起伏较大时，应加密勘探点布

3) 对于重大设备基础，应单独布置勘探点，对于重大动力机器和高耸构筑物的基础，勘探点不宜少于3个；

4) 勘探手段宜采用钻探与触探相结合，在复杂地质条件、湿陷性土、膨胀岩土、风化岩和残积土地区，宜布置适量探井。

(2) 勘探点布置

1) 按《岩土工程勘察规范（2009年版）》(GB 50021—2001)，详细勘察阶段勘探点的间距和深度可按表3-1-4确定。

表3-1-4 详细勘察阶段勘探点的间距和深度

地基复杂程度等级	勘探点间距/m	勘探点深度
一级（复杂）	10～15	勘探深度自基础底面算起； 勘探孔深度应能控制地基主要受力层； 当基础底面宽度不大于5 m时，条形基础勘探点深度不小于3b，单独柱基础勘探点深度不小于1.5b且不应小于5 m
二级（中等）	15～30	
三级（简单）	30～50	

注：b指基础宽度。

2) 按重庆市地方标准《工程地质勘察规范》(DB 50/5005—2005)，详细勘察阶段勘探线、勘探点间距和孔深可按表3-1-5确定。

表3-1-5 详细勘察阶段勘探线、勘探点间距和孔深

工程勘察等级	勘探工作布置原则	勘探线间距/m	勘探点间距/m	钻孔孔深	备注
一级	沿建筑物边线 柱列线	10～20	10～20	进入预计基底下6～10 m	每栋单层建筑勘探孔不应少于4个
二级	沿建筑物边线 兼顾柱列线	15～30	15～30	进入预计基底下4～8 m	每栋单层建筑勘探孔不应少于3个
三级	沿建筑物周边 列线	≥25	≥30	进入预计基底下2～6 m	每栋单层建筑勘探孔不应少于1个

注：拟建物荷载大的土质地基钻孔深度应取较大值，拟建物荷载小的岩质地基钻孔深度应取较小值。勘探线间距、点间距不适用于地球物理勘探。嵌岩桩基础的勘探深度，从嵌岩面下0.5 m算起，不小于3倍桩径且不小于5 m；当持力层存在溶洞、人防洞室或破碎带时，勘探孔应穿过其所在位置到达稳定岩层，其他特殊情况（如场地复杂、填土层厚度大）可适当增加钻孔深度。

(3) 勘探孔深度

除满足上述条件外，尚应满足下列条件：

1) 当有大面积地面堆载或软弱下卧层时，应适当加深控制性勘探孔的深度；

2) 在上述规定深度内，当遇基岩或厚层碎石土等稳定地层时，勘探孔深度可适当减小；

3) 地基变形计算深度：对于中、低压缩性土，可取附加压力等于上覆土层有效自重压力20%的深度，对于高压缩性土层，可取附加压力等于上覆土层有效自重压力10%的深度；

4) 建筑总平面内的裙房或仅有地下室部分（或当基底附加压力小于或等于0时）的控制性勘探孔深度可适当减小，但应深入稳定地层，且根据荷载和土质条件不宜少于基底

下 0.5～1.0 倍基础宽度；

5) 当需进行地基整体稳定性验算时，控制性勘探孔深度应根据具体条件满足验算要求；

6) 当需确定场地抗震类别而邻近无可靠的覆盖层厚度资料时，应布置波速测试孔，其深度应满足确定覆盖层厚度的要求；

7) 对于大型设备基础，勘探孔深度不宜小于基础底面宽度的 2 倍；

8) 当需进行地基处理时，勘探孔深度应满足地基处理设计与施工要求，当采用桩基础时，勘探孔深度应满足桩基础勘察的要求。

3. 高层建筑

高层建筑详细勘探点的布置除满足一般建筑要求外，尚应满足下列要求。

（1）勘探点布置

1) 勘探点应按建筑物周边线布置，角点、中点、筒体及电梯井部位宜有勘探点；

2) 特殊体型的建筑物应按其体型变化布置勘探点。

关注点：《岩土工程勘察规范（2009 年版）》（GB 50021—2001）规定：详细勘察的单栋高层建筑物勘探点的布置，应满足对地基均匀性评价的要求，且不应少于 4 个，对密集的高层建筑群，勘探点可适当减少，但每栋建筑物至少应有 1 个控制性勘探点。

（2）勘探孔深度

1) 对高层建筑和需进行变形计算的地基，控制性勘探孔的深度应超过地基变形计算深度；对高层建筑，一般性勘探孔应达到基底下 0.5～1.0 倍的基础宽度，并深入稳定地层。

2) 对仅有地下室的建筑或高层建筑的裙房，当不能满足抗浮设计要求，需设置抗浮桩或锚杆时，勘探孔深度应满足抗拔承载力评价的要求。

3) 在基岩和浅层岩溶发育地区，当基础底面下的土层厚度小于地基变形计算深度时，一般性钻孔应钻至完整、较完整基岩面；控制性钻孔应深入完整、较完整基岩 3～5 m，勘察等级为甲级的高层建筑取大值，乙级取小值；若专门查明溶洞或土洞的钻孔，深度应达洞底完整地层 3～5 m。

4. 桩基工程

（1）按《岩土工程勘察规范（2009 年版）》（GB 50021—2001）

勘探点间距（土质地基）应满足如下条件：

1) 端承桩宜为 12～24 m，相邻勘探孔揭露的持力层层面高差宜控制在 1～2 m 之间。

2) 摩擦桩宜为 20～35 m，当地层条件复杂，影响成桩或设计有特殊要求时，勘探点应适当加密。

3) 复杂地基的一柱一桩工程，宜每柱设置勘探点。

勘探孔的深度应满足如下条件：

1) 一般性勘探孔的深度应达到预计桩长以下 (3～5)d（d 为桩径），且不得小于 3 m，对大直径桩，不得小于 5 m。

2) 控制性勘探孔深度应满足下卧层验算要求，对需验算沉降的桩基，应超过地基变形计算深度。

3) 钻至预计深度遇软弱层时，深度应增加；在预计勘探孔深度内遇稳定坚实岩土时，深度可适当减小。

4) 对嵌岩桩，应钻入预计嵌岩面以下 $(3\sim5)d$，并穿过溶洞、破碎带，到达稳定地层。

5) 对可能有多种桩长方案时，应根据最长桩方案确定。

(2) 按《建筑桩基技术规范》(JGJ 94—2008)

对于桩基的详细勘察阶段，勘探点布置除满足现行国家标准《岩土工程勘察规范(2009 年版)》(GB 50021—2001) 外，尚应满足下列要求：

1) 对于端承桩（含嵌岩桩）：根据桩端持力层顶面坡度，勘探点间距宜为 12~24 m；当相邻两个勘探点揭露的桩端持力层层面坡度大于 10% 或持力层起伏较大、地层复杂时，应根据具体工程条件适当加密勘探点。

2) 对于摩擦桩：宜按 20~35 m 布置勘探孔，但遇到土层性质或状态在水平方向变化较大，或存在可能影响成桩的土层时，应适当加密勘探点。

3) 复杂地质条件下的柱下单桩基础应按柱列线布置勘探点，并宜每桩布置 1 个勘探点。

4) 控制性钻孔为总数的 1/3~1/2 且设计等级为甲级的建筑桩基，至少应布置 3 个控制性勘探孔；设计等级为乙级的建筑桩基，至少应布置 2 个控制性勘探孔。

勘探孔的深度应满足如下条件：

1) 控制性勘探孔应穿透桩端平面以下压缩层，一般性勘探孔应深入预计桩端平面以下 $(3\sim5)d$，且不得小于 3 m，对大直径桩，不得小于 5 m。

2) 嵌岩桩的控制性钻孔深入预计桩端平面以下不应小于 $(3\sim5)d$，一般性勘探孔深入预计桩端平面以下不应小于 $(1\sim3)d$。当持力层较薄时，应有部分勘探孔钻穿持力岩层；在溶洞、断层破碎带地区，应查明溶洞、溶沟、溶槽、石笋等的分布情况，勘探孔应钻穿溶洞或断层破碎带进入稳定地层，进入深度应满足上述控制性勘探孔和一般性勘探孔的要求。

(3) 按《高层建筑岩土工程勘察标准》(JGJ/T 72—2017)

勘探点布置应满足下列条件：

1) 勘探点的布置应能控制整个建筑场地，勘探线间距宜为 50~100 m，勘探点间距宜为 30~50 m，详细勘察阶段，勘探点间距宜为 15~30 m。

2) 勘察等级为甲级的单栋高层建筑，勘探点数量不应少于 5 个，乙级不应少于 4 个。控制性勘探点的数量不应少于勘探点总数的 1/2，勘察等级为甲级的不应少于 3 个，为乙级的不应少于 2 个。

3) 端承桩宜按柱列线布置，孔间距 12~24 m，若基岩中有断层破碎带或桩端持力层为软硬互层且厚薄不均，或相邻勘探点所揭露桩端持力层层面坡度大于 10%，应适当加密布置勘探点，荷载较大或复杂地基的一柱一桩工程，应每柱布置勘探点。

4) 对于摩擦桩沿建筑物周边或柱列线布设，宜按 20~30 m 间距布置勘探孔，当相邻勘探点揭露的主要桩端持力层或软弱下卧层位变化较大影响桩基方案选择时，应适当加密布置勘探点。

勘探孔的深度应满足下列条件：

1) 对于端承桩，当可压缩地层（包括全风化和强风化岩层）作为桩端持力层时，控制性勘探孔应进入预计桩端持力层以下 $(5\sim8)d$（d 为桩身直径或方桩的换算直径，直径大的桩取小值，直径小的桩取大值），且不应小于 5 m，一般性勘探孔进入桩端以下 $(3\sim5)d$，且不应小于 3 m。

2) 对于一般岩质地基的嵌岩桩，控制性勘探孔应钻入预计嵌岩面以下 $(3\sim5)d$，且不应小于 3 m，一般性勘探孔深入预计嵌岩面以下 $(1\sim3)d$，且不应小于 3 m，遇断层破碎带，应钻穿破碎带并进入完整岩体 $3d$，并不小于 5 m。

3) 对花岗岩地区的嵌岩桩，一般性钻孔应进入中等、微风化岩 $3\sim5$ m，控制性钻孔应进入微风化岩 $5\sim8$ m。

4) 一般性钻孔的深度应进入预计桩端持力层或预计最大桩端入土深度以下不小于 5 m，控制性钻孔的深度应达群桩桩基（假想的实体基础）沉降计算深度以下 $1\sim2$ m，群桩桩基沉降计算深度宜取桩端平面以下附加应力为上覆土有效自重压力的 20%的深度，或按桩端平面以下 $(1\sim1.5)B$（B 为假想实体基础宽度）的深度考虑。

（4）按《建筑地基基础设计规范》(GB 50007—2011)

单桩单柱的大直径嵌岩灌注桩，应检验桩底以下 $3d$ 且不小于 5 m 范围内有无软弱夹层、断层破碎带或洞穴等不良地质条件。

5. 基坑工程

（1）按《岩土工程勘察规范（2009 年版）》(GB 50021—2001)

主要适用于土质基坑的勘察，对岩质基坑，应根据场地的地质构造、岩体特征、风化情况、基坑开挖深度等，按当地标准或当地经验进行勘察。

勘探点布置（土质基坑）应满足下列条件：

1) 勘察的平面范围宜超出开挖边界外开挖深度的 $2\sim3$ 倍，在深厚软土区，勘察深度和范围还应适当扩大。

2) 复杂场地和斜坡场地应布置适量的勘探点。

勘探孔的深度宜为开挖深度的 $2\sim3$ 倍，在此深度内遇到坚硬黏性土、碎石土和岩层，可根据岩土类别和支护设计要求减小深度。

（2）按《建筑边坡工程技术规范》(GB 50330—2013)

1) 勘探线垂直边坡走向或平行主滑方向布置；

2) 勘察平面范围应包括不小于岩质边坡高度或不小于 1.5 倍土质边坡高度，以及可能对建筑有潜在安全影响的区域；

3) 每个单独边坡段勘探线不少于 2 条，每条勘探线不少于 2 个勘探点；

4) 勘探孔深度应达到最下层潜在滑面 $2\sim5$ m，控制性勘探孔取大值，一般性钻孔取小值；

5) 对于支挡位置的控制性勘探孔深度，应根据可能选择的支护结构型式确定，对于重力式挡墙、扶壁式挡墙和锚杆挡墙，可进入持力层不小于 2 m；对于悬臂桩进入嵌固段的深度，土质时不宜小于悬臂长度的 1.0 倍，岩质时不小于 0.7 倍。

6) 详细勘察阶段勘探点和勘探线间距见表 3-1-6。

表 3-1-6 详细勘察阶段勘探点和勘探线间距

边坡勘察等级	勘探线间距/m	勘探点间距/m	备 注
一级	≤20	≤15	初步勘察阶段勘探点、勘探线间距可适当放宽
二级	20～30	15～20	
三级	30～40	20～25	

在实际工作中,应根据各地区各类工程具体情况调整工作量的布置,同时,勘探工作量布置的数据范围要根据工程地质条件和工程重要性选取。

在桩基工程和基坑工程的勘探工作量布置中,除应严格按照《岩土工程勘察规范(2009年版)》(GB 50021—2001)布置外,还可视工程性质、场地具体情况参考其他规范、规程。

(五)勘探孔布置常易出现的典型问题

由于勘察技术人员资料收集不全或对已有资料分析不透彻,在勘探孔布置过程中往往出现一些偏差,对拟建建(构)筑物的设计及施工造成一定影响,常见问题如下。

1. 勘探孔的布置未能对建筑物地基实现有效控制

(1)规范规定

1)勘探孔宜沿建筑物周边或主要基础柱列线布置。对排列比较密集的建筑群可按网格状布置,但勘探孔宜布置在建筑物周边或角点处。

2)勘探孔宜沿建筑物周边、角点或主要柱列线布置,对宽度较大的高层建筑,其中心宜布置勘探孔。

3)对宽度小于或等于20 m的建筑群,可采用"之"字形布置勘探孔。

(2)原因分析

1)由于勘探实施过程中受场地施工条件限制,造成勘探孔无法按预定孔位就位。当地基土层不稳定时,无勘探孔控制部位的地基土性状不明,将造成勘探成果资料无法满足设计需要。

2)设计方案调整,使建筑物外边线超出勘探孔控制范围。

3)"之"字形的布孔方案适用于建筑物平面形状狭长、排列密集,且地基土分布较稳定的场地。但用于单幢和宽度较大的建筑,会使拟建建筑物某些角点部位的地基土层缺乏有效控制。

(3)控制措施

1)孔位的调整应执行外控原则,当受场地条件限制调整孔位后,若孔距过大,应增加勘探孔。

2)当调整设计方案,使建筑物外边线超出勘探孔控制范围时,建筑物外边线或角点处应增加勘探孔,以保证对地基土分布规律的控制精度符合规范要求。

3)对于单幢或宽度大于20 m的建筑,应尽量布置成网格状或梅花形,使勘探孔外控整幢建筑地基。

2. 桩基工程勘探孔深未能满足要求

(1) 规范规定

一般性勘探孔的深度应达到预计桩长以下 $(3\sim5)d$，且不得小于 3 m，对于大直径桩，不得小于 5 m。

(2) 原因分析

1) 勘察时未详细了解拟建建筑物性质，或理解上有偏差。

2) 勘察方案布置时未调查清楚周边环境条件，未考虑环境因素对桩基设计的要求。

3) 预计的桩基持力层埋深较深，或层面起伏较大，或桩端附近出现软弱夹层、透镜体等时，需调整桩端入土深度。

(3) 控制措施

1) 详细了解设计要求，如荷载、基础埋深、基础型式、是否有覆土、沉降控制标准等，并加强与设计人员沟通。

2) 勘察方案布置时应充分考虑周边环境条件。

3) 实施过程中，当预计的桩基持力层埋藏深，或层面起伏较大，或桩端附近出现软弱夹层、透镜体等时，可能需要调整桩端入土深度，应及时与设计单位沟通，并按规范的规定及时调整勘探方案。

3. 勘探孔深度小于抗拔桩桩端入土深度

(1) 规范规定

对仅有地下室的建筑或高层建筑的裙房，当不满足抗浮要求需设置抗浮桩或锚杆时，勘探孔深度应满足抗拔承载力评价要求。

(2) 原因分析

1) 抗拔桩的入土深度与地下室底面所受的基底压力、地下水浮力、抗拔桩的布桩方式、桩型及桩周土等诸多因素有关。

2) 不同设计单位、不同设计人员在不同的地层条件下对地下室桩基的设计理念千差万别，而设计人员对地下室的勘察技术要求往往较为含糊，造成部分地下室勘探孔深度小于抗拔桩的桩端入土深度。

(3) 控制措施

1) 制定勘探方案时应了解设计对地下建筑的要求。勘探孔的深度应按抗拔桩可能的桩端最大入土深度确定，并留有余地。

2) 设计人员一般也需要拿到勘察报告后才能确定布桩方式（每个承台布桩数）和桩长，当设计过程中发现孔深不满足设计要求时，应及时通知建设单位，勘察单位再通过补充勘察来满足设计要求。

4. 控制性勘探孔的深度未超过地基变形计算深度

(1) 规范规定

对高层建筑和需做变形计算的地基，控制性勘探孔深度应超过地基变形计算深度。

(2) 原因分析

1) 勘察时未详细了解拟建建筑物性质，如某些单层厂房有荷载较大的地面堆载、多层住宅楼旁边有高填土，确定控制性勘探孔深度时未考虑地面堆载的影响。

2) 压缩层厚度计算时未考虑相邻基础的影响。如多层办公楼或商用楼，采用框架结构，仍按独立承台桩基考虑，压缩层厚度按 $(2\sim3)B$（B 为承台基础宽度）计算，确定的控制孔深度就难以满足变形计算需要。

（3）控制措施

1) 编制勘探方案前，勘探人员应详细了解拟建建筑物性质和建设项目的相关信息，并严格按照相关规范的规定制定勘探方案；

2) 压缩层厚度计算模式或计算条件选择应恰当，如对于荷载较大的框架结构建筑物，当承台处附加压力大时，应考虑相邻基础的影响或按平均荷载、建筑物外包尺寸估算压缩性厚度。

5. 建筑物范围内，主要受力层或有影响的下卧层变化较大时，勘察过程中未按要求加密勘探孔

（1）规范规定

同一建筑范围内的主要受力层或有影响的下卧层起伏较大时，应加密勘探点，查明其变化原因。

（2）原因分析

同一建筑物桩基持力层起伏较大时，如没有加密勘探孔查明持力层起伏，设计人员往往会对同一幢建筑采用相同桩长，就会发生沉桩不到位、桩身容易打爆或打裂的情况，给施工带来很大麻烦，给工程带来安全隐患。只有详细查明持力层起伏情况，才能使设计人员合理确定不同区域的桩长，减少沉桩困难；地基土层在水平方向上的不均匀性对建筑物的变形有重大影响，当同一建筑物有影响的下卧层起伏很大时，也需要详细查明下卧层的分布特征。

（3）控制措施

现场发现主要持力层起伏大时，应及时与建设单位和设计单位联系，按相关规范规定加密勘探孔，以使勘察成果更好地为设计和施工服务；当同一建筑物有影响的下卧层起伏很大时，需要加密勘探孔。

（六）岩土试验样品采取及原位测试布置

在岩土工程勘察中，岩土样、水样取样要求及试验布置随工程类别、地质条件、勘察阶段的不同而不同。同时应根据不同的勘察规程、规范执行。

1. 初步勘察阶段

初步勘察阶段，采取土样和进行原位测试应符合下列要求：

1) 采取土样和进行原位测试的勘探点应结合地貌单元、地层结构和土的工程性质布置，其数量可占勘探点总数的 $1/4\sim1/2$。

2) 采取土样的数量和孔内原位测试的竖向间距，应按地层特点和土的均匀程度确定，每层土均应采取土样或进行原位测试，其数量不宜少于 6 个。

2. 详细勘察阶段

详细勘察阶段，采取土样和进行原位测试应满足岩土工程评价要求，并符合下列要求：

1）采取土样和进行原位测试的勘探点数量，应根据地层结构、地基土的均匀性和工程特点确定，且不应少于勘探孔总数的 1/2，钻探取土样孔的数量不应少于勘探孔总数的 1/3。

2）每个场地每一主要土层的原状土样或原位测试数据不应少于 6 件（组），当采用连续记录的静力触探或动力触探为主要勘察手段时，每个场地不应少于 3 个孔。

3）在地基主要受力层内，对厚度大于 0.5 m 的夹层或透镜体，应采取土样或进行原位测试。

4）当土层性质不均匀时，应增加取土样或原位测试数量。

3. 桩基工程原位测试要求

通常采用静力载荷试验，试验数量不宜少于工程桩数的 1%，且每个场地不少于 3 个。

4. 高层建筑采样及原位测试要求

单栋高层建筑采取不扰动土样和原位测试勘探点的数量不宜少于勘探点总数的 2/3，每一主要土层采取不扰动土样和原位测试数量不少于 6 件（组），当采用连续记录的静力触探或动力触探试验时，不应少于 3 个孔。

（七）机械设备配备计划与人员安排

岩土工程勘察施工根据工作量的大小、工程施工难度和施工工期等因素确定机械设备。一般预计每台钻机每月钻进 300～400 m，其他如汽车、抽水等设备，视施工场地情况而定。管理人员主要有项目经理、项目技术负责、安全员和质量员等。技术人员和钻探人员应根据施工场地大小而定，一般 3 台钻机安排 1 名技术人员，1 台钻机安排 3 名钻探人员。

二、岩土工程勘察经费预算

（一）工程勘察收费

工程勘察收费是指勘察人根据发包人的委托，收集已有资料、现场踏勘、制订勘察纲要，进行测绘、勘探、取样、试验、测试、检测、监测等勘察作业，以及编制工程勘察文件和岩土工程设计文件等收取的费用。

（二）工程勘察收费标准

1. 通用工程勘察收费标准

适用于工程测量、岩土工程勘察、岩土工程设计与检测监测、水文地质勘察、工程水文气象勘察、工程物探、室内试验等工程勘察的收费。

通用工程勘察收费采取实物工作量定额计费方法计算，由实物工作收费和技术工作收费两部分组成，可按照下列公式计算：

工程勘察收费＝工程勘察收费基准价×（1±浮动幅度值）
工程勘察收费基准价＝工程勘察实物工作收费＋工程勘察技术工作收费
工程勘察实物工作收费＝工程勘察实物工作收费基价×实物工作量×附加调整系数

工程勘察技术工作收费＝工程勘察实物工作收费×技术工作收费比例

(1) 工程勘察收费基准价

工程勘察收费基准价是按照《工程勘察设计收费标准》计算出的工程勘察基准收费额，发包人和勘察人可以根据实际情况在规定的浮动幅度内协商确定工程勘察收费合同额。

(2) 工程勘察实物工作收费基价

工程勘察实物工作收费基价是完成每单位工程勘察实物工作内容的基本价格。工程勘察实物工作收费基价在本项目的实物工作收费基价表中查找确定。

(3) 实物工作量

实物工作量由勘察人按照工程勘察规范、规程的规定和勘察作业实际情况在勘察纲要中提出，经发包人同意后，在工程勘察合同中约定。

(4) 附加调整系数

1) 附加调整系数是对工程勘察的自然条件、作业内容和复杂程度差异进行调整的系数。附加调整系数分别列于总则和各章节中。附加调整系数为两个或者两个以上的，附加调整系数不能连乘。将各附加调整系数相加，减去附加调整系数的个数，加上定值1，作为附加调整系数值。

2) 在气温（以当地气象台、站的气象报告为准）≥35 ℃或者≤－10 ℃条件下进行勘察作业时，气温附加调整系数为1.2。

3) 在高程超过2000 m地区进行工程勘察作业时，高程附加调整系数如下：

高程2000～3000 m为1.1；高程3001～3500 m为1.2；高程3501～4000 m为1.3；高程4001 m以上的，高程附加调整系数由发包人与勘察人协商确定。

(5) 主体勘察协调费

建设项目工程勘察由两个或者两个以上勘察人承担的，其中对建设项目工程勘察合理性和整体性负责的勘察人，按照该建设项目工程勘察收费基准价的5％加收主体勘察协调费。

(6) 工程勘察收费基准价的费用

办理工程勘察相关许可，以及购买有关资料费；拆除障碍物，开挖以及修复地下管线费；修通至作业现场道路，接通电源、水源以及平整场地费；勘察材料以及加工费；水上作业用船、排、平台以及水电费；勘察作业大型机具搬运费；青苗、树木以及水域养殖物赔偿费等。发生以上费用的，由发包人另行支付。

(7) 工程勘察组日、台班收费基价

1) 工程测量、岩土工程验槽、检测监测、工程物探1000元/(组·日)；

2) 岩土工程勘察1360元/(台·班)；

3) 水文地质勘察1680元/(台·班)。

2. 专业工程勘察收费标准

分别适用于煤炭、水利水电、电力、长输管道、铁路、公路、通信、海洋工程等工程勘察的收费。专业工程勘察中的一些项目可以执行通用工程勘察收费标准。

（三）工程勘察收费计算

1. 技术工作费

岩土工程勘察技术工作费收费比例按照岩土工程勘察等级确定，详见表3-1-7。

表3-1-7 岩土工程勘察技术工作费收费比例表

岩土工程勘察等级	甲	乙	丙
技术工作费收费比例/%	120	100	80

注：岩土工程勘察等级见《岩土工程勘察规范（2009年版）》（GB 50021—2001）。利用已有勘察资料提出勘察报告的只收取技术工作费，技术工作费的计费基数为所利用勘察资料的实物工作收费额。

2. 工程地质测绘经费预算

工程地质测绘经费预算是根据工程地质测绘复杂程度、测绘精度等条件，按照表3-1-8和表3-1-9计算。

表3-1-8 工程地质测绘复杂程度表

类别	简单	中等	复杂
地质构造	岩层产状水平或倾斜很缓	有显著的褶皱、断层	有复杂的褶皱、断层
岩层特征	简单，露头良好	变化不稳定，露头中等，有较复杂地质现象	变化复杂，种类繁多，露头不良，有滑坡、岩溶等复杂地质现象
地形地貌	地形平坦，植被不发育，易通行	地形起伏较大，河流、灌木较多，通行较困难	岭谷山地，林木密集，水网、稻田、沼泽，通行困难

表3-1-9 工程地质测绘实物工作收费基价表

序号	项目	计费单位		收费基价/元		
				简单	中等	复杂
1	工程地质测绘	成图比例	1：200	16065	22950	34425
			1：500	8033	11475	17213
			1：1000	5355	7650	11475
			1：2000	3570	5100	7650
			1：5000	1071	1530	2295
			1：10000	536	765	1148
			1：25000	268	383	574
			1：50000	134	191	287
2	带状工程地质测绘	附加调整系数为1.3				
3	工程地质测绘与地质测绘同时进行	附加调整系数为1.5				

注：计费单位为km²（成图比例列对应）。

3. 岩土工程勘探经费预算

岩土工程勘探经费预算，是根据工程岩土类别、孔径、孔深等条件，按表 3-1-10 和表 3-1-11 计算。

表 3-1-10 岩土工程勘探与原位测试复杂程度表

岩土类别	Ⅰ	Ⅱ	Ⅲ	Ⅳ	Ⅴ	Ⅵ
松散地层	流塑、软塑、可塑黏性土，稍密、中密粉土，含硬杂质≤10%的填土	硬塑、坚硬黏性土，密实粉土，含硬杂质≤25%的填土，湿陷性土，红黏土，膨胀土，盐渍土，残积土，污染土	砂土，砾石，混合土，多年冻土，含硬杂质＞25%的填土	粒径≤50 mm，含量＞50%的卵（碎）石层	粒径≤100 mm，含量＞50%的卵（碎）石层，混凝土构件、面层	粒径＞100 mm，含量＞50%的卵（碎）石层、漂（块）石层
岩石地层		极软岩	软岩	较软岩	较硬岩	坚硬岩

注：岩土的分类和鉴定见《岩土工程勘察规范（2009 年版）》（GB 50021—2001）。

表 3-1-11 岩土工程勘探实物工作收费基价表

序号	勘探项目	深度 D，长度 L / m	计费单位	收费基价/元 Ⅰ	Ⅱ	Ⅲ	Ⅳ	Ⅴ	Ⅵ
1	钻孔	$D \leqslant 10$	m	46	71	117	207	301	382
		$10 < D \leqslant 20$		58	89	147	259	377	477
		$20 < D \leqslant 30$		69	107	176	311	452	573
		$30 < D \leqslant 40$		82	127	209	368	536	680
		$40 < D \leqslant 50$		98	151	249	439	639	809
		$50 < D \leqslant 60$		109	168	277	489	711	901
		$60 < D \leqslant 80$		121	187	307	542	789	1000
		$80 < D \leqslant 100$		132	204	335	592	862	1092
		$D > 100$		每增加 20 m，按前一档收费基价乘以 1.2 的附加调整系数					
2	探井	$D \leqslant 2$	m	50	63	78	125	200	250
		$2 < D \leqslant 5$		63	78	97	156	250	313
		$5 < D \leqslant 10$		78	97	120	194	310	388
		$10 < D \leqslant 20$		103	128	159	256	410	513
		$D > 20$		每增加 10 m，按前一档收费基价乘以 1.3 的附加调整系数					
3	探槽	$D \leqslant 2$	m³	40	52	72	92	120	148
		$D > 2$		58	75	104	133	174	215
4	平硐	$L \leqslant 50$	m	350	525	735	980	1173	1348
		$50 < L \leqslant 100$		368	551	772	1029	1231	1415

续表

序号	勘探项目	项目 深度D，长度L / m	计费单位	收费基价/元					
				I	II	III	IV	V	VI
4	平硐	100<L≤150	m	385	578	809	1078	1290	1482
		150<L≤200		403	604	845	1127	1348	1550
		200<L≤250		420	630	882	1176	1407	1617
		250<L≤300		438	656	919	1225	1466	1684
		L>300	每增加 50 m，按前一档收费基价乘以 1.1 的附加调整系数						
		标准断面为 4 m²，大于标准断面部分乘以 0.6 的附加调整系数，另行计算收费						

4. 取样经费预算

岩土工程勘察中，岩、土、水试样的采取费用可依据表 3-1-12 计算。

表 3-1-12 取岩、土、水试样实物工作收费基价表

序号	项目			计费单位	收费基价/元	
					取样深度≤30 m	取样深度>30 m
1	取土	锤击法厚壁取土器	φ=80~100 mm L=150~200 mm	件	40	50
		静压法厚壁取土器	φ=80~100 mm L=150~200 mm		65	95
		敞口或自由活塞薄壁取土器	φ=75 mm L=800 mm		310	460
		水压固定活塞薄壁取土器	φ=75 mm L=800 mm		420	620
		固定活塞薄壁取土器	φ=75 mm L=800 mm		360	560
		束节式取土器	φ=75 mm L=200 mm		150	240
		黄土取土器	φ=120 mm L=150 mm		80	120
		回转型单动、双动重管取土器	φ=75 mm L=1250 mm		310	460
		探井取土			100	150
		扰动取土			15	
2	取岩	取岩芯样			25	
		人工取样			200	
3	取水、土（土的腐蚀性）				40	

注：φ 为取土器的直径；L 为取土器的长度。

5. 原位测试经费预算

岩土工程勘察原位测试经费预算是根据岩土类别、测试深度等条件按表 3-1-13 至表 3-1-15 计算。

表 3-1-13 原位测试实物工作收费基价表

序号	项 目 测试项目		测试深度 D / m	计费单位	收费基价/元					
					Ⅰ	Ⅱ	Ⅲ	Ⅳ	Ⅴ	Ⅵ
1	标准贯入试验		$D \leq 20$	次	80	108	144			
			$20 < D \leq 50$		120	162	216			
			$D > 50$		144	194	259			
2	圆锥动力触探试验	轻型	$D \leq 10$	m	32	50	82			
		重型	$D \leq 10$		50	78	128	300	375	425
			$10 < D \leq 20$		63	97	159	375	469	531
			$20 < D \leq 30$		75	116	191	450	563	638
			$30 < D \leq 40$		89	138	227	534	668	757
			$40 < D \leq 50$		106	164	270	636	795	901
		超重型	$D \leq 10$				140	330	413	468
			$10 < D \leq 20$				175	413	516	584
			$20 < D \leq 30$				210	495	619	701
			$30 < D \leq 40$				249	587	734	832
			$40 < D \leq 50$				297	700	875	991
3	静力触探试验	单桥	$D \leq 10$	m	34	49	82			
			$10 < D \leq 20$		43	62	102			
			$20 < D \leq 30$		51	74	122			
			$30 < D \leq 40$		61	88	145			
			$40 < D \leq 50$		72	105	173			
			$50 < D \leq 60$		80	116	193			
			$60 < D \leq 80$		89	129	214			
		双桥		按单桥收费基价乘以 1.15 的附加调整系数						
		加测孔压		按单桥或双桥收费基价乘以 1.2 的附加调整系数						
4	扁铲侧胀试验		$D \leq 10$	点	66	99				
			$10 < D \leq 20$		83	124				
			$20 < D \leq 30$		99	149				
			$30 < D \leq 40$		116	173				
			$40 < D \leq 50$		132	198				
			$50 < D \leq 60$		158	238				
			$60 < D \leq 80$		198	297				
5	十字板剪切试验		$D \leq 10$		206					
			$10 < D \leq 20$		227					
			$20 < D \leq 30$		247					
			$D > 30$		309					

续表

序号	项目	方法		计费单位	收费基价/元	
6	旁压试验	方法	深度 D/m	点	压力≤2500 kPa	压力>2500 kPa
		预钻式	D≤10		263	351
			10<D≤20		342	456
			D>20		444	593
		自钻式	D≤10		456	
			10<D≤20		593	
			D>20		771	
7	载荷试验	螺旋板		试验点	1890	2080
		浅、深层平板面积 0.1～1 m²	加荷最大值 kN		水位以上	水位以下
			≤100		2790	3060
			200		3690	4060
			300		4590	5050
			400		5490	6040
			500		6400	7040
			>500		见表 3-1-14	
					试坑开挖、加荷体吊装运输费另计	
8	土体现场直剪试验	试验面积/m²		组	压应力≤500 kPa		压应力>500 kPa	
					水位以上	水位以下	水位以上	水位以下
		0.10			2775	3330	3330	3996
		0.25			3965	4758	4758	5710
		0.50			5156	6188	6188	7425
9	岩体变形试验	承压板法	法向荷重/kN	试验点	软岩	硬岩
			≤500		6786	7488
			1000		7424	8237
			>1000，每增加500		按前一档收费基价乘以1.1的附加调整系数	
		钻孔变形法			3978	4563
10	岩体强度试验	岩体结构面直剪			9945	11412
		岩体直剪			8775	9891
		混凝土与岩体直剪			7020	7605
11	岩体原位应力测试	方法		孔	原位应力测试	三轴交汇测应力
		孔径变形法/孔底应变法			29250	58500
		孔壁应变法			35100	
12	压水注水试验	压水	试验深度 D m	段次	D≤20	1753
					D>20	2104
		注水	钻孔注水		409	
			探井注水		205	

表 3-1-14 岩土工程检测实物工作收费基价表

项目			计费单位	收费基价/元
桩及复合地基静载荷试验	垂直静载试验（锚桩抗拔试验）加荷最大值/kN	≤500	试验点	6400
		1000		10000
		3000		15000
		5000		25000
		10000		40000
		15000		55000
		20000		70000
		>20000，每增加5000		按前一档收费基价乘以1.25的附加调整系数
	水平静载试验桩径Φ	Φ≤500		5000
		500≤Φ≤800		7000
		800≤Φ≤1000		9000
		Φ>1000		12000
	试坑开挖、桩头处理、加荷体吊装运输、锚桩及焊接费另计			

表 3-1-15 岩土工程勘探与原位测试实物工作收费附加调整系数表

序号	项目			附加调整系数	备注
1	钻孔	跟管钻进、泥浆护壁、基岩无水干钻钻探、基岩破碎带钻进取芯		1.5	
2	钻孔	水平孔、斜孔钻探		2.0	
3	钻孔	坑道内作业		1.3	
4	勘探、取样、原位测试	线路上作业		1.3	
5	钻孔、取样、原位测试	水上作业	滨海	3.0	包括工程物探
			湖、江、河 水深D/m D≤10	2.0	
			10<D≤20	2.5	
			D>20	3.0	
			塘、沼泽地	1.5	
			积水区（含水稻田）	1.2	
6	钻孔、取样	夜间作业		1.2	原位测试仅限于表3-1-13中主序号1~6
7	勘探、取样、原位测试	岩溶、洞穴、泥石流、滑坡、沙漠、山前洪积裙等复杂场地		1.1~1.3	
8	原位测试、工程物探的勘探费用另计				
9	小型岩土工程<3个台班，按3个台班计算收费				

6. 工程物探经费预算

(1) 技术工作费

工程物探技术工作费收费比例为 22%。

(2) 工程物探

工程物探实物工作收费基价（部分）详见表 3-1-16。

表 3-1-16 工程物探实物工作收费基价表（部分）

序号	项目				计费单位	收费基价/元				
1	浅层地震	反射或折射法	敲击		检波点·炮	18				
			爆破	陆地		25				
				水面布点 顺流		45				
				水面布点 横穿		220				
				水底布点 顺流		130				
				水底布点 横穿		260				
	定位费、爆破震源费等另计									
2	地质地震影像	点测			点	18				
		连续			km	14400				
		水上				21600				
3	面波勘探	探测深度 D/m	$D\leqslant10$			1800				
			$10<D\leqslant20$			2520				
			$20<D\leqslant30$			3240				
			$30<D\leqslant50$			4320				
			$D>50$			5760				
4	电法勘探	电极距 L/m				电测深法	中间梯度法	四极	联剖	偶极
		$L\leqslant100$			点	260	15	30	50	35
		$100<L\leqslant200$				330	20	40	55	40
		$200<L\leqslant400$				500	25	50	60	50
		$400<L\leqslant600$				760	30	60	80	70
		$600<L\leqslant800$				950	35			
		$L>800$				1200	40			
		测点距 L/m				自电、梯度单独测量		自电、梯度同时测量		
		$L\leqslant5$				15		25		
		$5<L\leqslant10$				20		30		
		$10<L\leqslant20$				30		40		
		$L\leqslant30$				40		50		
	高密度电法按电测深相应基价乘以 0.8 的附加调整系数									
	激发极化法按地面电法相应基价乘以 2.4 的附加调整系数									
	充电法按自电相应基价乘以 1.2 的附加调整系数									

续表

序号	项目		计费单位	收费基价/元		
5	磁法勘探	测点距 L/m	点	Ⅰ级精度	Ⅱ级精度	Ⅲ级精度
		$L \leqslant 10$		6	4	3
		$10 < L \leqslant 20$		8	6	5
		$20 < L \leqslant 50$		9	8	6
		$L > 50$		14	12	0
6	声频大地、甚低频电磁法	按磁法Ⅰ级精度基价乘以 2.0 的附加调整系数，不足 3 个组日按 3 个组日计				
7	地质雷达	工作方式		工程勘探	路面质量	
		点测	点	20	20	
		连续	km	13500	6300	
		探测深度>10 m，附加调整系数为 1.3；不足 4 个组日按 4 个组日计				
8	测井	电测井	m	23		
		水文测井		27		
		孔内电视		45		
9	钻孔波速测试	深度 D/m	m	单孔法	跨孔法	
		$D \leqslant 15$		135	189	
		$15 < D \leqslant 30$		162	243	
		$30 < D \leqslant 50$		216	297	
		测试深度>50 m，每增加 20 m，按前一档收费基价乘以 1.3 的附加调整系数；不足 2 个组日按 2 个组日计算收费				

7. 岩土室内试验经费预算

岩土工程勘察岩土室内试验费用预算，包括以下项。

（1）技术工作费

室内试验技术工作费收费比例为 10%。

（2）土工试验费

土工试验实物工作收费基价详见表 3-1-17。

（3）水质分析费

水质分析实物工作收费基价见表 3-1-18。

表 3-1-17 土工试验实物工作收费基价表

序号	试验项目		计费单位	收费基价 元	备 注
1	含水率		项	8	
2	密度	环刀法		8	
		蜡封法		18	
3	相对密度			19	
4	颗粒分析	筛析法（砂、砾）		26	
		筛析法（含黏性土）		40	
		筛析法（碎石类土）		70	现场试验
		密度计法		49	黏性土分析，粒径＜0.002 mm的，增加12元
		移液管法		47	
5	液限	碟式仪法		23	
		圆锥仪法		15	
6	塑限			30	
7	湿化			23	
8	毛细水上升高度			14	
9	砂的相对密度			52	
10	击实	轻型击实法		319	
		重型击实法		638	
11	渗透			55	黏土类、粉土类
				29	砂土类
12	标准固结	快速法		264	测回弹指数附加调整系数为1.3
		慢速法		497	
13	压缩	快速法		40	以四级荷载为基数，每增加一级荷载，快速法增加12元，慢速法增加15元
		慢速法		116	
14	黄土湿陷系数			53	
15	黄土自重湿陷系数			23	
16	黄土自重起始压力	单线法		137	5个环刀试样
		双线法		56	2个环刀试样
17	三轴压缩（低压≤600 kPa）	不固结不排水	组	413	
		固结不排水		775	
		固结不排水测孔压		930	
		固结排水		1240	
18	无侧限抗压强度	应变法	项	29	重塑土试验增加制备费17元
		测灵敏度		56	

续表

序号	试验项目		计费单位	收费基价/元	备注
19	直接剪切	快剪	组	49	重塑土试验增加制备费每组30元
		固结快剪		71	
		固结慢剪		99	
20	反复直剪强度			133	
21	自由膨胀率		项	14	
22	膨胀率			27	
23	膨胀力			36	
24	收缩	线缩、体缩、缩限		56	
25	静止侧压力系数			258	
26	有机质	铬酸钾滴定法		30	
27	振动三轴（低压≤600 kPa）	动强度(包括液化)(一)	组	4341	一种固结比
		动强度(包括液化)(二)		9096	三种固结比
		动模量阻尼比（一）		1447	一种固结比，一个容重
		动模量阻尼比（二）		3514	三种固结比

表3-1-18 水质分析实物工作收费基价表

序号	试验项目		计费单位	收费基价/元
1	水质简分析		件	220
2	一般水质全分析			380
3	特殊水质分析	锰	项	14
		铜		36
		铅		36
		锌		36
		镉		56
		汞		56
		砷		56
		氟		47
		酚		70
		硒		52
		氰化物		47
		碘化物		41
		电导度		15

(4) 岩石试验费

岩样加工实物工作收费基价见表3-1-19和表3-1-20。

表3-1-19 岩样加工实物工作收费基价表

序 号	试验项目	计费单位		收费基价/元
1	机切磨规格/mm	50~70 岩芯	块	19
		50×50×50		35
		50×50×100		38
		70×70×70		43
		100×100×100		69
2	不能机切，手工切磨/mm	50×50×50		38
3	机开料/mm	50~200		16
4	机磨	每两面		14
5	薄片切磨	不煮胶	片	27
		煮胶		59

表3-1-20 岩石物理力学试验实物工作收费基价表

序 号	试验项目		计费单位	收费基价/元	备 注
1	含水率		项	14	
2	颗粒密度	比重瓶法	组	47	
3	块体密度	水中称量法	块	14	
		量积法		14	
		蜡封法		18	
4	吸水率			47	
5	饱和吸水率			117	
6	单轴抗压强度	天然	组	47	每组3块
		饱和		70	
7	单轴压缩变形	干		185	
		饱和		233	
8	三轴压缩强度			760	每组5块
9	抗拉强度			93	每组3块
10	直剪	岩块、岩石与混凝土		269	每组5块
		结构面		289	
11	点荷载强度		块	26	
12	冻融	直接	组	2455	冻融25次，每组3块
13	薄片鉴定		件	52	

8. 其他费用计算

其他费用计算，如工程物探、工程测量、水文勘察等，也可根据工程条件，按2002年版《工程勘察设计收费标准》查表计算。如果进出场或搬迁困难，可与甲方协商，进出场费按市场价格计算。

9. 勘察经费计算格式

为方便计算，岩土工程勘察经费预算常用表格形式统计，可参考表3-1-21和表3-1-22。

表3-1-21 ×××岩土工程勘察实物工作量预算表

费用项目	技术条件	附加调整系数	计量单位	数量	工作收费基价/元	工作收费/元	备 注
一、工程测量						2000.00	
（一）定点实物测量						2000.00	
1.勘探点定点测量（放孔）			组日	2	1000	2000.00	
二、勘探						1810690.00	
（一）勘探实物工作收费（钻孔）						905345.00	
1. $D \leqslant 10$ m						232575.00	
（1）Ⅰ类岩土	泥浆护壁	1.5	m	1100	46	75900.00	
（2）Ⅱ类岩土		1.5	m	400	71	42600.00	
（3）Ⅲ类岩土		1.5	m	650	117	114075.00	
2. 10 m$<D \leqslant 20$ m						340545.00	
（1）Ⅰ类岩土	泥浆护壁	1.5	m	430	58	37410.00	工程勘察实物工作收费基价×实物工作量×附加调整系数
（2）Ⅱ类岩土		1.5	m	875	89	116812.50	
（3）Ⅲ类岩土		1.5	m	845	147	186322.50	
3. 20 m$<D \leqslant 30$ m						259145.00	
（1）Ⅱ类岩土		1	m	105	107	11235.00	
（2）Ⅲ类岩土		1	m	260	176	45760.00	
（3）Ⅳ类岩土		1	m	650	311	202150.00	
4. 30 m$<D \leqslant 40$ m						73080.00	
（1）Ⅲ类岩土		1	m	200	209	41800.00	
（2）Ⅳ类岩土		1	m	85	368	31280.00	
（二）勘探技术工作收费（钻孔）	工程勘察实物工作收费×技术工作收费比例					905345.00	比例为100%
（三）勘探收费基准价（钻孔）	工程勘察实物工作收费＋工程勘察技术工作收费					1810690.00	

续表

费用项目	技术条件	附加调整系数	计量单位	数量	工作收费基价/元	工作收费/元	备注
（四）勘探收费（钻孔）	工程勘察收费基准价×（1±浮动幅度值）					1810690.00	
三、取样						7300.00	
（一）取岩、土、水试样实物工作收费						3650.00	
1. 取土、岩样						3450.00	
（1）取原状土样	锤击法取土，深度均小于 30 m		件	75	40	3000.00	
（2）取砂样	深度均小于 30 m		件	10	15	150.00	
（3）取岩样			件	12	25	300.00	
2. 取水、土（土的腐蚀性）			件	5	40	200.00	
（二）取样技术工作收费	工程勘察实物工作收费×技术工作收费比例					3650.00	比例为100%
（三）取样收费基准价	工程勘察实物工作收费＋工程勘察技术工作收费					7300.00	
（四）取样收费	工程勘察收费基准价×（1±浮动幅度值）					7300.00	
四、原位试验（标准贯入法）						387000.00	
（一）原位测试实物工作收费						193500.00	
1. $D \leqslant 20$ m						146520.00	
（1）Ⅰ类岩土			次	450	80	36000.00	
（2）Ⅱ类岩土			次	450	108	48600.00	
（3）Ⅲ类岩土			次	430	144	61920.00	
2. $20 \text{ m} < D \leqslant 50$ m						46980.00	
（1）Ⅱ类岩土			次	50	162	8100.00	
（2）Ⅲ类岩土			次	180	216	38880.00	
（二）原位测试技术工作收费	工程勘察实物工作收费×技术工作收费比例					193500.00	比例为100%
（三）原位测试收费基准价	工程勘察实物工作收费＋工程勘察技术工作收费					387000.00	
（四）原位测试收费	工程勘察收费基准价×（1±浮动幅度值）					387000.00	
五、室内试验						16349.30	
（一）室内试验实物工作收费						14863.00	

续表

费用项目	技术条件	附加调整系数	计量单位	数量	工作收费基价/元	工作收费/元	备注
1. 土工试验实物工作收费						12935.00	
(1) 含水率			项	75	8	600.00	
(2) 密度	环刀法		项	75	8	600.00	
(3) 相对密度			项	75	19	1425.00	
(4) 颗粒分析	筛分法		项	10	26	260.00	
(5) 液限	圆锥仪法		项	75	15	1125.00	
(6) 塑限			项	75	30	2250.00	
(7) 压缩	快速法		项	75	40	3000.00	
(8) 直接剪切	快剪		组	75	49	3675.00	
2. 岩石	100×100×100		块	12	69	828.00	
3. 水、土质实物工作收费（简分析）			件	5	220	1100.00	
(二) 室内试验技术工作收费	室内试验实物工作收费×技术工作收费比例					1486.30	比例为10%
(三) 室内试验收费基准价	室内试验实物工作收费+室内试验技术工作收费					16349.30	
(四) 室内试验收费	室内试验收费基准价×(1±浮动幅度值)					16349.30	
六、本工程勘察总预算	等于上述一至五项之和					2223339.30	
七、本工程勘察报价	按总预算下浮20%计费					1778671.44	
八、波速测试						99225.00	
1. $D \leq 15$ m			m	225	135	30375.00	
2. 15 m$< D \leq 30$ m	单孔法		m	225	162	36450.00	
2. 30 m$< D \leq 50$ m			m	150	216	32400.00	
九、本工程波速测试报价	按总预算下浮20%计费					79380.00	
十、本工程勘察、波速测试总报价						1858051.44	

注：计费依据《工程勘察设计收费管理规定的通知》（2002年修订本）。根据招标文件钻孔总进尺共5600 m，地震波速测试钻孔15个，本工程岩土工程勘察等级为乙级。Ⅰ类表示流、软、可塑黏性土、素填土，Ⅱ类表示硬塑黏性土和全风化岩，Ⅲ类表示砂、砾土、强风化岩，Ⅳ类表示中风化岩，Ⅴ类表示微风化岩，D表示钻探孔深度。

表 3-1-22 某国际机场项目岩土工程勘察预算表

项目	深度 m	岩土类别	数量 m	单价 元	金额 元	小计 元	项目	工作内容	深度 m	岩土类别	数量 m	单价 元	金额 元	小计 元
野外钻探	D≤10	Ⅰ	750	46.00	34500.00	1132692.00	原位测试	轻型动力触探	D≤10	Ⅰ	200	32.00	6400.00	170940.00
		Ⅱ	300	71.00	21300.00					Ⅱ	100	50.00	5000.00	
		Ⅲ	800	117.00	93600.00					Ⅲ		82.00		
		Ⅳ	50	207.00	10350.00			重型动力触探	D≤10	Ⅲ		128.00		
		Ⅴ		301.00						Ⅳ	5	300.00	1500.00	
	10<D≤20	Ⅰ		58.00						Ⅴ		375.00		
		Ⅱ	400	89.00	35600.00				10<D≤20	Ⅲ		159.00		
		Ⅲ	300	147.00	44100.00					Ⅳ	40	375.00	15000.00	
		Ⅳ	150	259.00	38850.00					Ⅴ		469.00		
		Ⅴ	50	377.00	18850.00				20<D≤30	Ⅲ		191.00		
	20<D≤30	Ⅰ		69.00						Ⅳ		450.00		
		Ⅱ	60	107.00	6420.00					Ⅴ		563.00		
		Ⅲ	60	176.00	10560.00				30<D≤40	Ⅲ		227.00		
		Ⅳ	50	311.00	15550.00					Ⅳ		534.00		
		Ⅴ	30	452.00	13560.00					Ⅴ		668.00		
	30<D≤40	Ⅰ		82.00						Ⅵ		757.00		
		Ⅱ		127.00				标准贯入试验	D≤20	Ⅰ	150	80.00	12000.00	
		Ⅲ		209.00						Ⅱ	50	108.00	5400.00	
		Ⅳ		368.00						Ⅲ	150	144.00	21600.00	
		Ⅴ		536.00					20<D≤50	Ⅰ		120.00		
		Ⅵ		680.00						Ⅱ		162.00		
	40<D≤50	Ⅰ		98.00						Ⅲ	50	216.00	10800.00	
		Ⅱ		151.00			技术工作收费（比例）			120%		93240.00	
		Ⅲ		249.00			取样	土样	原状样 D≤30		300	40.00	12000.00	30800.00
		Ⅳ		439.00					原状样 D>30			50.00		
		Ⅴ		639.00					扰动样		120	15.00	1800.00	
	以上各项合计			343240.00					水样		5	40.00	200.00	
	附加系数 1.5			514860.00					岩样			25.00		
	技术工作收费（比例）		120%	617832.00			技术工作收费（比例）			120%		16800.00	

续表

项目	深度 m	岩土类别	数量 m	单价 元	金额 元	小计 元	项目	工作内容	深度 m	岩土类别	数量 m	单价 元	金额 元	小计 元
室内试验		土试验 常规	300	80.00	24000.00		工程物探及测量	波速测试		$D\leqslant15$	75	135.00	10125.00	
		土试验 压缩	300	40.00	12000.00					$15<D\leqslant30$	25	162.00	4050.00	53893.50
		土试验 剪切	180	49.00	8820.00					$30<D\leqslant50$		216.00		
		颗粒分析 筛分	100	40.00	4000.00			勘察测量		组日	15	2000.00	30000.00	
		颗粒分析 黏粒	40	70.00	2800.00	58870		技术工作费（收费比例）		22%			9718.50	
		水质分析 全分析	5	380.00	1900.00		其他项目收费	设备调遣费			4	53240	212960.00	
		岩石试验						人员调遣费			12	15000	180000.00	
		其他试验						出国人员津贴			12	20000	240000.00	1112960.00
		室内试验技术工作费（比例）	10%		5352			办公及其他费用			2	80000	160000.00	
								雇佣人员工资			14	5000	70000	
								后期施工配合					150000	
								其他不可预见费用					100000	
岩土工程勘察预算总计/元													2406309.50	

注：本项目预计勘察工作量钻孔 220 个，进尺 3000 m，工期按 60 d 计。收费按国家发展计划委员会与建设部 2002 年颁布的《工程勘察设计收费标准》计算，币种为人民币。工程物探、工程测量技术工作费收费比例为 22%，本工程岩土工程勘察等级为甲级。

练 一 练

某高层建筑场地面积为 0.5 km^2，岩土工程勘察等级为甲级，海拔约 2600 m，要求在 1—2 月份完成外业工作，室外气温在 −15～−28 ℃之间，场地地层情况如下：0～5 m 为 Ⅱ 类黏土，5～7 m 为 Ⅰ 类软土，7～20 m 为 Ⅳ 类卵石土，20 m 以下为 Ⅴ 类岩石，场地无道路，从附近的街道修至场地简易道路的费用约需 2000.00 元，要求完成的工作如下：

1) 完成 3 个工程地质勘探孔，孔深为 30 m（采用泥浆护壁）；

2) 从 2.5 m 起到 7 m，每隔 1 m 取一件原状土样（要求采用固定活塞薄壁取土器），从 7 m 起到 20 m，每隔 5 m 取一件扰动土样，并进行动力触探，从 22 m 起每隔 3 m 取一件岩芯样；

3) 在两个具有代表性的钻孔中采用跨孔法进行钻孔波速测试；

4) 试验要求：对黏性土及软土中的原状试样应进行下列试验：含水率、密度（环刀法）、相对密度、液塑限、标准固结（快速法测回弹指数）、直接剪切（固结快剪）；

5) 卵石层中的扰动样应进行颗粒分析（筛析法）、对岩芯试样应进行制样（机磨）、吸水率、饱和吸水率、单轴抗压强度（饱和状态）试验。

试按《工程勘察设计收费标准》(2002 年修订本)计算收费额(基准价)。

知识小结

本学习任务主要介绍了岩土工程勘察设计的方法和内容,重点介绍了岩土工程勘探工作量的布置,应结合勘察等级、勘察阶段和工程类别进行。同时介绍了岩土工程勘察成本计算方法,要求学生通过学习,能进行岩土工程勘察工作量布置及勘察成本预算。

思考训练

1. 岩土工程勘察设计原则是什么?
2. 在勘察设计中应重点注意哪些方面?
3. 勘察成本预算主要包括哪些内容?
4. 某单位拟建一 12 层职工住宅,规划住宅楼长 80 m,宽 11.3 m,采用砖混结构,条形基础。该住宅楼地基等级为一级,试设计详细勘察阶段勘探点的种类、间距、数量及深度。
5. 某建筑物长 30 m,宽 30 m,地上 25 层,地下 2 层,基础埋深 6 m,地下水位埋深 5 m,地面以下深度 0~2 m 为人工填土($\gamma=15$ kN/m³),2~10 m 为粉土($\gamma=17$ kN/m³),10~18 m 为黏土($\gamma=19$ kN/m³),18~26 m 为粉质黏土($\gamma=18$ kN/m³),26~35 m 为卵石($\gamma=21$ kN/m³),地基为复杂地基,试做详细勘察工作量布置。
6. 某建筑物长 60 m,宽 20 m,地上 35 层,地下 3 层,拟定基础埋深 12 m,预估基底压力 600 kPa。根据已有资料,该场地地表下 0~2 m 为素填土,2~6 m 为粉质黏土,6~10 m 为粉土,10~11 m 为黏土,11~15 m 为卵石,15~25 m 为粉质黏土,25~30 m 为细砂,30~40 m 为粉土;地下水分为两层,第一层 3~4 m 为上层滞水,第二层 10.5 m 为承压水,地震基本烈度Ⅷ度,地基复杂程度为二级,试做详细勘察工作量布置。
7. 某岩土工程勘察等级为甲级,场地岩层产状很缓,露头良好,地形平坦,植被不发育,要求进行以下工作:

1) 带状工程地质测绘工作,比例尺为 1∶500,工作区宽为 500 m,长为 20 km。

2) 对场地中某建筑物范围进行岩土工程勘察,钻探孔数为 4 个,采用泥浆钻进,地层情况为:0~5 m 为Ⅱ类黏土,5~8 m 为Ⅰ类土,8~18 m 为Ⅲ类土,18~29 m 为Ⅳ类土,29 m 以下为Ⅴ类岩石,钻孔深度为 40 m。

3) 自地面始每隔 2 m 取一件原状土样到 28 m 为止,自地面下 1.0 m 始,每隔 2 m 进行一次标准贯入试验至 27 m 止;自 30 m 始,每隔 4 m 取一件岩芯试样。在一个钻孔中的 5 m、15 m、25 m、35 m 处取水样各一件。

4) 对一个钻孔进行电测井和水文测井工作。

5) 对土样进行以下试验:含水率、密度(蜡封法)、细粒颗分试验(移液管法)、液限(圆锥仪法)、塑限、压缩试验(慢速法)、直剪试验(同时进行反复直剪强度及峰值强度测试);对岩样进行以下试验:机切磨直径 70 mm,块体密度(量积法),天然状态单轴抗压强度,对水样进行一般水质全分析试验。

试按《工程勘察设计收费标准》(2002 年修订本)计算该项工程勘察的收费额(基准价)。

任务二 岩土工程勘察设计书编制

知识目标

掌握岩土工程勘察设计书的编制方法。

能力目标

能编制岩土工程勘察设计书。

思政目标

树立规范意识,编制高质量的岩土工程勘察设计书。

岩土工程勘察设计书的编制,各地区都有符合当地特点的编制方法和格式,但内容大同小异,现举例说明。

(一) 前言

简要说明工程概况,包括:工程项目来源、委托单位、工程项目规模及特点、工程项目所处行政地理位置。

(二) 勘察目的及技术要求

简要叙述本次勘察的目的,为拟建工程设计、施工提供翔实的岩土工程资料及岩土工程技术参数。

(三) 勘察工作依据及技术标准

各类勘察规范、合同文本、设计图纸及自然条件资料和技术经济资料。

1. 国家标准

所依据的国家标准如下:
1)《岩土工程勘察规范(2009年版)》(GB 50021—2001);
2)《建筑地基基础设计规范》(GB 50007—2011);
3)《建筑抗震设计规范(2016年版)》(GB 50011—2010);
4)《土工试验方法标准》(GB/T 50123—2019);
5)《工程岩体分级标准》(GB/T 50218—2014)。

2. 相关行业和地方规范

未尽事项严格遵循国家有关强制性文件和规范、规程,并参照相关省(市、自治区)相关规定执行。

1)《建筑桩基技术规范》(JGJ 94—2008);
2)《建筑工程地质勘探与取样技术规程》(JGJ/T 87—2012);

3)《高层建筑岩土工程勘察规程》(JGJ/T 72—2017);
4)《建筑基坑支护技术规程》(JGJ 120—2012)。

3. 其他

1) 建设工程勘察合同与工程地质勘察技术委托书;
2) 岩土工程详细勘察项目招标文件;
3) 工程总平面图及勘察技术要求。

(四) 拟建建筑物及场地工程地质概况

前期已勘察的工程地质及水文地质资料,包括地层岩性等。

1. 场地概况

根据邻近工程勘察资料及现场踏勘结果,简述拟建建筑物场地地形、地貌特征,场地地基岩土及其工程特性,地基岩土层自上而下进行描述,描述内容如下:

黏性土:颜色,湿度状态,稠度状态,主要成分,预计分布厚度;

非黏性土:颜色,湿度状态,密实度,颗粒主要成分,预计分布厚度;

基岩:颜色,结构,风化程度,矿物成分,预计本层顶板埋深,分布厚度。

2. 需解决的问题

1) 查明建筑范围内岩土层的类型、深度、分布、工程特性、分析和评价地基的稳定性、均匀性和承载力。
2) 查明不良地质作用的类型、成因、分布范围、发展趋势和危害程度,提出整治方案的建议。
3) 查明地下埋藏的河道、沟浜、墓穴、防空洞、孤石等对工程不利的埋藏物。
4) 查明地下水埋藏条件,提供地下水位变化幅度,判定水和土对建筑材料的腐蚀性。
5) 提供岩土物理力学性质参数,并对地基类型、基础型式、地基处理等提出建议。
6) 划分场地类别,对场地抗震性能进行评价。

(五) 勘察技术方案

1. 勘察工作量布置

(1) 勘探孔布置

1) 根据拟建建筑物性质和场地工程地质概况,说明本工程场地复杂程度等级、地基复杂程度等级、建筑物重要性等级,确定岩土工程勘察等级。
2) 根据《岩土工程勘察规范(2009年版)》(GB 50021—2001)、《建筑地基基础设计规范》(GB 50007—2011)、《建筑桩基技术规范》(JGJ 94—2008)等现行有关规范,确定工程勘探孔的布置形式。
3) 根据专业规范、施工图设计及施工图审查(规范强制性条文)要求,结合场地工程地质条件及各拟建建筑物性质特点,确定工程钻孔孔距、勘探孔数、钻孔类型,并绘出具体钻孔位置图。
4) 勘察实施时,若发现孔距过大或者局部地质条件变化较大,应及时与招标人及设计单位商议增加钻孔。

5）勘探孔深度：根据邻近场地的工程地质资料和《建筑地基基础设计规范》(GB 50007—2011)、《建筑桩基技术规范》(JGJ 94—2008)确定勘探孔的深度。

（2）勘察工作布置应注意的问题

勘察工作应根据场地情况及技术要求布置，一般要求做测试、试验的钻孔应先期施工。根据钻孔位置、搬迁距离及难度，一般先施工搬迁距离短、难度小的钻孔，对提供技术资料的钻孔优先施工。应注意钻机安排密度，尽量减少设备转运搬迁的次数。注意自然因素对施工的影响。

2. 勘察方法及技术要求

说明本次勘察拟综合采用的勘察方法，由于工程概况和工程地质条件不同，可采用下述几种或多种方法。

（1）勘察方法

1）工程测量：叙述基本任务和应满足的技术要求，参照工程测量相关规范执行。

2）钻探：简述所采用的钻探设备、施工方法、规范标准、具体任务和技术要求。技术要求如下：

a. 针对不同的岩土层，阐明采用的钻进与取芯、取样工艺。

b. 控制每回次进尺要求；严格控制回次进尺，提高岩芯采取率；当岩芯采取率不能满足规定要求时，应改变施钻方法、工艺或钻具（如岩芯管、单层改双层、单动改双动等），钻探回次进尺应严格按表3-2-1控制。

表3-2-1 工程地质钻探回次进尺长度表

岩 层	回次进尺/m	岩 层	回次进尺/m
黏性土	≤1.0	软土	0.3～1.0
砂类土	泥浆钻进：1.0	滑动面及重要结构面上下5.0m范围	0.3～0.5
	跟管钻进：0.5	不均匀基岩	0.5～1.0
碎石类土	0.5～1.0	较完整、完整基岩	1.0～2.5

c. 钻孔取芯率要求：

土层：黏性土取芯率不小于90%，砂类土取芯率不小于70%，碎石类土取芯率不小于50%；

基岩：微风化、弱风化取芯率不小于70%，强风化、全风化取芯率不小于50%；完整基岩取芯率不小于80%，滑动面及重要结构面上下5m范围内取芯率不小于70%。

d. 钻具下孔前应按顺序摆放、编号，逐根测量和记录。

e. 钻进时应根据钻进速度、声音变化、钻具跳动、回转阻力等情况，及时测量钻具余长，记录孔深。

f. 测量取样、标准贯入试验、动力触探试验及地下水位深度的允许偏差为±5cm。

g. 水上钻探时，水边应设观测标尺，以此推算孔位的水深及机上钻具的余长。

h. 终孔孔径要求：土层中孔径不小于108mm，岩层中孔径不小于75mm。

i. 做到清孔干净，孔壁稳定，钻孔垂直，以保证取样、测试的质量。

j. 各机台钻探记录员应准确、详细记录。

3) 物探：一般采用波速测试，在施工前布设好波速测试孔，其终孔孔径不应小于110 mm。按要求终孔后，再分段进行测试。

4) 抽水试验：在施工前布设好测试孔，其终孔孔径不应小于110 mm，按规范要求进行试验。

5) 采取土样：为确保每个土层的土工试验数据的合理性和代表性，每个场地每一主要土层的原状土试样不应少于6件，说明所采用的取土器、取样方法和技术要求。

6) 原位测试：说明所采用的原位测试方法，每层岩土层测试数量按规范要求均大于6组，由于工程概况和工程地质条件不同，可采用下述几种或多种方法。

标准贯入试验：说明钻孔和试验土层及试验技术要求；

重型动力触探试验：说明钻孔和试验土层及试验技术要求；

静力触探试验：说明试验土层和技术要求。

7) 室内试验：预计取原状土试样数量、扰动颗粒分析试样数量、岩石抗压试样组数。

土工试验：按照《土工试验方法标准》(GB/T 50123—2019)执行，并严格按照有关规程进行操作，试验项目以常规为主，可列表说明土样类型、进行的试验项目和得到的参数。

水质分析：采集地下水样若干组分别进行腐蚀性分析，以评价地下水对建筑材料的腐蚀性。

(2) 资料整理

以钻探、现场原位测试及室内土工试验测试的成果为依据，进行岩土层划分，并结合地区经验，提供各岩土层的物理力学参数。由于各地段岩土层时代、成因不尽相同，导致力学性质不均，所提供岩土层的基本承载力为综合建议值。岩土层编号按岩土层时代（成因）、岩土性质自上而下统一进行。

(六) 施工组织与质量管理

1. 项目人员组织及设备安排

(1) 人员组织机构

工程项目实施项目负责人负责制，要求绘制勘察项目组织机构图，并叙述各部门职责和人员安排，可参照图3-2-1进行安排。

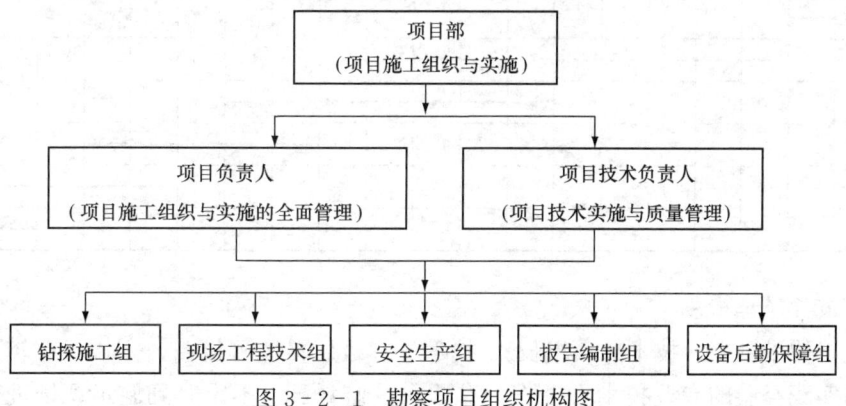

图3-2-1 勘察项目组织机构图

（2）项目部主要人员及人力资源配备

对拟进入项目部主要成员的姓名、性别、出生年月、学历、专业、技术职务及在本项目中所任职务进行统计。人力资源配备见表3-2-2。

表3-2-2 人力资源配备表

序号	岗位	职称或职业	人员/人	主要工作内容
1	项目经理	高级工程师	1	工程负责人、安全负责第一人
2	总工程师	岩土工程师	1	项目技术质量负责人
3	技术质量组	高级岩土工程师、工程师、助理工程师	若干	施工技术质量落实检查工作
4	安全检查组	安全员	若干	施工安全检查人员
5	钻探作业组	高中级技工	若干	钻探施工
6	后勤组	材料员、厨师、司机等	若干	负责材料采购、后勤保障、修地盘（钻探施工场地）和道路（可进行钻探施工各种设备搬运）及搬迁
7	合计			

（3）主要设备一览表

对拟投入项目的主要设备名称、型号、数量进行统计。

2. 施工质量保证措施

（1）勘察施工进度计划

根据工作量、分布及工期进度要求，结合实际场地施工条件，合理安排设备及人员数量，将工作量按工期分2～3个阶段，按阶段分步完成，同时还应考虑气候因素。

制订施工进度计划，内容包括：本项目总工期，其中外业勘探施工天数，内业资料整理天数；拟进场钻机台数及时间安排；绘制施工进度表。如某工程勘察工期为20天，其勘察施工进度表详见表3-2-3。同时应采取相应措施，保证工期顺利进行。

表3-2-3 施工进度计划表

项目	施工天数/d																			
	1	2	3	4	5	6	7	8	9	10	11	12	13	14	15	16	17	18	19	20
进场及测量																				
野外勘探																				
土工试验																				
报告初稿																				
总工办审查																				
出版提交																				

（2）质量保证措施

设立以技术总工、技术部（组长）、技术员三级质量监督机制，安排具有较强理论知识和丰富实践经验的专业技术人员作为专职质量监督员，不定时到施工现场进行质量检查、指正。保证施工质量满足设计要求。依据《质量管理体系 要求》(GB/T 19001—2016)标准建立一套完整的质量管理体系文件,绘制勘察过程控制质量管理的"质量控制框图"(图3-2-2)。

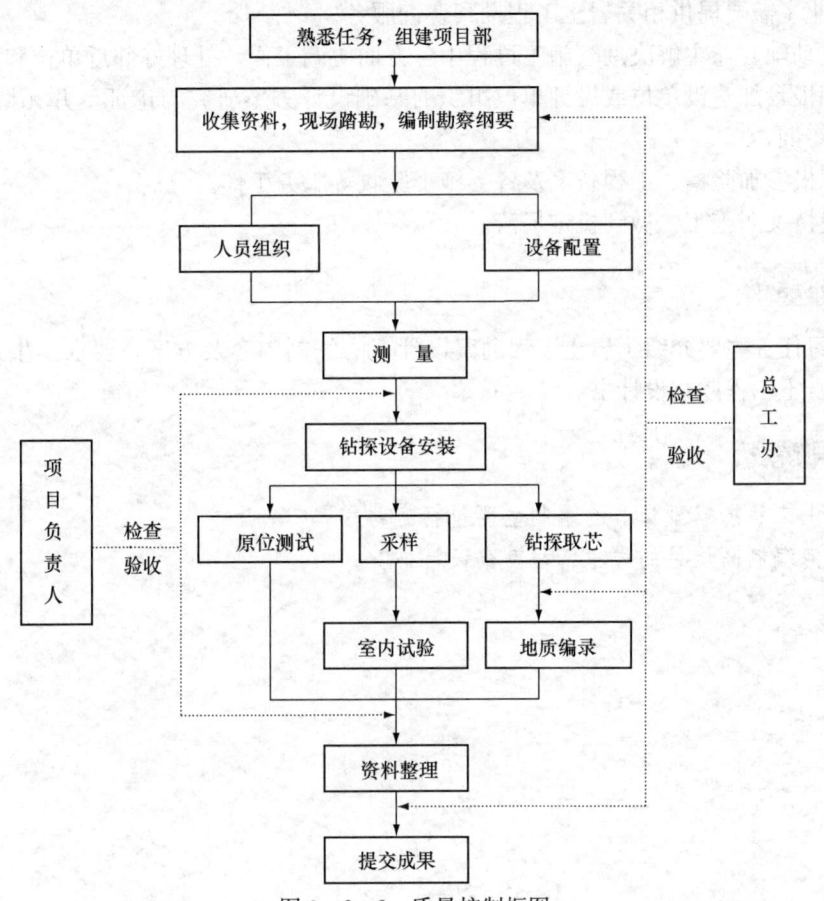

图3-2-2 质量控制框图

(3) 安全文明施工措施

保证职工具有安全、健康的工作、生活环境,确保设备转运安全和施工安全,不污染环境。

1) 严格执行国家、省(自治区、直辖市)、市及单位的安全生产、文明施工有关规章制度。现场设置兼职安全员,监督、管理安全事务。

2) 各项工种作业人员持证上岗,并做好安全教育工作。

3) 抓好现场作业的文明施工管理,坚持勘察作业不扰民、不破坏、低噪音的原则。保持作业现场环境卫生,作业完成后现场不留洞、坑等影响安全的隐患。

4) 机械设备在进场前必须做好设备安全检修工作。

(七) 勘察费用预算

根据国家发展计划委员会、建设部发布的《工程勘察设计收费管理规定的通知》(计价格〔2002〕号文)及《工程勘察设计收费标准》(2002年修订本),对拟建建筑物场地的勘察费用进行预算。

（八）服务与承诺

根据业主需要提供相关岩土工程勘察咨询服务。

1) 主动配合业主解决勘察施工过程中各方面协调工作，处理好邻近单位和人员关系。
2) 积极参加建设单位或设计单位组织的基础设计方案研究与论证，并无偿提供岩土工程勘察咨询。
3) 积极参加验槽、工程备案及各类施工验收等服务工作。
4) 坚持文明施工，做到机走场清。

知识小结

本学习任务主要介绍了岩土工程勘察设计书的编制内容及方案，要求学生通过学习，能够编制岩土工程勘察设计书。

思考训练

1. 岩土工程勘察设计书的编制主要包括哪些内容？
2. 如何编制高质量的岩土工程勘察设计书？

项目四　特殊条件下的岩土工程勘察

　　特殊条件下的岩土工程勘察主要指建设场地地下水勘察、不良地质作用和地质灾害勘察及特殊性岩土的勘察，是在普通勘察基础上针对特殊条件而进行的勘察。由于地下水、不良地质作用和地质灾害及特殊性岩土会给建筑工程造成各种岩土工程问题，直接影响建筑物的安全、经济和正常使用，因此要求勘察工作更加细致和具有针对性，勘探工作量将增大。通过本项目的学习，应掌握特殊条件下的岩土工程勘察要点和岩土工程评价，学会勘察和评价方法及要求，能结合实际预测特殊条件下的危害并提出防治措施。

　　同时树立生命至上思想，增强防灾意识，建立防灾体系，提升防灾减灾水平和抵御自然灾害的自救能力。各种地质灾害易造成农田、铁路、公路、村镇、矿山、学校、机关、水利、水电等损毁，危及生命，在进行各类地质灾害勘察时，应具有高度的责任心，查明各类地质灾害要素及其特征、规模、影响范围，以避免发生工程事故，保护财产安全，保障生命安全，保护土地资源，保护地下水资源，保障粮食安全，做好避灾、防灾和减灾。灾害发生时，应有有效的应急组织机构，有充足的抢险物资储备，有一支专业高效的救援队伍，避免次生灾害造成的二次危害，有效组织灾后重建和恢复生产。

导 学 图

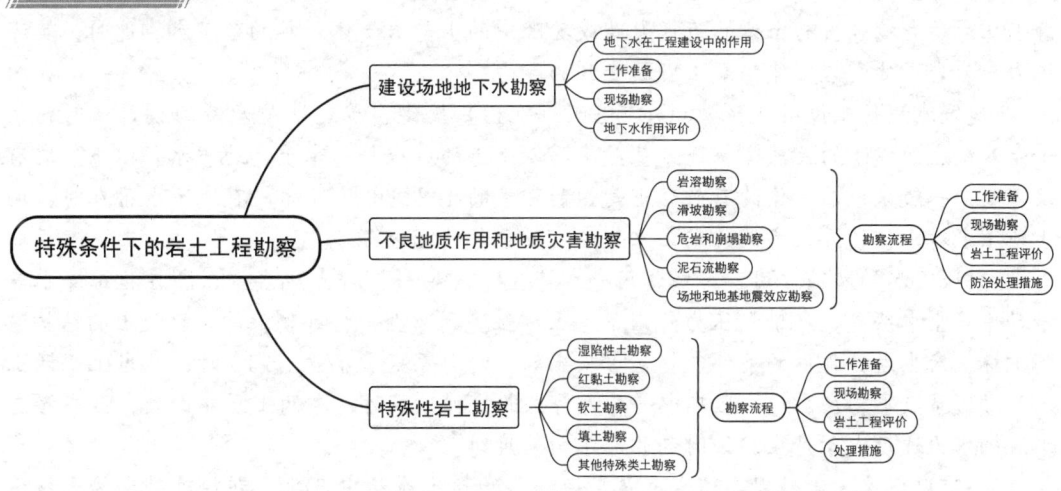

任务一　建设场地地下水勘察

知识目标

1. 了解地下水对建设场地的不利影响。

2. 掌握地下水勘察的主要内容和要求。
3. 掌握地下水在工程建设中对工程影响的分析与评价。

能力目标

1. 能开展地下水勘察工作,具备设计地下水勘察方案的能力。
2. 能获得各种水文地质参数及水文地质勘察资料。
3. 能开展勘察分析与评价,提供合理的岩土工程勘察结论与建议。

思政目标

树立质量意识、安全意识,科学治水,充分利用地下水资源为民造福。

在工程建设中,地下水的存在与否对建筑工程的安全和稳定有很大影响。地下水在岩土工程勘察、设计和施工中始终是一个极为重要的问题。地下水既作为岩土体的组成部分直接影响岩土性状与行为,又作为工程建筑物的环境,影响工程建筑物的稳定性和耐久性。由于地下水会对岩土体及建筑物产生作用以及给工程施工带来各种问题,所以在进行岩土工程勘察时,应着眼于建筑工程的设计和施工需要,提供地下水的完整资料,评价地下水的作用和影响,预测地下水可能带来的后果并提出防治地下水影响的工程措施。

地下水勘察

地下水在工程建设中的作用主要包括如下方面:

1) 地下水的静水压力及浮托作用。地下水对水位以下的岩土体有静水压力作用,并产生浮托力。静水压力对岩土体的作用体现在进行基底压力和土压力计算时应考虑地下水静水压力的影响。当岩土体的节理裂隙或孔隙中的水与岩土体外界的地下水相通时,其浮托力应为岩土体的岩石体积或土颗粒受到的浮力。

《建筑地基基础设计规范》(GB 50007—2011) 规定,确定地基承载力设计值时,无论是基础底面以下的天然容重还是基础底面以上土的加权平均容重,地下水位以下均取有效容重。一般来说,土体的有效容重是饱和容重的 1/2。由此可知,有地下水存在时,由于地下水对土体的浮托力的作用,土体的有效重量将减轻 50%。

2) 地下水的潜蚀作用。潜蚀作用通常产生于粉细砂、粉土地层中,即在施工降水等活动中产生水头差,在动水压力作用下,土颗粒受到冲刷,将细颗粒冲走,使土的结构遭到破坏。产生潜蚀作用的条件包括:①当土的不均匀系数 $d_{60}/d_{10}>10$ 时;②当上下两土层的渗透系数 $K_1/K_2>2$,且其中一层为粉土或粉细砂层时,在两土层界面处;③当渗透水流的水力坡度大于产生潜蚀时的临界水力坡度时。

3) 流砂现象。流砂现象通常也是在粉细砂和粉土地层中产生,即粉细砂和粉土被水饱和产生流动的现象。易产生流砂的条件包括:①水力坡度大于临界水力坡度时,即动水压力超过土粒重量时;②粉细砂或粉土的孔隙度越大时;③粉细砂或粉土的渗透系数越小且排水性能越差时。

4) 基坑突涌。当基坑下部有承压含水层时,应评价基坑开挖所引起的承压水头压力,破坏基坑底板造成突涌的可能性,通常按压力平衡进行验算。如图 4-1-1 所示,黏土层底部单位面积上受到承压水的浮托力为 $\gamma_w h$,基坑坑底单位面积上的土压力为 γH,若基

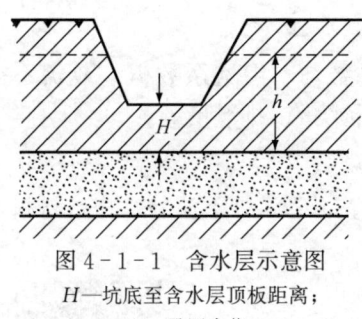

图 4-1-1 含水层示意图
H—坑底至含水层顶板距离；
h—承压水位

坑坑底底面土压力小于浮托力，即

$$\gamma_w h < \gamma H \quad (4-1-1)$$

则槽底的黏土层可能被承压水拱起而破坏。因此，在确定基础埋深或进行坑开挖时，槽底的黏土层厚度必须满足式（4-1-2），否则应当采取措施人工降低地下水位，以保证槽底的安全。

$$H > \frac{\gamma_w}{\gamma} h \quad (4-1-2)$$

式中：γ_w 为水的容重；γ 为土层容重。

5）地面沉降。在进行基坑降水或工程排水时，在地下水位下降的影响范围内，应考虑排水是否能够造成地面沉降及其对工程和邻近建筑物的危害。特别是对于欠固结饱和土体以及部分正常固结的饱和土体，地基所受的总应力（上覆压力）不变，而随着水位的降低，孔隙水压力逐渐减小，引起地基土层压缩的有效应力逐渐增大，从而引起土层压缩，导致地面沉降。

此外，在验算边坡稳定性以及挡土墙压力时，应考虑地下水及其动水压力的不利影响。在基坑疏干排水时应对土的渗透性、涌水量进行计算与评价。

6）水和土对建筑材料的腐蚀性。建筑物的基础通常都埋于地下，周围的土和地下水中的有害离子会对建筑物的混凝土和钢筋产生腐蚀作用。尽管在建筑物设计时，考虑到水和土对建筑物的腐蚀作用采取了相应的防护措施，但仍然会对建筑物造成破坏，严重时会影响建筑物的安全与稳定。

《岩土工程勘察规范（2009 年版）》（GB 50021—2001）规定，当基础处于侵蚀性环境或受温度影响时，尚应符合国家现行的有关强制性规范的规定，采取相应的防护措施。因而在勘察中，除对有足够经验和充分资料的地区可以不进行水、土腐蚀性评价外，其他地区均应采取水、土样，进行腐蚀性分析。

（一）工作准备

1. 了解勘察的目的

1）根据工程要求，通过收集资料和勘察工作，掌握勘察阶段原始水文地质条件，包括：①地下水类型和赋存状态；②主要含水层分布规律；③区域性气候资料，如年降水量、蒸发量及其变化和对地下水位的影响；④地下水的补给排泄条件、地表水与地下水的补排关系及其对地下水位的影响；⑤勘察时的地下水位、历史最高地下水位、近 3~5 年最高地下水位、水位变化趋势和主要影响因素；⑥是否存在对地下水和地表水的污染源及其可能的污染程度。

2）对缺乏常年地下水位监测资料的地区，在对高层建筑或重大工程进行初步勘察时，宜设置长期观测孔，以对有关层位的地下水进行长期观测。

3）对高层建筑或重大工程，当水文地质条件对地基评价、基础抗浮和工程降水有重大影响时，宜进行专门的水文地质勘察。

2. 选定水文地质参数的测定方法

水文地质参数包括：导水系数 T、导压系数 a、储水系数 S、渗透系数 K、越流系数、涌水量 Q（单井、多井、群井）、水力坡度、渗流量、补给量、排泄量等。

（1）地下水位（头）的测定方法

对于潜水，通过挖坑、钻井测定；对于承压水，按钻井、下管、外下滤料、止水材料顺序施工后测定。

（2）渗透系数等参数的测定方法

在施工现场，一般采用抽水、注水、压水试验测定，在室内，通过室内渗透试验测定。按《岩土工程勘察规范（2009 版）》（GB 50021—2001）和《土工试验方法标准》（GB/T 50123—2019）规定要求确定测定方法，也可参照表 4-1-1 的规定要求和实际情况选定。

单环渗水试验

表 4-1-1　水文地质参数的测定方法

参　数	测　定　方　法
地下水位	钻孔、探井或测压管观测
渗透系数、导水系数	抽水试验、注水试验、压水试验、室内渗透试验
给水度、释水系数	单孔抽水试验、非稳定流抽水试验、地下水位长期观测、室内试验
越流系数、越流因数	多孔抽水试验（稳定流或非稳定流）
单位吸水率	注水试验、压水试验
毛细水上升高度	试坑观测、室内试验

注：除地下水位外，当对数据精度要求不高时，可采用经验数据。

3. 仪器设备

1）测钟、电池水位计或自动水位记录仪；
2）潜水泵、测压计等。

双环渗水试验

（二）现场勘察

结合工程钻探，建设场地的地下水勘察主要工作如下。

1. 测量地下水位

1）按测试精度和要求选用测试仪器。
2）初见水位：在钻孔、探井或测压管内直接测量。
3）稳定水位：稳定水位的间隔时间按地层的渗透性确定，对砂土和碎石土不得少于 0.5 h，对粉土和黏性土不得少于 8 h，并宜在勘察结束后统一测量稳定水位。测量读数至厘米，精度不得低于±2 cm。

关注点：①对工程有影响的多层含水层的水位测量，应采取止水措施，将被测含水层与其他含水层隔开。②当采用泥浆钻进时，测量水位前应将测水管打入含水层中 20 cm 或洗孔后测量。

2. 确定地下水流向、测定地下水流速

（1）确定流向

沿等边三角形各顶点分别布置三个钻孔，孔距 50～100 m（测量点间距，同时测量各孔内水位），绘制等水位线，垂直等水位线由高水位向低水位的方向即为地下水流向，如图 4-1-2 所示。

（2）测定流速

常用指示剂法测定地下水流速。当地下水流向确定后，沿流向布置两个钻孔，向上游钻孔投放指示剂，在下游钻孔进行观测，指示剂投放孔与观测孔的距离由含水层的透水条件确定，见表 4-1-2。为避免指示剂绕观测孔流过，可在观测孔两侧 0.5～1.0 m 处各布置一辅助观测孔，如图 4-1-3 所示。按下式计算流速：

$$u=\frac{l}{t} \tag{4-1-3}$$

式中：u 为地下水实际流速，m/h；l 为指示剂投放孔与观测孔间的距离，m；t 为观测孔内指示剂出现所需时间，h。

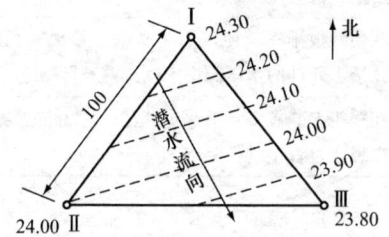

图 4-1-2　测定地下水流向的钻孔布置略图（单位：m）

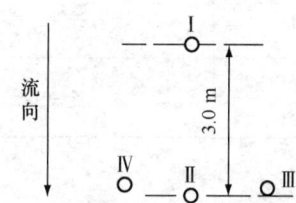

图 4-1-3　测定地下水流速钻孔分布略图

Ⅰ—投放指示剂孔；Ⅱ—主要观测孔；Ⅲ、Ⅳ—辅助观测孔

表 4-1-2　指示剂投放孔与观测孔间距

含水层条件	距离/m	含水层条件	距离/m
粉土	1～2	裂隙发育的岩石	10～15
细粒砂	2～5	岩溶发育的石灰岩	>50
含砾粗砂	5～15		

3. 测定渗透系数

根据场地水文地质条件以及岩土工程设计施工的需要，渗透系数的测定可选择抽水试验、注水试验或压水试验等方法，具体方法见《水文地质勘察》（蒋辉等，2019）教材中的相关内容。

4. 测定毛细上升高度

试坑直接观测法　在试坑中观察坑壁潮湿变化情况，在干湿明显交界处为毛细水上升带的分界点，该点至地下水静止水面的距离即为毛细水上升高度。

塑限含水量法　自地面至地下水面每隔 15～20 cm 取土样测定天然含水量与塑限，并分别绘出其随深度的变化曲线，两曲线的交点到地下水面的高度，即为毛细水上升高度。适用于粉土、黏性土。

最大分子吸水量法 适用于砂土。对中、粗砂用高柱法测定，对粉细砂用吸水介质法测定。以最大分子吸水量与天然含水量曲线的交点至地下水面的距离为毛细水上升高度。

5. 测定孔隙水压力

根据地层岩性、渗透性能的变化、工程性质以及基础型式等进行布置。孔隙水压力的测定方法可按表4-1-3确定。测压计的安装埋设应符合有关安装技术规定，并按照各压力计使用说明给出的计算公式计算土中孔隙水压力，并对数据进行分析整理及计算，若出现异常，应找出原因，并采取相应措施。

表4-1-3 孔隙水压力测定方法和适用条件

仪器类型		适用条件	测定方法
测压计式	立管式测压计	渗透系数大于10^{-4} cm/s的均匀孔隙含水层	将带有过滤器的测压计打入土层，直接进行测量
	水压式测压计	渗透系数低的土层，测量由潮汐涨落、挖方引起的压力变化	通过装在孔壁的小型测压计探头，地下水压力通过塑料管传至水银压力计进行测定
	电测式测压计（电阻应变式、钢弦应变式）	各种土层	孔压通过透水石传导至膜片引起其挠度变化，用接收仪进行测定
	气动测压计	各种土层	利用两根排气管使压力为常数，传来的孔压在透水元件的水压阀中产生压差进行测定
孔压静力触探仪		各种土层	在探头上装有多孔透水过滤器、压力传感器，在贯入过程中进行测定

6. 采取水样

1) 潜水：挖坑、挖井或孔内取水。

2) 承压水：孔内取水，但需隔开潜水及其他上部承压含水层。

3) 污染场地：在污染区内取水样。污染地下水流动时，沿污染地下水流向平行方向和垂直方向各取水样，确定地下水污染范围、污染变化情况、腐蚀性范围及腐蚀程度变化等，必要时绘制区域变化"云"图。

4) 根据《岩土工程勘察规范（2009年版）》(GB 50021—2001)要求，水和土样的采取和试验应符合下列规定：

a. 当有足够经验或充分资料认定工程场地及其附近的土或水（地下水或地表水）对建筑材料为微腐蚀时，可不取样直接进行腐蚀性评价。否则，应取水样或土样进行试验，并按要求评定其对建筑材料的腐蚀性。土对钢结构的腐蚀性评价可根据任务要求进行。

b. 采取水样和土样应符合下列规定：①混凝土结构处于地下水位以上时，应取土样做土的腐蚀性测试；②混凝土结构处于地下水或地表水中时，应取水样做水的腐蚀性测试；③混凝土结构部分处于地下水位以上、部分处于地下水位以下时，应分别取土样和水样做腐蚀性测试；④水样和土样应在混凝土结构所在的深度采取，每个场地不应少于各2件，当土中盐类成分和含量分布不均匀时，应分区、分层取样，每区、每层不应少于2件。

c. 水和土腐蚀性测试项目和试验方法应符合下列规定：①水对混凝土结构腐蚀性的测试项目包括 pH、Ca^{2+}、Mg^{2+}、Cl^-、SO_4^{2-}、HCO_3^-、CO_3^{2-}、侵蚀性 CO_2、游离 CO_2、NH_4^+、OH^-、总矿化度；②土对混凝土结构腐蚀性的测试项目包括 pH 和 Ca^{2+}、

Mg^{2+}、Cl^-、SO_4^{2-}、HCO_3^-、CO_3^{2-} 的易溶盐（土水比1:5）；③土对钢结构腐蚀性的测试项目包括 pH、氧化还原电位、极化电流密度、电阻率、质量损失；④腐蚀性测试项目的试验方法应符合表4-1-4的规定。

表4-1-4　腐蚀性测试项目的试验方法

序号	试验项目	试验方法
1	pH	电极法或锥形玻璃电极法
2	Ca^{2+}	EDTA容量法
3	Mg^{2+}	EDTA容量法
4	Cl^-	摩尔法
5	SO_4^{2-}	EDTA容量法或质量法
6	HCO_3^-	酸滴定法
7	CO_3^{2-}	酸滴定法
8	侵蚀性CO_2	盖耶尔法
9	游离CO_2	碱滴定法
10	NH_4^+	纳氏试剂比色法
11	OH^-	酸滴定法
12	总矿化度	计算法
13	氧化还原电位	铂电极法
14	极化电流密度	原位极化法
15	电阻率	四极法
16	质量损失	管罐法

（三）地下水作用评价

1. 地下水力学作用评价

（1）浮力作用

对基础、地下结构物和挡土墙，应考虑在最不利组合情况下，地下水对结构物的上浮作用，原则上应按设计水位计算浮力；对节理不发育的岩石和黏土且有地方经验或实测数据时，可根据经验确定；有渗流时，地下水头和作用宜通过渗流计算进行分析评价。

（2）静水和动水压力作用

验算边坡稳定性时，应考虑地下水及其动水压力对边坡稳定的不利影响；当墙背填土为粉砂、粉土或黏性土时，验算支挡结构物的稳定性，应根据不同排水条件评价静水压力、动水压力对支挡结构物的作用。

（3）地下水位升降作用

在地下水位升降的影响范围内，应考虑地面沉降及其对工程的影响；当地下水位回升时，应考虑可能引起的回弹和附加的浮托力。

（4）潜蚀和流沙作用

在有水头压差的粉细砂、粉土地层中，应评价产生潜蚀、流沙、涌土、管涌的可能性；在地下水位以下开挖基坑或地下工程时，应根据岩土的渗透性、地下水补给条件，分析评价基坑降水或隔水措施的可行性及其对基坑稳定和邻近工程的影响。

2. 地下水物理、化学作用评价

1）对地下水位以下的工程结构物，应评价地下水对混凝土、金属材料的腐蚀性，评价方法应按相关规范执行。

2）对软质岩石、强风化岩石、残积土、湿陷性土、膨胀岩土和盐渍岩土，应评价地下水的聚集和散失所产生的软化、崩解、湿陷、胀缩和潜蚀等有害作用。

3）在冻土地区，应评价地下水对土的冻胀和融陷的影响。

3. 工程降水评价

对地下水采取降低水位措施时，应符合下列规定：①施工中地下水位应保持在基坑底面以下 0.5～1.5 m；②降水过程中应采取有效措施，防止土颗粒流失；③防止深层承压水引起的突涌，必要时应采取措施降低基坑下的承压水头；④当需要进行工程降水时，应根据含水层渗透性和降深要求，选用适当的降低水位的方法。上述四种方法有互补性时，也可组合使用。

4. 水和土的腐蚀性评价

（1）受环境类型影响的水和土对混凝土结构的腐蚀性

腐蚀性评价应符合表 4-1-5 的规定，表中环境类型的划分按表 4-1-6 执行。

表 4-1-5　按环境影响的水和土对混凝土结构的腐蚀性评价

腐蚀等级	腐蚀介质	环境类型		
		Ⅰ	Ⅱ	Ⅲ
微	SO_4^{2-} $mg·L^{-1}$	<200	<300	<500
弱		200～500	300～1500	500～3000
中		500～1500	1500～3000	3000～6000
强		>1500	>3000	>6000
微	Mg^{2+} $mg·L^{-1}$	<1000	<2000	<3000
弱		1000～2000	2000～3000	3000～4000
中		2000～3000	3000～4000	4000～5000
强		>3000	>4000	>5000
微	NH_4^+ $mg·L^{-1}$	<100	<500	<800
弱		100～500	500～800	800～1000
中		500～800	800～1000	1000～1500
强		>800	>1000	>1500
微	OH^- $mg·L^{-1}$	<35000	<43000	<57000
弱		35000～43000	43000～57000	57000～70000
中		43000～57000	57000～70000	70000～100000
强		>57000	>70000	>100000

续表

腐蚀等级	腐蚀介质	环境类型		
		Ⅰ	Ⅱ	Ⅲ
微	总矿化度 mg·L^{-1}	<10000	<20000	<50000
弱		10000~20000	20000~50000	50000~60000
中		20000~50000	50000~60000	60000~70000
强		≥50000	≥60000	≥70000

注：数据适用于有干湿交替作用的情况，Ⅰ、Ⅱ类腐蚀环境无干湿交替作用时，SO_4^{2-} 的数值应乘以系数1.3。数值适用于水的腐蚀性评价，对土的腐蚀性评价，数值应乘以系数1.5，单位以 mg/kg 表示。OH^- 含量应为 NaOH 和 KOH 中的 OH^- 含量。

表 4-1-6　环境类型分类

环境类型	场地环境地质条件
Ⅰ	高寒区、干旱区直接临水；高寒区、干旱区含水量 $w \geq 10\%$ 的强透水土层或含水量 $w \geq 20\%$ 的弱透水土层
Ⅱ	湿润区直接临水；湿润区含水量 $w \geq 20\%$ 的强透水土层或含水量 $w \geq 30\%$ 的弱透水土层
Ⅲ	高寒区、干旱区含水量 $w < 20\%$ 的弱透水土层或含水量 $w < 10\%$ 的强透水土层；湿润区含水量 $w \leq 30\%$ 的弱透水土层或含水量 $w < 20\%$ 的强透水土层

注：高寒区是指海拔不低于 3000 m 的地区；干旱区是指海拔低于 3000 m，干燥度指数 $K \geq 1.5$ 的地区；湿润区是指干燥度指数 $K < 1.5$ 的地区。强透水层是指碎石土、砾砂、粗砂、中砂和细砂含水层；弱透水土层是指粉砂、粉土和黏性土含水层。含水量 $w < 3\%$ 的土层，可视为干燥土层，不具有腐蚀环境条件。当有地区经验时，环境类型可根据地区经验划分，但同一场地出现两种环境类型时，应根据具体情况选定。

（2）受地层渗透性影响的水和土对混凝土结构的腐蚀性评价

腐蚀性评价应符合表 4-1-7 的规定。

表 4-1-7　按地层渗透性水和土对混凝土结构的腐蚀性评价

腐蚀等级	pH		侵蚀性 CO_2/(mg·L^{-1})		HCO_3^-/(mmol·L^{-1})
	A	B	A	B	A
微	>6.5	>5.0	<15	<30	>1.0
弱	6.5~5.0	5.0~4.0	15~30	30~60	1.0~0.5
中	5.0~4.0	4.0~3.5	30~60	60~100	<0.5
强	<4.0	<3.5	>60	—	—

注：A 指直接临水或强透水层中的地下水；B 指弱透水层中的地下水。强透水层指碎石土和砂土含水层；弱透水层指粉土和黏性土含水层。HCO_3^- 含量是指水的矿化度低于 0.1 g/L 的软水时，该类水具 HCO_3^- 腐蚀性。土的腐蚀性评价只考虑 pH 指标，评价其腐蚀性时，A 指强透水层，B 指弱透水层。

当按表 4-1-5 和表 4-1-7 评价的腐蚀等级不同时，应按下列规定综合评定：

1) 腐蚀等级中，只出现弱腐蚀，无中等腐蚀或强腐蚀时，应综合评价为弱腐蚀；
2) 腐蚀等级中，无强腐蚀，最高为中等腐蚀时，应综合评价为中等腐蚀；
3) 腐蚀等级中，有一个或一个以上为强腐蚀时，应综合评价为强腐蚀。

（3）水和土对钢筋混凝土结构物中钢筋的腐蚀性评价

腐蚀性评价应符合表4-1-8的规定。

表4-1-8 对钢筋混凝土结构物中钢筋的腐蚀性评价

腐蚀等级	水中的Cl^-含量/(mg·L^{-1})		土中的Cl^-含量/(mg·kg^{-1})	
	长期浸水	干湿交替	A	B
微	<10000	<100	<400	<250
弱	10000~20000	100~500	400~750	250~500
中	—	500~5000	750~7500	500~5000
强	—	>5000	>7500	>5000

注：A是指地下水位以上的碎石土、砂土，稍湿的粉土，坚硬、硬塑的黏性土；B是指湿、很湿的粉土，可塑、软塑、流塑的黏性土。

（4）水和土对钢结构的腐蚀性评价

应当分别符合表4-1-9和表4-1-10的规定。在此需要说明的是，表4-1-9在《岩土工程勘察规范（2009年版）》（GB 50021—2001）中已删除，在此列出仅供参考。

表4-1-9 水对钢结构的腐蚀性评价

腐蚀等级	pH，$(Cl^-+SO_4^{2-})$/(mg·L^{-1})
微	
弱	pH>11，$(Cl^-+SO_4^{2-})$<500
中	3<pH≤11，$(Cl^-+SO_4^{2-})$≥500
强	pH≤3，$Cl^-+SO_4^{2-}$为任何浓度

注：适用氧能自由溶入的水以及地下水，也适合于钢管道。若水的沉淀物中有褐色絮状沉淀（铁）、悬浮物中有褐色生物膜、绿色丛块，或有硫化氢臭，应进行铁细菌、硫酸盐还原菌的检查，查明有无细菌腐蚀。

表4-1-10 土对钢结构的腐蚀性评价

腐蚀等级	pH	氧化还原电位 mV	视电阻率 Ω·m	极化电流密度 mA·cm^{-2}	质量损失 g
微	>5.5	>400	>100	<0.02	<1
弱	4.5~5.5	200~400	50~100	0.02~0.05	1~2
中	3.5~4.5	100~200	20~50	0.05~0.20	2~3
强	<3.5	<100	<20	>0.20	>3

注：土对钢结构的腐蚀性评价，取各指标中腐蚀等级最高者。

（5）水和土对建筑材料腐蚀的防护

应符合现行国家标准《建筑防腐蚀设计标准》（GB/T 50046—2018）的规定。

案例讲解

某建设场地位于湿润区，基础埋深2.5 m，地基持力层为黏性土，含水率$w=31\%$，地下水位埋深1.5 m，年变动幅度为1.0 m，取地下水样进行化学分析，结果见表4-1-11，试评价地下水对基础混凝土的腐蚀性。

表 4-1-11 水质分析成果表

$\dfrac{Cl^-}{mg \cdot L^{-1}}$	$\dfrac{SO_4^{2-}}{mg \cdot L^{-1}}$	pH	$\dfrac{OH^-}{mg \cdot L^{-1}}$	侵蚀性 CO_2 $mg \cdot L^{-1}$	$\dfrac{Mg^{2+}}{mg \cdot L^{-1}}$	$\dfrac{NH_4^+}{mg \cdot L^{-1}}$	总矿化度 $mg \cdot L^{-1}$
85	1600	5.5	3000	12	530	510	15000

解： 由表 4-1-6 可知，场地为湿润区，环境类别为Ⅱ类。

由表 4-1-5 可知：水中 SO_4^{2-} 含量 1600 mg/L，中等腐蚀性；OH^- 含量 3000 mg/L，微腐蚀性；Mg^{2+} 含量 530 mg/L，微腐蚀性；NH_4^+ 含量 510 mg/L，弱腐蚀性；总矿化度 15000 mg/L，微腐蚀性。

由于地基黏性土是弱透水层，由表 4-1-7 可知：pH 为 5.5，微腐蚀性；侵蚀性 CO_2 含量 12 mg/L，微腐蚀性；因此，综合判定为中等腐蚀性。

案例分析

水质分析成果是进行水质分析的重要指标，评定时要注意主要离子成分的含量，尤其要对照有关规范进行评定。

知识小结

本任务主要介绍了建设场地地下水的勘察，包括工程建设中地下水的作用，建设场地地下水勘察基本要求和技术要求，地下水作用评价。重点阐述了地下水勘察中水文地质参数的测定方法及地下水作用评价，尤其要注意地下水、土对工程建设腐蚀性的影响。

思考训练

1. 地下水对岩土工程的影响作用有哪些？是如何影响的？地下水作用的评价内容有哪些？

2. 地下水勘察的内容及专门水文地质勘察的要求有哪些？水文地质参数测定的方法与适用条件和要求有哪些？

3. 水和土对建筑物的腐蚀性评价内容及要求有哪些？

4. 某场地属湿润区，对钻孔取水进行分析，其结果见表 4-1-12，地基持力层为黏性土，含水率 $w=25\%$，基础埋深 2.5 m，地下水位 3.0 m，地下水位年变动幅度为 1.0 m，试评价该场地地下水对建筑物混凝土的腐蚀性。

表 4-1-12 水质分析成果表

$\dfrac{Cl^-}{mg \cdot L^{-1}}$	$\dfrac{SO_4^{2-}}{mg \cdot L^{-1}}$	pH	游离 CO_2 $mg \cdot L^{-1}$	侵蚀性 CO_2 $mg \cdot L^{-1}$	$\dfrac{Mg^{2+}}{mg \cdot L^{-1}}$	$\dfrac{NH_4^+}{mg \cdot L^{-1}}$
90	120.76	8.0	20.7	0	0	40

5. 某场地属湿润区，对钻孔取水进行分析，其结果见表 4-1-13，地基持力层为砂土，含水率 $w=26\%$，基础埋深 1.5 m，地下水位 2.0 m，地下水位年变动幅度为 1.0 m，试评价该场地地下水对建筑物混凝土的腐蚀性。

表 4-1-13　水质分析成果表

$\dfrac{Cl^-}{mg \cdot L^{-1}}$	$\dfrac{SO_4^{2-}}{mg \cdot L^{-1}}$	pH	$\dfrac{游离 CO_2}{mg \cdot L^{-1}}$	$\dfrac{侵蚀性 CO_2}{mg \cdot L^{-1}}$	$\dfrac{Mg^{2+}}{mg \cdot L^{-1}}$	$\dfrac{NH_4^+}{mg \cdot L^{-1}}$
80	116.89	7.6	18.7	0	0	30

任务二　不良地质作用和地质灾害勘察

知识目标

1. 掌握各类不良地质作用基础知识。
2. 了解各类不良地质灾害勘察内容。
3. 掌握各类不良地质灾害勘察技术要点。
4. 掌握各类不良地质灾害勘察方法。

能力目标

具备勘察不良地质作用和地质灾害的能力。

思政目标

树立防灾意识，科学防灾，保障人民生命安全。

不良地质作用和地质灾害种类繁多，给建筑工程带来各种岩土工程问题，直接影响建筑物的安全、经济与正常使用。通过对各种不良地质作用和地质灾害的勘察，详细了解其产生的原因和条件，并结合实际预测其危害，有针对性地进行评价并提出预防和处理措施，是岩土工程勘察的重要内容之一。

避免不良地质作用发生造成工程事故，以保护人民生命和财产安全，保护地下水资源和土地资源，保障粮食安全。

地质灾害发生时，应建立有效的应急组织机构，有充足的抢险物资储备，有一支专业高效的救援队伍，避免次生灾害造成的二次危害，有效组织灾后重建和恢复生产。

1. 重要概念

地质灾害　是指包括自然因素或人为活动引发的危害人民生命和财产安全的山体崩塌、滑坡、泥石流、地面塌陷、活动断裂、地裂缝、地面沉降等与地质作用有关的灾害。

地质灾害易发区　是指容易发生地质灾害的区域。

地质灾害危险区　是指可能发生地质灾害且将可能造成较多人员伤亡和严重经济损失的地区。

地质灾害危害程度　是指地质灾害造成的人员伤亡、经济损失和生态环境破坏的程度。

2. 地质灾害调查重点

地质灾害调查重点应是评价区内不同类型灾种及其易发区段，并应包括下列内容：

1) 在相同地质环境条件下，不稳定斜坡的坡度、坡高、坡型，岩体破碎，土体松散，构造发育，工程设计挖方切坡路堑等工段，是崩塌、滑坡的易发区段；

2) 经初步分析判断，符合泥石流形成基本条件的冲沟；

3) 依据对区域岩溶发育程度、松散覆盖层厚度、地下水动力条件及动力因素的初步分析判断，圈定可能诱发岩溶塌陷范围；对采空区，收集已有采空区资料，分析可能发生采空塌陷的范围；

4) 在前人资料的基础上圈出各类特殊岩土分布范围；

5) 对线路工程及区域性工程项目，必须将地质灾害易发区段和危险区段及危害严重的地质灾害点作为调查重点。

3. 地质环境条件分析

一切致灾地质作用都由地质环境因素综合作用控制。

地质环境条件分析是地质灾害危险性评估的基础，主要分析地质环境因素特征与变化规律。地质环境因素主要包括：

1) 岩土体物性：岩土体类型、组分、结构、工程地质特征；

2) 地质构造：形态、分布、特征、组合形式和地壳稳定性；

3) 地形地貌：形态、分布及地表特征；

4) 地下水特征：类型，含水岩组分布，补给、径流和排泄条件，动态变化规律和水质、水量；

5) 地表水特征：径流速度、流量及规律等；

6) 地表植被：种类、覆盖率、退化状况等；

7) 气象：气温变化特征、降水时空分布规律与特征、蒸发和风暴等；

8) 人类工程经济活动形式与规模。

各种致灾地质作用受地质环境因素控制。主导地质环境因素是致灾地质作用形成的关键；从属地质环境因素总是以主导地质环境因素作用为前提或通过主导地质环境因素发挥作用；激发因素是致灾地质作用孕育成熟条件下，因其作用而导致灾害发生。因此，在预测评价致灾地质作用过程中，应首先分析某些地质环境因素可能发生的变化而使地质体出现不稳定状态，并评价地质灾害发展趋势。

4. 地质灾害危险性分级

地质灾害危险性分级见表 4-2-1；地质灾害危害程度分级见表 4-2-2。

表 4-2-1　地质灾害危险性分级

危害程度	强发育	中等发育	弱发育
大	危险性大	危险性大	危险性中等
中等	危险性大	危险性中等	危险性中等
小	危险性中等	危险性小	危险性小

5. 建设用地适宜性分级

建设用地适宜性分级见表 4-2-3。

表 4-2-2 地质灾害危害程度分级

危害程度	灾情		险情	
	死亡人数/人	直接经济损失/万元	受威胁人数/人	可能直接经济损失/万元
大	≥10	≥500	≥100	≥500
中等	>3～<10	>100～<500	>10～<100	>100～<500
小	≤3	≤100	≤10	≤100

注：灾情是指已发生的地质灾害，采用"死亡人数""直接经济损失"作为评价指标；险情是指可能发生的地质灾害，采用"受威胁人数""可能直接经济损失"作为评价指标；危害程度采用"灾情"或"险情"作为评价指标。

表 4-2-3 建设用地适宜性分级

级别	分级说明
适宜	地质环境简单，工程建设遭受地质灾害危害的可能性小，引发、加剧地质灾害的可能性小，危险性小，易处理
基本适宜	不良地质现象较发育，地质构造、地层岩性变化较大，工程建设遭受地质灾害的可能性中等，引发、加剧地质灾害的可能性中等，危险性中等，但可通过采取措施进行处理
适宜性差	地质灾害发育强烈，地质构造复杂，软弱结构发育，工程建设遭受地质灾害的可能性大，引发、加剧地质灾害的可能性大，危险性大，防治难度大

一、岩溶勘察

岩溶是影响工程建设的一种常见的不良地质作用，岩溶区的工程建设，尤其是大型的、重要的工程项目，岩溶会带来许多特殊的不良建筑条件和工程稳定性问题。

关注点：《岩土工程勘察规范（2009 年版）》（GB 50021—2001）中明确规定：当拟建工程场地或其附近存在对工程安全有影响的岩溶时，应进行岩溶勘察。

岩溶地貌作为一种特殊的地质现象，越来越被关注。要掌握岩溶地区基本可行的工程地质勘察方法，就需要了解岩溶发育的规律和特征，以针对不同岩溶的特点和形态采取不同的调查方法和手段。

岩溶场地可能发生的岩土工程问题主要有以下几方面：

1）地基主要受压层范围内，若有溶洞、暗河、土洞等存在，在附加荷载或振动作用下，洞顶板坍塌引起地基突然陷落。

2）地基主要受压层范围内，下部基岩面起伏较大，上部又有软弱土体及土洞分布时，引起地基的不均匀下沉。

3）覆盖型岩溶区由于地下水活动产生的土洞，逐渐发展导致地表塌陷，对场地和地基的稳定性造成影响。

4）在岩溶岩体中开挖地下洞室时，突然发生大量涌水及洞穴泥石流灾害。

从更广泛的意义上，还包括有其特殊性的水库诱发地震、水库渗漏、矿坑突水、工程中遇到的溶洞失稳、旱涝灾害、石漠化等一系列工程地质和环境地质问题。

岩溶发育具有严重的不均匀性，为区别对待不同岩溶发育程度场地上的地基基础设计，将岩溶发育程度划分为三个等级，详见表4-2-4。

表4-2-4 岩溶发育程度表

等级	岩溶场地条件
强发育	地表有较多岩溶塌陷、漏斗、洼地、泉眼；溶沟、溶槽、石芽密布，相邻钻孔间存在临空面且基岩面高差大于5 m；地下有暗河、伏流，钻孔见洞隙率大于30%或线岩溶率大于20%；溶槽或串珠状竖向溶洞发育深度达20 m以上
中等发育	介于强发育和微发育之间
微发育	地表无岩溶塌陷、漏斗；溶沟、溶槽较发育；相邻钻孔间存在临空面且基岩面相对高差小于2 m，钻孔见洞隙率小于10%或线岩溶率小于5%

注：基岩面相对高差以相邻钻孔的高差确定；钻孔见洞隙率＝（见洞隙钻孔数量/钻孔总数）×100%；线岩溶率＝（见洞隙的钻探进尺之和/钻探总进尺）×100%。

（一）工作准备

1. 了解勘察阶段及要求

按岩土工程勘察等级分阶段进行勘察评价，各勘察阶段应符合下列要求。

（1）可行性研究勘察阶段

1）应查明岩溶洞隙、土洞的发育条件，并对其危害程度和发展趋势做出判断，对场地的稳定性和工程建设的适宜性做出初步评价。

2）宜以工程地质测绘和综合物探为主，勘探点的间距不应大于各类建筑工程勘探的有关规定，岩溶发育地段应加密布置勘探点。测绘和物探发现的异常地段，应选择有代表性的部位布置验证性钻孔。控制性勘探孔的深度应穿过表层岩溶发育带。

（2）初步勘察阶段

应查明岩溶洞隙及其伴生土洞、塌陷的分布、发育程度和发育规律，并按场地的稳定性和适宜性进行分区，勘察要点基本与可行性研究勘察阶段相同。初步勘察阶段勘探点的间距对于一级、二级和三级地基分别不应大于30～50 m、40～100 m和75～200 m。

（3）详细勘察阶段

应查明拟建工程范围及有影响地段的各种岩溶洞隙和土洞的位置、规模、埋深、岩溶堆填物性状和地下水特征，对地基基础的设计和岩溶的治理提出建议。勘察要点包括：①勘探线应沿建筑物轴线布置，勘探点间距不应大于各类建筑工程勘探的有关规定，条件复杂时每个独立基础均应布置勘探点；②勘探孔深度除应符合各类建筑工程勘探的有关规定外，当基础底面下的土层厚度不符合本任务"一、岩溶勘察"之"（三）岩土工程评价"的第2）条第a款的条件时，应有部分或全部勘探孔钻入基岩；③当预定深度内有洞体存在，且可能影响地基稳定时，应钻入洞底基岩面下不少于2 m，必要时应圈定洞体范围；④对一柱一桩的基础，宜逐柱布置勘探孔；⑤在土洞和塌陷发育地段，可采用静力触探、轻型动力触探、小口径钻探等手段，详细查明其分布；⑥当需查明断层、岩组分界、洞隙和土洞形态、塌陷等情况时，应布置适当的探槽或探井；⑦应根据物性条件采用有效物探方法，对异常点应采用钻探验证，当发现或可能存在危害工程的洞体时，应加密勘探点布置；⑧凡人员可以进入的洞体，均应入洞勘察，人员不能进入的洞体，宜用井下电视等手段探测。

(4) 施工勘察阶段

1) 应针对某一地段或尚待查明的专门问题进行补充勘察。当采用大直径嵌岩桩时，尚应进行专门的桩基勘察。

2) 应根据岩溶地基设计和施工要求布置工作量。在土洞、塌陷地段，可在已开挖的基槽内布置触探或钎探。对重要或荷载较大的工程，可在槽底采用小口径钻探进行检测。对大直径嵌岩桩，勘探点应逐桩布置，勘探深度不应小于底面以下3倍桩径且不小于5 m，当相邻桩底的基岩面起伏较大时应适当加深。

(5) 勘察部位要求

在勘察中对岩溶发育地区的下列部位宜查明土洞和土洞群的位置：

1) 土层较薄、土中裂隙及其下岩体洞隙发育部位。
2) 岩面张开裂隙发育，石芽或外露的岩体与土体交接部位。
3) 两组构造裂隙交汇处和宽大裂隙带。
4) 隐伏溶沟、溶槽、漏斗等，其上有软弱土分布的负岩面地段。
5) 地下水强烈活动于岩土交界面的地段和大幅度人工降水地段。
6) 低洼地段和地表水体近旁。

2. 收集相关资料

与一般勘察要求相同。

3. 相关设备及人员准备

与一般勘察要求相同。

4. 遥感解译

遥感技术广泛应用于工程岩溶地区地质调查工作中，主要用于大型项目选址，遥感解译主要查明岩溶地貌形成的层组和地质构造等，主要包括：

1) 岩溶地区地形起伏不平，地表水系不发育，未见明显的分水岭；
2) 岩溶地区特有的地貌，如溶沟、石芽、溶蚀洼地、坡立谷、盲谷、峰丛、峰林、落水洞、竖井、漏斗、暗河等，在航片上极易辨认；
3) 岩溶地区的漏斗非常发育，往往成群出现，在航片上呈圆形、椭圆形或不规则圆形洼地，上大下小，底部呈深灰色至淡黑色色调，但常被第四纪沉积物充填而呈灰白色色调。

(二) 现场勘察

岩溶勘察应遵循工程地质测绘和调查，分析由面到点，勘探工作由疏到密的原则，宜采用工程地质测绘和调查、物探、钻探等多种手段相结合的方法进行。

1. 工程地质测绘与调查

岩溶场地的工程地质测绘与调查，除应遵守工程地质测绘与调查的一般规定外，尚应调查下列内容：

1) 岩溶洞隙的分布（地表岩溶、地下岩溶）、形态和发育规律。

2) 岩面起伏、形态和覆盖层厚度。
3) 地下水赋存条件、水位变化和运动规律。
4) 岩溶发育与地貌、地质构造、地层岩性、地下水的关系。

地貌：岩溶发育与所处地貌部位、地貌发展史、水文网、相对高程的关系；

地质构造：地质构造部位，断裂带位置、规模、性质，主要节理裂隙延伸方向，新构造运动性质和特点；

地层岩性：可溶性岩层和非可溶性岩层的分布和接触关系，可溶性岩层成分、结构和溶解性，第四纪土层成因类型和分布等；

地下水：埋藏、补给、径流和排泄情况，水位动态变化及水力连通情况，场地受岩溶地下水淹没的可能性。

5) 土洞和塌陷的分布、形态和发育规律。
6) 土洞和塌陷的成因及其发展趋势。
7) 当地治理岩溶的经验。

2. 地球物理勘探

（1）布置原则

地球物理勘探线、勘探点宜按先面后点、先疏后密、先地表后地下、先控制后一般的原则布置。勘探线一般应垂直岩溶发育带布置。当发现或预计有可能存在危害工程的洞隙时，应加密布置。

（2）工作方法

根据多年的工程经验，为满足不同探测目的和要求，可采用下列方法：

1) 复合对称四极剖面法辅以联合剖面法、浅层地震法（瑞利面波法、横波反射法、地震映像法）、高密度电法、地质雷达等，主要用于探测岩溶洞隙的分布、位置及相关地质构造、基岩面起伏等。

2) 无线电波透视法、探地雷达法、孔间 CT 法（如弹性波 CT、电磁波 CT、电阻率 CT 等）、孔中电视、管波法等，主要用于探测岩溶洞穴的位置、形状、大小及充填状况等。

3) 充电法、自然电场法可用于追索地下暗河河道位置及测定地下水流速和流向等。

4) 地下水位畸变分析法：在岩溶强烈发育地带，尤其在管状通道（暗河）处，地下水由于流动阻力小，会形成坡降相对较平缓的"凹槽"；而在其他地段，将形成陡坡的"坡"。同时，其水位稳定过程有很大不同。在不同钻孔中，同时进行各钻孔地下水位的连续观测工作，可以帮助分析、判断基岩中各地段的岩溶发育程度。

3. 勘探

1) 钻探：主要用于查明岩石或土层的成分、性质、结构、厚度、产状、地质构造，基岩面起伏和埋藏深度，溶洞顶板厚度、溶洞充填情况、充填物性质，地下溶洞和暗河的分布、形状、规模，地下水埋深、性质、动态变化及水动力特征等。也用于验证工程地质测绘和物探成果对岩溶状况的判断以及采取试样进行室内试验工作。

2) 小口径钻探，如取芯钻孔用于鉴定岩芯或土层；风镐钻孔可用于进行某些物探工作，如超声波探测。

3) 井探、槽探、洞探：当钻探方法难以准确查明地下情况或基岩浅埋且岩性是控制因素时，可采用井探、槽探，以查明浅部岩溶洞隙的形态、规模和发育状况，断层分布、岩组分界等；对大型工程，必要时可采用洞探。

4. 测试和观测

岩溶勘察的测试和观测宜符合下列要求：

1) 当追索与隐伏洞隙的联系时，可进行连通试验。

2) 评价洞隙稳定性时，可采取洞体顶板岩样和充填物土样做物理力学性质试验，必要时可进行现场顶板岩体的载荷试验。

3) 当需查明土的性状与土洞形成的关系时，可进行湿化、胀缩、可溶性和剪切试验。

4) 当需查明地下水动力条件、潜蚀作用、地表水与地下水联系，预测土洞和塌陷的发生、发展时，可测定流速、确定流向，并对水位和水质进行长期观测。

为了推断溶洞的形成和发育历史，还可用热释光法测定钟乳石的绝对年龄，用 ^{14}C 法测定溶洞中堆填物的绝对年龄。

（三）岩土工程评价

岩溶场地岩土工程评价应包括如下内容：

1) 当场地存在下列情况之一时，可判定为未经处理不宜作为地基的不利地段：①浅层洞体或溶洞群，洞径大，且不稳定的地段；②埋藏的漏斗、槽谷等覆盖有软弱土体的地段；③土洞或塌陷成群发育的地段；④岩溶水排泄不畅，可能暂时被淹没的地段。

2) 当地基属于下列条件之一时，对二级和三级工程可不考虑岩溶稳定性的不利影响：

a. 基础底面以下土层厚度大于独立基础宽度的 3 倍或条形基础宽度的 6 倍，且不具备形成土洞或其他地面变形的条件。

b. 基础底面与洞体顶板间岩土厚度虽小于上述第 a 款的规定，但符合下列条件之一时：①洞隙或岩溶漏斗被密实的沉积物填满且无被水冲蚀的可能；②洞体岩体质量等级为Ⅰ级或Ⅱ级且顶板岩石厚度大于或等于洞跨；③洞体较小，基础底面大于洞的平面尺寸，并有足够的支撑长度；④宽度或直径小于 1.0m 的竖向洞隙、落水洞近旁地段。

3) 当不符合上述第 2) 条的条件时，应进行洞体地基稳定性分析，并符合下列规定：①顶板不稳定，但洞内为密实堆积物充填且无流水活动时，可认为堆填物受力，按不均匀地基进行评价。②当能取得计算参数时，可将洞体顶板视为结构自承重体系进行力学分析。③有工程经验的地区，可按类比法进行稳定性评价。④在基础近旁有洞隙和临空面时，应验算向临空面倾覆或沿裂面滑移的可能。⑤当地基为盐岩等易溶岩时，应考虑溶蚀继续作用的不利影响。⑥对不稳定的岩溶洞隙建议采用地基处理或桩基础。

4) 在碳酸盐岩为主的可溶性岩石地区，当存在溶洞、漏斗、溶蚀裂隙、土洞等现象时，应考虑岩溶对地基稳定的影响。地基基础设计等级为甲级、乙级的建筑物主体宜避开岩溶强发育地段。

（四）岩溶勘察报告

除应符合岩土工程勘察报告的一般规定外，尚应包括下列内容：

1) 岩溶发育的地质背景和形成条件。

2) 洞隙、土洞、塌陷的形态、平面位置和顶底标高。

3) 岩溶稳定性分析。

4) 岩溶治理和监测的建议。

(五) 防治处理措施

一般来说，岩溶塌陷的防治措施包括控水措施、工程加固措施和非工程性的防治措施。

1. 控水措施

(1) 地表水控水措施

清理疏通河道，加速泄流，减少渗漏；对漏水的河、库、塘铺底防漏或人工改道；严重漏水的洞穴用黏土、水泥灌注填实。

(2) 地下水控水措施

根据地下水资源条件，规划地下水开采层位、开采强度、开采时间，合理开采地下水，加强动态监测。对于危险地段，对岩溶通道进行局部注浆或帷幕灌浆处理。

2. 工程加固措施

清除填堵法 用于相对较浅的塌坑、土洞。

跨越法 用于较深大的塌坑、土洞。

强夯法 用于消除土体厚度小、地形平坦的土洞。

钻孔充气法 设置通风调压装置，破坏岩溶封闭条件，减小冲爆塌陷发生的机会。

灌注填充法 用于埋藏较深的溶洞。

深基础法 用于深度较大，不易跨越的土洞，常用桩基工程。

旋喷加固法 浅部用旋喷桩形成"硬壳层"（厚 10~20 m 即可），其上再设筏板基础。

3. 非工程性防治措施

防治措施包括开展岩溶地面塌陷的风险评价；开展岩溶地面塌陷的试验研究，找出临界条件；增强防灾意识，建立防灾体系。

尽管岩溶塌陷的防治难度较大，但只要因地制宜地采取综合措施，岩溶塌陷灾害完全可以防治。

想一想：岩溶勘察重点任务是什么？

二、滑坡勘察

滑坡勘察

斜坡岩土体沿着贯通的剪切破坏面所发生的滑移现象，称为滑坡。滑坡的机制是某一滑移面上剪应力超过了该面的抗剪强度所致。滑坡的特征包括：通常是较深层的破坏，滑移面深入到坡体内部；质点位移矢量水平方向大于铅直方向；有依附面（即滑移面）存在；滑移速度往往较慢，且具有"整体性"。滑坡是斜坡破坏形式中分布最广、危害最严重的一种。世界上许多国家和地区深受滑坡灾害之苦，如欧洲阿尔卑斯山区，高加索山区，南美洲安第斯山区及日本、美国和中国等。

关注点：《岩土工程勘察规范（2009 年版）》(GB 50021—2001) 中明确规定：当拟建工程场地或其附近存在对工程安全有影响的滑坡时，应进行滑坡勘察。

（一）工作准备

1. 了解勘察目的和任务

1）查明滑坡的现状，包括滑坡周界范围、地层结构、主滑方向；平面上的分块、分条，纵剖面上的分级；滑动带的部位、倾角、可能形状；滑动带岩土特性等。

2）查明引起滑动的主要原因，包括自然因素、人为因素和综合因素。在调查分析滑坡现状和滑坡历史的基础上，找出引起滑坡的主导因素；判断是首次滑动的新生滑坡还是古老滑坡的复活。

3）获得合理的计算参数。通过勘探、原位测试、室内试验、反算和经验比拟等综合分析，获得各区段（牵引段、主滑段和抗滑段）合理的抗剪强度指标。

4）综合测绘调查、工程地质比拟、勘探及室内外测试结果，对滑坡当前和工程使用期内的稳定性做出合理评价。

5）提出整治滑坡的工程措施或方案。对规模较大的滑坡以及滑坡群，宜采取避让措施；防治滑坡宜采用排水（地表水和地下水）、减载、支挡、防止冲刷和切割坡脚、改善滑带岩土性质等综合性措施，且注意每种措施的多功能效果，并以控制和消除引起滑动的主导因素为主，辅以消除次要因素的其他措施。

6）提出是否进行监测及制定监测方案。

2. 收集相关资料

与一般勘察要求相同。

3. 相关设备及人员

与一般勘察要求相同。

4. 遥感解译

遥感解译主要用于一般滑坡、古滑坡及活动滑坡，详见表4-2-5。

表4-2-5　各类滑坡遥感影像解译特征

滑坡类型	遥感影像解译特征
一般滑坡	（1）呈簸箕形、舌形、梨形等平面形态和不平顺、不规则等坡面形态，可见到滑坡壁、滑坡台阶、滑坡鼓丘、封闭洼地、滑坡舌、滑坡裂缝等微地貌形态； （2）有时还可见滑坡地表湿地、泉水，以及醉汉林或马刀树等； （3）滑坡多在峡谷中，缓坡、分水岭的阴坡、侵蚀基准面急剧变化的主沟与支沟交汇处及其沟头等处发育。
古滑坡	（1）滑坡后壁一般较高，坡体纵坡较缓，有时生长树木； （2）滑体规模一般较大，表面平整，土体密实，无明显沉陷不均现象，无明显裂缝，滑坡台阶宽大且已夷平； （3）滑坡体上冲沟发育，滑坡两侧自然沟切割较深，有双沟同源现象； （4）滑坡前缘斜坡较缓，长满树木，有的形成马刀树，滑体无松散坍塌现象，前缘迎河部分有时出现大孤石； （5）滑坡台已远离河道，有的舌部已有不大的漫滩阶地； （6）泉水在滑坡边缘呈点状或串珠状分布，水体较清，在黑白航片上呈黑色； （7）滑坡体上多辟为耕地，甚至有居民点、寺庙、电线杆等分布

续表

滑坡类型	遥感影像解译特征
活动滑坡	(1) 滑坡体地形破碎，起伏不平，斜坡表面有不均匀陷落的局部平台； (2) 斜坡较陡长，虽有滑坡平台，但面积不大，有向下缓倾现象； (3) 有时可见滑坡体上的裂缝，特别是黏土滑坡和黄土滑坡，地表裂缝明显，裂口大； (4) 滑坡体地表湿地、泉水发育，呈斑状或点状深色调； (5) 滑坡体上无巨大直立树木，可见小树木或醉汉林，且有新生冲沟，沟床窄而深； (6) 滑坡体上土石松散，有小型崩塌

（二）现场勘察

滑坡勘察应查明滑坡类型及要素、滑坡范围、滑坡性质、滑坡地质背景及滑坡危害程度，分析滑坡产生的原因，判断滑坡稳定程度，预测滑坡发展趋势，提出滑坡防治对策、方案或整治设计建议。

现场勘察前应根据滑坡危及范围内潜在经济损失、滑坡威胁对象确定滑坡防治工程等级（表 4-2-6），工矿交通设施等重要性按表 4-2-7 确定。

表 4-2-6 滑坡防治工程等级

滑坡防治工程等级	潜在经济损失/万元	威胁对象	
		威胁人数/人	工矿交通设施等
一级	≥5000	≥500	重要
二级	500～＜5000	100～＜500	较重要
三级	＜500	＜100	一般

注：满足潜在经济损失或威胁对象的其中一条，即划定为相对应防治工程等级。

表 4-2-7 工矿交通设施等重要性分类

重要性	项目类别
重要	城市和村镇规划区、放射性设施、军事设施、核电设施，二级（含）以上公路、铁路、机场及大型水利工程、电力工程、港口码头、矿山、集中供水水源地、工业建筑、民用建筑、垃圾处理场、水处理厂、油（气）管道、储油（气）库等
较重要	新建村镇、三级（含）以下公路及中型水利工程、电力工程、港口码头、矿山、集中供水水源地、工业建筑、民用建筑、垃圾处理场、水处理厂等
一般	小型水利工程、电力工程、港口码头、矿山、集中供水水源地、工业建筑、民用建筑、垃圾处理场、水处理厂等

根据地形地貌、地层岩性、地质构造、岩土体地质结构、水文地质等特征确定滑坡勘察的地质条件类型（表 4-2-8）。

滑坡勘察按阶段进行，各阶段主要解决的问题和采用方法见表 4-2-9。

1. 工程地质测绘与调查

1）工程地质测绘与调查的范围应包括滑坡区及其邻近稳定地段，一般包括滑坡后壁外一定距离，滑坡体两侧自然沟谷和滑坡舌前缘一定距离或江、河、湖水边；测绘比例尺为1：200～1：1000，可根据滑坡规模选用；用于整治设计的测绘比例尺为1：200～1：500。

表4-2-8 滑坡勘察地质条件复杂程度分类

地质条件复杂程度	地形地貌	地层岩性	地质构造	岩土体地质结构	水文地质
简单	地形起伏小，冲沟不发育，地貌类型单一	岩性变化不大，地质界线清楚，第四系阶地结构清楚	单斜地层，岩层平缓，节理不发育	围岩露头良好，岩体结构单一完整，风化卸荷裂隙不发育，风化层厚度薄	水文地质结构单一，地下水补给、径流、排泄条件清晰
复杂	地形起伏大，冲沟发育，地貌类型多变	岩性变化大，地质界线不清楚，覆盖层厚，地质露头差	褶皱强烈，断层规模大，岩溶强烈，节理发育	卸荷裂隙发育，风化层厚度大，岩体结构复杂，堆积厚度大	水文地质结构变化大，地下水补给、径流、排泄条件复杂

表4-2-9 各勘察阶段主要解决的问题和采用方法

勘察阶段	主要解决问题	采用方法手段
调查阶段	根据收集资料和现场调查，确定是否滑坡，若是滑坡，初步分析评价滑坡稳定性和危害性	收集资料、地面调查为主，适当布置工程地质测绘和勘察手段
初步勘察	在可行性论证阶段进行，了解滑坡所处地质环境条件，初步查明滑坡岩土体结构、空间几何特征和体积、水文地质条件，通过岩土水试验提供滑坡基本物理力学参数，分析滑坡成因，进行稳定性评价，满足制定防治工程方案技术要求	采用工程地质测绘、钻探、探井、物探等手段
详细勘察	在初步设计和施工图设计阶段进行，根据可行性研究勘察阶段确定的滑坡防治工程方案，在充分利用初步勘查成果资料基础上，进一步重点查明滑坡岩土体结构、空间几何特征和体积、水文地质条件，提供工程设计所需的岩土体物理力学参数，进行稳定性评价和推力计算，满足工程设计阶段的技术要求	采用工程地质测绘、钻探、探井、物探等手段
补充勘察	在施工图阶段进行，防治工程实施期间，开挖和钻探所揭示地质露头的地质编录、重大地质现象变化的补充勘探，补充勘查主要针对变化区进行，查明地质体空间形态、物质组成、结构特征、成因和稳定性，地下水存在状态与运动形式及岩土体物理力学性质，评估由于变化对滑坡整体稳定性和局部稳定性的影响	采用工程地质测绘、物探、钻探、探井等手段
竣工勘察	对原勘察结论、施工过程和施工后地质环境条件等进行评价和总结	采用工程地质测绘、钻探、探井、物探等手段

2）收集地质、水文、气象、地震和人类活动等相关资料。

3）注意查明滑坡的发生与地层结构、岩性、断裂构造（岩体滑坡尤为重要）、地貌及其演变、水文地质条件、地震和人为活动的关系，找出引起滑坡复活的主导因素。

4）测绘、调查滑坡体上各种裂缝的分布，发生的先后顺序、切割关系及滑坡的形态要素和演化过程，圈定滑坡周界；分清裂缝的力学属性，作为滑坡体平面上的分块或纵剖面分段的依据。

5）通过裂缝的调查、测绘，分析判断滑动面的深度和倾角大小，并指导勘探工作。

6) 对岩体滑坡，应注意缓倾角的层理面、层间错动面、不整合面、断层面、节理面和片理面等的调查，若这些结构面的倾向与坡向一致，且其倾角小于斜坡前缘临空面倾角，则很可能发展成为滑动面。对土体滑坡，首先应注意土层与岩层的接触面，其次应注意土体内部的岩性差异界面。

7) 应注意测绘、调查树木的异态、工程设施的变形等；滑动体上或其邻近的建筑物（包括支挡物和排水构筑物）的裂缝，但应注意区分滑坡引起裂缝与施工裂缝、不均匀沉降裂缝、自重与非自重黄土湿陷裂缝、膨胀土裂缝、温度裂缝和冻胀裂缝的差异，避免误判。

8) 调查、测绘地下水特征，泉水出露地点及流量，地表水自然排泄沟渠的分布和断面，湿地的分布和变迁情况等。

9) 调查是首次滑动的新生滑坡还是再次滑动的古老滑坡。

10) 收集当地整治滑坡的经验，对滑坡的重点部位应摄影或录像。

2. 勘探

1) 勘探工作的主要任务是查明滑坡体的地质结构及滑动面的位置、展布形状、数目和滑带岩土性质，查明地下水情况，采取岩土样等。

2) 应根据需要查明的问题性质和要求选择适当的勘探方法，一般可参照表 4-2-10 选用。

表 4-2-10 滑坡勘探方法适用条件

勘探方法	适用条件及部位
井探、槽探	用于确定滑坡周界和滑坡壁、滑坡前缘的产状，有时也作为现场大面积剪切试验的试坑
深井（竖斜）	用于观测滑坡体的变化，滑动带特征及采取不扰动土样等。探井常布置在滑坡体中前部主轴附近。采用探井时，应结合滑坡整治措施综合考虑
洞探	用于了解关键性地质资料（滑坡内部特征），当滑坡体厚度大、地质条件复杂时采用。洞口常选在滑坡两侧沟壁或滑坡前缘，平硐常为排泄地下水整治工程措施的部分，并兼作观测洞
电探	用于了解滑坡区含水层、富水带分布和埋藏深度，了解下伏基岩起伏和岩性变化及与滑坡有关的断裂破碎带范围等
地震勘探	用于探测滑坡区基岩埋深，滑动面位置、形状等
钻探	用于了解滑坡内部构造，确定滑动面范围、深度和数量，观测滑坡深部滑动动态

3) 勘探点、勘探线布置。①勘探线应在测绘、调查的基础上，采用主-辅剖面法，沿主滑方向布置，由钻探、井探与物探点构成主勘探线，在其两侧可布置 1~3 条由物探、井探、槽探构成的辅助勘探线；②主勘探线上的勘探点不得少于 3 个，勘探点的间距一般不宜大于 40 m，在滑坡体转折处和预计采取工程措施的地段，应有一定数量的勘探点；③勘探点、勘探线间距可根据勘察阶段按表 4-2-11 和表 4-2-12 确定；④为直接观察地层结构和滑动面，或原位大型剪切试验，宜布设一定数量的探井或探槽。为准确查明滑动面的位置，对于土体滑坡，可布设适量静力触探点；对于岩体滑坡，可采用合适的物探手段。

4) 勘探点深度确定。①一般性勘探点的深度，应穿过最下一层滑动面，并进入稳定地层3～5 m，拟布设抗滑桩或锚索部位控制性钻孔进入滑床深度宜大于滑体厚度的1/2，并不小于5 m。②控制性勘探点应深入稳定地层以下5～10 m，滑坡中部、下部可布置1～2个控制性深孔，其深度应超过滑床最大可能埋深3～5 m，其他钻孔可钻至最下滑动面以下1～3 m，少量控制性勘探点的深度，应超过滑坡体前缘最低剪出口标高以下稳定地层内一定深度，以满足滑坡治理需要；③当堆积层滑坡的滑床为基岩时，钻入基岩深度应大于堆积层中所见同类岩性最大孤石直径，以能确定在终孔基岩中；④在抗滑桩地段的勘探深度，应按其预计嵌固深度确定。

表4-2-11 勘探点线间距要求（初步勘察阶段）

勘探地质条件类型	勘探线	主辅勘探线间距 m	主勘探线勘探点间距 m	辅勘探线勘探点间距 m
简单	纵向	60～240	60～120	60～240
简单	横向	60～240	60～120	60～240
复杂	纵向	40～160	40～80	40～160
复杂	横向	40～160	40～80	40～160

表4-2-12 勘探点线间距要求（详细勘察阶段）

勘探地质条件类型	勘探线	主辅勘探线间距 m	主勘探线勘探点间距 m	辅勘探线勘探点间距 m
简单	纵向	30～120	30～60	60～120
简单	横向	30～120	60～120	60～120
复杂	纵向	20～80	20～40	40～80
复杂	横向	20～80	20～40	40～80

5）滑坡勘察应进行下列工作：①查明各层滑坡面（带）的位置；②查明各层地下水的位置、流向和性质；③在滑坡体、滑坡面（带）和稳定地层中采取土样进行试验。

6）在滑坡体内、滑动面（带）和稳定地层内，均应采取足够数量的岩土样进行试验。

7）为查明地下水的类型、各层地下水位、含水层厚度和地下水流向、流速、流量及其承压性质，应布设专门性钻孔，或利用其他钻孔进行水文地质测试，必要时应设置地下水长期观测孔。

8）滑坡勘探宜采用管式钻头、全取芯钻进，土质滑坡宜采用干钻，在遇到滑动带或软弱层时，宜采用无水钻进，每回次钻进不超过0.5 m，岩芯采取率70%以上，钻孔斜度偏差小于2%。钻进过程中应细致地观察、描述并注意钻进难易的记录。以下迹象可能是滑动面（带）位置：①通过小间距取样（0.5 m或更小），测定和绘制含水量随深度的变化曲线，含水量最大处可能是滑动面（带）。②所采取岩芯经自然风干，岩芯自然脱开处可能是滑动面；破碎地层与完整地层的界面；大型、超大型滑坡可能出现地层重复现象，结合测绘调查分析判断是否属滑动面（带）。③孔壁坍塌、卡钻、漏水、涌水，甚至套管变形、民用水井井圈错位处等但应结合其他情况综合分析判断。④扰动严重，常有夹杂物或变色层，并有擦痕。⑤常为软弱结构面，厚度小，力学强度低。

3. 测试和监测

为了确定滑坡面和验算滑坡的稳定性，必须适当布置动力触探和静力触探试验，并对滑带土进行原位测试或采用野外滑面重合剪试验,以求取抗剪强度指标 c、φ。

对于规模较大以及对工程有重要影响的滑坡,应进行监测。滑坡监测的内容包括:滑动带(面)的孔隙水压力;滑体内外地下水位、水质、水温和流量;支挡结构承受的压力及位移;滑体上工程设施的位移等。滑坡监测资料,结合降水、地震活动和人为活动等因素综合分析,可作为滑坡预报的依据。

(三)岩土工程评价

应根据滑坡的规模、主导因素、滑坡前兆、滑坡区的工程地质和水文地质条件,以及稳定性验算结果进行滑坡稳定性综合评价,并应分析发展趋势和危害程度,提出治理方案的建议。

滑坡勘察报告除应满足岩土工程勘察报告的一般规定外,尚应包括下列内容:①滑坡的地质背景和形成条件;②滑坡的形态要素、性质和演化;③滑坡的平面图、剖面图和岩土工程特性指标;④滑坡稳定性分析;⑤滑坡防治和监测的建议,整治方案的建议。

(四)治理原则及措施

1. 治理原则

滑坡治理原则包括:①贯彻以防为主、整治为辅、及时治理的原则。②尽量避开大型滑坡所影响的位置。③对大型复杂的滑坡,应采用多项工程综合治理;对中小型滑坡,应注意调整建筑物或构筑物的平面位置,以求经济技术指标最优。④对发展中的滑坡要进行整治,对古滑坡要防止复活。⑤对可能发生滑坡的地段,要防止滑坡的发生;整治滑坡应先做好排水工程,并针对形成滑坡的因素,采取相应措施。

2. 治理措施

(1) 排水

地表排水主要是设置截水沟和排水明沟系统。截水沟是用来截排来自滑坡体外的坡面径流;在滑坡体上设置树枝状的排水明沟系统,以汇集滑坡范围内坡面径流引导出滑坡体外。为了排除地下水,可设置各种形式的渗沟或盲沟系统,以截排来自滑坡体外的地下水流。滑坡体内的地下水可通过排水盲沟、廊道、排水钻孔、集水井等形式排出。

(2) 支挡

在滑坡体下部修筑挡土墙、抗滑桩或用锚杆加固等工程以增加滑坡下部的抗滑力。在使用支挡工程时,应明确各类工程的作用。如滑坡前缘有水流冲刷,则应首先在河岸做支挡等防护工程,然后再考虑滑体上部的稳定。

(3) 削方减重

主要是通过削减坡度角或降低坡高,以减轻斜坡不稳定部位的重量,从而减少滑坡上部的下滑力。如拆除坡顶处的房屋和搬走重物等。使用中可采用上部减荷或下部反压及减荷与反压相结合的措施。

(4) 改善滑动面(带)的岩土性质

主要是为了改良岩土性质、结构,以增加坡体强度,此类措施有:对岩质滑坡采用固结灌浆;对土质滑坡采用电化学加固、冻结、焙烧等。此外,还可针对某些影响滑坡滑动的因素进行整治，如防水流冲刷、降低地下水位、防止岩石风化等具体措施。

（5）其他

可采用人工护坡和植物护坡的方法防止水流对坡面的冲刷和风化；线路工程的防御和绕避等措施。

想一想：滑坡勘察点应布置在何处？

三、危岩和崩塌勘察

1. 崩塌

斜坡岩土体被陡倾的拉裂面破坏分割，突然脱离母体而快速位移、翻滚、跳跃和坠落，堆于崖下，即为崩塌。按崩塌的规模，可分为山崩和坠石；按物质成分，又可分为岩崩和土崩。大小不等、凌乱无序的岩块（土块）呈锥状堆积在坡脚的堆积物，称崩积物，也称岩堆或倒石堆。

崩塌的特征：一般发生在高陡斜坡的坡肩部位；质点位移矢量铅直方向比水平方向大得多；崩塌发生时无依附面；往往是突然发生的，运动快。

2. 崩塌的分类

Ⅰ类　规模大，落石体积大于 5000 m^3，破坏力强，破坏后果很严重。

Ⅱ类　规模较大，介于Ⅰ类与Ⅲ类之间，破坏后果严重。

Ⅲ类　规模小，落石体积小于 500 m^3，破坏力小，破坏后果不严重。

关注点：《岩土工程勘察规范（2009 年版）》（GB 50021—2001）中明确规定：拟建工程场地或其附近存在对工程安全有影响的危岩或崩塌时，应进行危岩和崩塌勘察。

危岩和崩塌勘察宜在可行性研究勘察或初步勘察阶段进行，勘察应查明产生崩塌的条件及其规模、类型、范围，并对工程建设适宜性进行评价，提出防治方案的建议。崩塌不同勘察阶段和主要解决的问题见表 4-2-13。

表 4-2-13　崩塌不同勘察阶段和主要解决的问题

勘察阶段	主要解决问题	采用方法手段
可行性论证阶段	确定崩塌范围，初步评价崩塌体稳定性	应在充分收集分析已有地质资料基础上，以工程地质调查和测绘为主，布置必要的勘探和测试工作
设计阶段（初步设计和施工图设计）	根据可行性研究勘察阶段确定的崩塌防治工程方案，查明崩塌体分布范围及产生崩塌的条件，崩塌规模、类型、危害范围等，进行崩塌体稳定性评价	采用工程地质测绘、钻探、物探等手段

（一）工作准备

1. 了解勘察目的和任务

查明产生崩塌的条件及崩塌规模、类型、范围，并对崩塌区做出建筑场地适宜性评价以及提出防治方案建议。危岩和崩塌勘察宜在可行性研究勘察阶段或初步勘察阶段进行。

2. 收集相关资料

与一般勘察要求相同。

3. 相关设备及人员

与一般勘察要求相同。

4. 遥感解译

遥感解译可反映危石、落石、崩塌和岩堆的特征，详见表 4-2-14。

表 4-2-14　危石、落石、崩塌和岩堆遥感解译

类型	遥感影像解译特征
危石	位于陡崖上的岩石，参差不齐的岩体或个别岩块
落石	（1）发育在悬崖、陡壁或参差不齐的岩块处； （2）在大比例航片上见到悬崖、陡壁下有巨大岩块者为落石，有时可见巨石形成的阴影，呈粒状，有时落石滚落在距坡脚较远处； （3）落石多发生在节理发育的坚硬岩石地区，山体基本是稳定的，只是个别岩块沿结构面突然坠落
崩塌	（1）位于陡峻的山坡地段，其纵断面形态上陡下缓； （2）崩塌轮廓线明显，崩塌壁呈灰白色调，不生长植被； （3）崩塌体堆积在谷底或斜坡平缓地段，表面坎坷不平，影像具粗糙感； （4）崩塌体上部外围有时可见到张节理形成的裂缝； （5）有时巨大的崩塌体堵塞了河谷，在崩塌体上游形成堰塞湖，崩塌体处形成有瀑布的峡谷
岩堆	（1）位于陡崖或陡坡下山坡或坡脚，岩堆表面坡度在 30°～40°之间； （2）平面形态呈沿山坡逐渐向下方展开的条带，一般呈楔形、舌形、三角形、梨形、岩堆裙等； （3）纵断面形态呈凹形、直线形、凸形或它们的组合，横断面形态呈微微凸起； （4）岩堆表面色调比较均匀，一般呈灰白色至暗灰色色调； （5）趋向稳定的岩堆表面有植被，呈黑色点状或斑块状

（二）现场勘察

1. 工程地质测绘

1）危岩和崩塌地区勘察以工程地质测绘为主，测绘的比例尺宜采用 1∶500～1∶1000；崩塌方向主剖面的比例尺宜采用 1∶200。

2）崩塌区的地形地貌及崩塌类型、规模、范围，崩塌体的大小和崩落方向。

3）崩塌区岩体的基本质量等级、岩性特征和风化程度。

4）崩塌区的地质构造、岩体结构类型及结构面的产状、组合关系、闭合程度、力学属性、延展、贯穿情况。

5）气象（重点是大气降水）、水文、地震和地下水活动情况。

6）崩塌前迹象和崩塌原因，当地防治崩塌的经验等。

2. 现场监测

当崩塌区下方有工程设施和居民点，需判定危岩稳定性时，应对岩体张裂缝进行监测。对有较大危害的大型崩塌，应结合监测结果对可能发生崩塌的时间、规模、滚落方

向、危害范围等做出预报。

（三）岩土工程评价

Ⅰ类　难于治理，不宜作为工程场地，线路应绕避。
Ⅱ类　应对可能产生崩塌的危岩进行加固，线路应采取防护措施。
Ⅲ类　易于处理，可作为工程场地，但应对不稳定危岩采取治理措施。

危岩和崩塌区的岩土工程勘察报告除应遵守岩土工程勘察报告的一般规定外，尚应阐明危岩和崩塌区的范围、类型、作为工程场地的适宜性，并提出防治方案的建议。

（四）防治措施

小型崩塌可以采取措施进行防治，对于大型崩塌只能绕避。路线通过小型崩塌区时，防治的方法分防止崩塌产生的措施及拦挡防御措施。

防止崩塌产生的措施有削坡、清除危石、胶结岩石裂隙、引导地表水流以避免岩石强度迅速变化，防止差异风化以避免斜坡进一步变形及提高斜坡稳定性等。具体如下：

1）爆破或打楔。将陡崖削缓，并清除易坠的岩石。
2）堵塞裂隙或向裂隙内灌浆。有时为使单独岩坡稳定，可采用铁链锁绊或铁夹，以提高有崩塌危险岩石的稳定性。
3）调整地表水流。在崩塌地区上方修截水沟，以阻止水流流入裂隙。
4）为防止风化，将山坡和斜坡铺砌覆盖起来，或在坡面上喷浆。
5）修筑明硐或御塌棚。
6）筑防护墙及围护棚（木、石、铁丝网等）以阻挡坠落石块，并及时清除围护建筑物中的堆积物。
7）在软弱岩石出露处修筑挡土墙，以支持上部岩石的重量（这种措施常用于修建铁路路基而需要开挖很深的路堑时）。

想一想：崩塌监测点应布置在什么位置？

四、泥石流勘察

泥石流是山区特有的一种自然地质现象，它是由于降水（暴雨和冰川、积雪融水）产生在沟谷或山坡上的一种携带大量泥沙、石块和巨砾等固体物质的特殊洪流，是高浓度的固体和液体的混合颗粒流，俗称"走蛟""出龙""蛟龙"等。它的运动过程介于山崩、滑坡和洪水之间，是各种自然因素（地质、地貌、水文、气象等）或人为因素综合作用的结果。由于泥石流暴发突然，运动很快，能量巨大，来势凶猛，破坏性非常强，常给山区工农业生产造成极大危害，对山区铁路、公路的危害也非常严重。

关注点：《岩土工程勘察规范（2009年版）》(GB 50021—2001) 中明确规定：拟建工程场地或其附近有发生泥石流的条件并对工程安全有影响时，应进行专门的泥石流勘察。

依据定性（泥石流的特征和流域特征）与定量（泥石流类别）相结合的原则，对泥石流进行分类，见表 4-2-15。

表 4-2-15 泥石流的分类和特征

类别	泥石流特征	流域特征	亚类	严重程度	流域面积 km^2	固体物质一次冲出体积 $10^4\ \mathrm{m}^3$	流量 $\mathrm{m}^3 \cdot \mathrm{s}^{-1}$	堆积区面积 km^2
高频率泥石流沟谷 Ⅰ	基本上每年都有泥石流发生。固体物质主要来源于沟谷的滑坡、崩塌。暴发雨强小于 2～4 mm/min。除岩性因素外，滑坡、崩塌严重的沟谷多发生黏性泥石流，规模大。反之，则发生稀性泥石流	多位于强烈抬升区。岩层破碎，风化强烈，山体稳定性差。泥石流堆积物源新鲜，无植被或仅有稀疏草丛。黏性泥石流沟中下游坡度大于 4%	Ⅰ₁	严重	>5	>5	>100	>1
			Ⅰ₂	中等	1～5	1～5	30～100	<1
			Ⅰ₃	轻微	<1	<1	<30	—
低频率泥石流沟谷 Ⅱ	暴发周期一般在 10 年以上，固体物质主要来源于沟床，泥石流发生时"揭床"现象明显。暴雨时坡面发生的浅层滑坡往往是激发泥石流形成的重要因素。暴雨强度一般大于 4 mm/min。规模一般较大，有黏性泥石流和稀性泥石流	山体稳定性相对较好，无大型活动性滑坡、崩塌。沟床和扇形地上遍布巨砾。植被较好，沟床内灌木丛密布，扇形地多已被辟为农田。黏性泥石流沟中下游沟床坡度小于 4%	Ⅱ₁	严重	>10	>5	>100	>1
			Ⅱ₂	中等	1～10	1～5	30～100	<1
			Ⅱ₃	轻微	<1	<1	<30	—

注：对高频率泥石流，流量指百年一遇时的流量，对低频率泥石流，指历史最大流量。泥石流的分类宜采用野外特征与定量指标相结合的原则，定量指标满足其中一项即可。

（一）工作准备

1. 了解勘察目的和任务

查明泥石流的形成条件、类型、规模、发育阶段、活动规律，并对工程场地做出适宜性评价，提出防治方案的建议。泥石流勘察应在可行性研究或初步勘察阶段进行。

2. 收集相关资料

与一般勘察要求相同。

3. 相关设备及人员

与一般勘察要求相同。

4. 遥感解译

1）标准型泥石流沟可清楚地看出形成区、流通区和堆积区；
2）形成区呈瓢形，山坡陡峻，岩石风化严重，松散固体物质丰富，常有滑坡、崩塌发育；
3）流通区沟床较短直，纵坡较形成区地段缓，但较堆积区地段陡；
4）堆积区位于沟谷出口处，纵坡平缓，呈扇形，呈浅色色调，扇面上可见固定沟槽或漫流状沟槽，还可见到导流堤等人工构筑物。

（二）现场勘察

1. 工程地质测绘与调查

泥石流勘察应以工程地质测绘和调查为主，测绘范围应包括沟谷至分水岭的全部地段和可能受泥石流影响的地段。对全流域测绘比例尺宜采用1：5万；对中下游可采用1：2000～1：1万。工程地质测绘应调查下列内容：

1）冰雪融水和暴雨强度的一次最大降水量、平均量、最大流量及地下水活动等情况。

2）地形地貌特征，包括沟谷的发育程度、切割情况、坡度、弯曲、粗糙程度，并划分泥石流的形成区、流通区和堆积区，圈绘整个沟谷的汇水面积。

3）形成区的水源类型、水量、汇水条件、山坡坡度，岩层性质和风化程度；断裂、滑坡、崩塌、岩堆等不良地质作用的发育情况及可能形成泥石流固体物质的分布范围、储量。

4）流通区的沟床纵横坡度、跌水、急弯等特征；沟床两侧山坡坡度、稳定程度、沟床的冲淤变化和泥石流痕迹。

5）堆积区的堆积扇分布范围、表面形态、纵坡、植被、沟道变迁和冲淤情况，查明堆积物的性质、层次、厚度、一般粒径和最大粒径，判定堆积区的形成历史、堆积速度，估算一次最大堆积量。

6）形成泥石流的沟谷的历史，历次泥石流发生的时间、频数、规模、形成过程、暴发前的降水情况和暴发后产生的灾害情况。

7）开矿弃渣、修路切坡、砍伐森林、陡坡开荒和过度放牧等人类活动情况。

8）当地防治泥石流的经验。

2. 勘探测试

当需要对泥石流采取防治措施时，应进行勘探测试，进一步查明泥石流堆积物的性质、结构、厚度、固体物质含量、最大粒径、流速、流量、冲出量和淤积量。

（三）岩土工程评价

泥石流地区工程建设适宜性评价，应符合下列要求：

1）I_1类和II_1类泥石流沟谷不应作为工程场地，各类线路宜避开。

2）I_2类和II_2类泥石流沟谷不宜作为工程场地，当必须利用时应采取治理措施；线路应避免直穿堆积扇，可在沟口设桥（墩）通过。

3）I_3类和II_3类泥石流沟谷可利用其堆积区作为工程场地，但应避开沟口；线路可在堆积扇通过，可分段设桥和采取排洪、导流措施，不宜改沟、并沟。

4）当上游大量弃渣或进行工程建设，改变原有供、排平衡条件时，应重新判定产生新的泥石流的可能性。

5）泥石流岩土工程勘察报告，除应遵守岩土工程勘察报告的一般规定外，尚应包括下列内容：①泥石流的地质背景和形成条件；②形成区、流通区、堆积区的分布和特征，绘制专门工程地质图；③划分泥石流类型，评价不同类型泥石流对工程建设的适宜性；④泥石流防治和监测建议。

（四）防治措施

不同类型的泥石流有不同的特点，相应的治理措施也有所不同。在以坡面侵蚀及沟谷侵蚀为主的泥石流区，应以生物措施为主，辅以工程措施；在崩塌、滑坡强烈活动的泥石流发生（形成）区，应以工程措施为主，兼用生物措施，而在坡面侵蚀和重力侵蚀兼有的泥石流地区，则以综合治理措施效果最佳，具体见表4-2-16。

表 4-2-16 泥石流综合治理一览表

总目	分目	细目	主要作用
工程措施	治水工程	蓄水工程；引、排水工程；截水工程；防御工程（控制冰雪融化，防止冰湖溃决）	调蓄洪水，以消除或削减洪峰；引、排洪水，以削减或控制下泄水量；拦截滑坡或水土流失严重地段上方的径流；用炭黑等方法提前融化冰雪，以防止高温时出现大量冰雪融化；加固或预先消除冰碛堤
	治土工程	拦沙坝、谷坊工程；挡土墙工程；护坡、护岸工程；变坡工程；潜坝工程	拦蓄泥沙、固定沟床、稳定滑坡、提高支沟侵蚀基准；稳定滑坡或崩塌体；加固边坡、岸坡，免遭冲刷；防止坡面冲刷；固定沟床，防止下切
	排导工程	导流堤工程、顺水坝工程；排导沟工程；渡槽、急流槽工程；明洞工程、改沟工程	排导泥石流，以防止泥石流冲淤危害；调整泥石流流向，以畅排泥石流；排泄泥石流，以防止泥石流漫溢成灾；从交通线路的上方或下方排泄泥石流，以保障线路安全；交通线路以明洞形式从泥石流沟下面通过，以保证线路畅通；把泥石流出口改到相邻的沟道，以保护该沟下游建筑物安全
	停淤工程	停淤场工程、拦泥库工程	停积泥石流，以削减下泄量
	农田工程	水改旱工程；水渠防渗工程；坡改梯工程；田间排水、截水工程；夯实裂缝，田边筑埂工程	减少入渗水量，以防止滑坡活动或复活；减少地下水，以防渠水渗漏，稳定边坡，以防止坡面侵蚀；控制水土流失；引、排坡面径流，以防止地表水下渗；拦截泥沙，以稳定边坡、减少侵蚀
生物措施	林业措施	水源涵养林；水土保持林；护床防冲林；护堤固滩林	涵养水源，减少地表径流，以削减洪峰控制侵蚀；减少水土流失以保护沟床、防止冲刷、下切，以加固河堤，保护滩地，控制泥石流危害
	农业措施	等高耕作；立体种植；免耕种植；选择作物	减少水土流失，以增加复种指数；扩大覆盖面积，以减轻溅蚀；减少地表径流，以改善土壤结构、减少土壤侵蚀
	牧业措施	适度放牧圈养；分区轮牧改良牧草，选择水保效益好的牧草	控制牧草覆盖率，减少水土流失以保护牧场，减轻水土流失以防止草场退化，控制水土流失以提高产草率，并增加覆盖率，减轻水土流失以提高水土保护效益
综合治理措施	工程措施＋生物措施	泥石流的全流域综合治理，目的是按照泥石流的基本性质，采用多种工程措施和生物措施相结合，上、中、下游统一规划，山、水、林、田综合整治，以防止泥石流形成或控制泥石流危害	

想一想：泥石流主要勘察手段有哪些？

五、场地和地基地震效应勘察

1. 地震及地震效应

地震指地壳表层因弹性波传播所引起的振动作用或现象。按成因，地震可分为构造地震、火山地震和陷落地震。此外，还有因水库蓄水、深井注水、采矿和核爆炸等导致的诱发地震。强烈的地震常伴随地面变形、地层错动和房屋倒塌等。由地壳运动引起的构造地震，是地球上数量最多、规模最大、危害最严重的一类地震。

地震的震级和烈度是衡量地震的强度指标，即地震大小对建筑物破坏程度的尺度。地震震级是衡量地震本身大小的尺度，由地震释放的能量大小来衡量，释放的能量越大，震级越大。地震烈度是衡量地震引起的地面震动强烈程度的尺度。在地震影响范围内出现的各种震害或破坏，称为地震效应。

关注点：《岩土工程勘察规范（2009年版）》（GB 50021—2001）规定：抗震设防烈度等于或大于Ⅵ度的地区（也称为强震区或高烈度地震区），应进行场地和地基的地震效应岩土工程勘察，并应根据国家批准的地震动参数区划和有关规范，提出勘察场地的抗震设防烈度、设计基本地震加速度和设计地震分组。

2. 建筑场地土类型、场地类别及建筑地段的划分

依据《建筑抗震设计规范（2016年版）》（GB 50011—2010），建筑场地岩土类型、场地类别及建筑地段的划分可按下述方法确定。

（1）场地岩土类型

在对强震区进行勘察时，应先确定建筑场地各层场地岩土的类型。场地岩土的类型可按表 4-2-17 依据岩土类型和岩土层的剪切波速确定。

表 4-2-17　场地岩土类型和剪切波速

岩土类型	岩土名称和性状	岩土层剪切波速 $v_s/(m \cdot s^{-1})$
岩石	坚硬、较硬且完整的岩石	$v_s \geqslant 800$
坚硬土或软质岩石	破碎和较破碎的岩石或软和较软的岩石，密实的碎石土	$500 < v_s < 800$
中硬土	中密、稍密的碎石土，密实、中密的砾石、粗砂、中砂，$f_{ak} > 150$ kPa 的黏性土和粉土，坚硬黄土	$250 < v_s \leqslant 500$
中软土	稍密的砾石、粗砂、中砂，除松散外的细、粉砂，$f_{ak} \leqslant 150$ kPa 的黏性土和粉土，$f_{ak} \geqslant 130$ kPa 的填土，可塑新黄土	$150 < v_s \leqslant 250$
软弱土	淤泥和淤泥质土，松散的砂，新近沉积的黏性土和粉土，$f_{ak} \leqslant 130$ kPa 的填土，流塑状黄土	$v_s \leqslant 150$

注：f_{ak} 为由载荷试验等方法得到的地基承载力特征值。

（2）建筑场地类别划分

建筑场地类别，应根据岩土层等效剪切波速和场地覆盖层厚度按表 4-2-18 划分为四类，其中Ⅰ类分为 I_0 和 I_1 两个亚类。

根据表 4-2-18，对于 $250 < v_{se} \leqslant 500$ 的场地，应重点查清覆盖层厚度是否小于 5 m；对于 $150 < v_{se} \leqslant 250$ 和 $v_{se} \leqslant 150$ m/s 的场地，为确定覆盖层厚度而进行的波速试验深度钻孔只要略超过 50 m 即可。

（3）建筑地段划分

选择建筑场地时，应按表 4-2-19 划分对建筑抗震有利、一般、不利和危险地段。

表 4-2-18　各类建筑场地类别划分及覆盖层厚度

岩石的剪切波速（v_s）或土的等效剪切波速（v_{se}）/(m·s^{-1})	覆盖层厚度/m				
	I_0	I_1	II	III	IV
$800<v_s$	0	—	—	—	—
$500<v_s\leq800$	—	0	—	—	—
$250<v_{se}\leq500$	—	<5	≥5	—	—
$150<v_{se}\leq250$	—	<3	3~50	>50	—
$v_{se}\leq150$	—	<3	3~15	15~50	>80

注：罗马数字代表场地类别。

表 4-2-19　各类建筑地段的划分

地段类型	地质特征
有利地段	坚硬稳定基岩，坚硬土，开阔、平坦、密实、均匀的中硬土等
不利地段	软弱土、液化土，条状突出的山嘴，高耸孤立的山丘，陡坡，陡坎，河岸和边坡边缘，平面分布上成因、岩性、状态明显不均匀的土层（含故河道、疏松的断层破碎带、暗埋的塘浜沟谷和半填半挖地基），高含水量的可塑黄土，地表存在结构性裂缝等
一般地段	不属于有利、不利和危险地段
危险地段	地震时可能发生滑坡、崩塌、地陷、地裂、泥石流等及发震断裂带上可能发生地表位错的部位

3. 设计基本地震加速度

抗震设防烈度和设计基本地震加速度取值的对应关系，应符合表 4-2-20 的规定，设计基本地震加速度为 $0.15g$ 和 $0.30g$ 地区内的建筑，除《建筑抗震设计规范（2016年版）》（GB 50011—2010）另有规定外，应分别按抗震设防烈度Ⅶ度和Ⅷ度的要求进行抗震设计。

表 4-2-20　抗震设防烈度和设计基本地震加速度的对应关系

抗震设防烈度	设计基本地震加速度	抗震设防烈度	设计基本地震加速度
Ⅵ	$0.05g$	Ⅷ	$0.20g$（$0.30g$）
Ⅶ	$0.10g$（$0.15g$）	Ⅸ	$0.40g$

注：g 为重力加速度。

4. 建筑抗震设防分类

依据《建筑工程抗震设防分类标准》（GB 50223—2008），建筑工程可按表 4-2-21 分为四个抗震设防类别。

表 4-2-21　建筑抗震设防分类

建筑抗震设防类别	含义
特殊设防类（甲类）	使用上有特殊设施，涉及国家公共安全的重大建筑工程和地震时可能发生严重次生灾害等特别重大灾害后果的建筑
重点设防类（乙类）	地震时使用功能不能中断或需尽快恢复的生命线相关建筑，以及地震时可能导致大量人员伤亡等重大灾害后果，需要提高设防标准的建筑
标准设防类（丙类）	大量的除甲、乙、丁类以外按标准要求进行设防的建筑
适度设防类（丁类）	使用上人员稀少且震损不致产生次生灾害，允许在一定条件下适度降低要求的建筑

(一) 工作准备

1. 了解勘察目的和要求

(1) 勘察目的

判定场地土有无液化的可能性，评价液化等级和危害等级，提出抗液化措施的建议。

(2) 勘察要求

勘察要求主要包括如下方面：

1) 在抗震设防烈度等于或大于Ⅵ度的地区进行勘察时，应确定场地类别。当场地位于抗震危险地段时，应根据《建筑抗震设计规范（2016年版）》(GB 50011—2010) 的要求，提出专门研究的建议。

2) 对需要采用时程分析的工程，应根据设计要求，提供土层剖面、覆盖层厚度和剪切波速等有关参数。任务需要时，可进行地震安全性评估或抗震设防区划。

3) 为划分场地类别布置的勘探孔，当缺乏资料时，其深度应大于覆盖层厚度。当覆盖层厚度大于80 m时，勘探孔深度应大于80 m，并分层测定剪切波速。10层和高度30 m以下的丙类和丁类建筑，无实测剪切波速时，可按《建筑抗震设计规范（2016年版）》(GB 50011—2010) 的规定，按土的名称和性状估计土的剪切波速。

4) 抗震设防烈度为Ⅵ度时，可不考虑液化的影响，但对沉陷敏感的乙类建筑，可按Ⅶ度进行液化判别。甲类建筑应进行专门的液化勘察。

5) 场地地震液化判别应先进行初步判别，当初步判别认为有液化可能时，应再进一步判别。液化的判别宜采用多种方法，综合判定液化可能性和液化等级。

6) 液化初步判别除按现行国家有关抗震规范进行外，还应包括下列内容进行综合判别：①分析场地地形、地貌、地层、地下水等与液化有关的场地条件；②当场地及其附近存在历史地震液化遗迹时，应分析液化重复发生的可能性；③倾斜场地或液化层倾向水面或临空面时，应评价液化引起土体滑移的可能性。

关注点：地震液化的进一步判别应在地面以下15 m的范围内进行；对于桩基和基础埋深大于5 m的天然地基，判别深度应加深至20 m。对判别液化而布置的勘探点不应少于3个，勘探孔深度应大于液化判别深度。

7) 地震液化的进一步判别，除应按《建筑抗震设计规范（2016年版）》(GB 50011—2010) 的规定执行外，尚可采用其他成熟方法进行综合判别。当采用标准贯入试验判别液化时，应按每个试验孔的实测击数进行。在需做出判定的土层中，试验点的竖向间距宜为1.0~1.5 m，每层土的试验点数不宜少于6个。

关注点：凡判别为可液化的场地，应按《建筑抗震设计规范（2016年版）》(GB 50011—2010) 的规定确定其液化指数和液化等级。勘察报告除应阐明可液化的土层、各孔的液化指数外，尚应根据各孔液化指数综合确定场地液化等。

8) 抗震设防烈度等于或大于Ⅶ度的厚层软土分布区，宜判别软土震陷的可能性和估算震陷量。

9) 场地或场地附近有滑坡、滑移、崩塌、塌陷、泥石流、采空区等不良地质现象时，应进行专门勘察，分析评价在地震作用时的稳定性。

2. 收集相关资料

与一般勘察要求相同。

3. 相关设备及人员准备

与一般勘察要求相同。

（二）现场勘察

1. 技术手段

地震场区主要采用物探方法中的地震勘探方法，其中测试剪切波速最为常用。

2. 技术要求

《建筑抗震设计规范（2016 年版）》（GB 50011—2010）规定：

初步勘察阶段 在大面积的同一地质单元中，测试土层剪切波速的钻孔数量不宜少于 3 个。

详细勘察阶段 单栋建筑，测试土层剪切波速的钻孔数量不宜少于 2 个，测试数据变化较大时，可适量增加；对于小区中处于同一地质单元内的密集建筑群，测试土层剪切波速的钻孔数量可适当减少，但每栋高层建筑和大跨空间结构的钻孔数量均不得少于 1 个。

（三）勘察评价

1. 地震液化的判别

《建筑抗震设计规范（2016 年版）》（GB 50011—2010）规定：地面下存在饱和砂土和饱和粉土（不含黄土、粉质黏土）时，除Ⅵ度外，应进行液化判别；存在液化土层的地基，应根据建筑的抗震设防类别、地基的液化等级，结合具体情况采取相应的措施。

（1）初步判别

1）对于饱和土液化判别和地基处理，Ⅵ度时，一般情况可不进行判别和处理，但对液化沉陷敏感的乙类建筑物可按Ⅶ度的要求进行判别和处理，Ⅶ～Ⅸ度时，乙类建筑物可按本地区抗震设防烈度的要求进行判别和处理。

2）当饱和砂土或粉土（不含黄土）符合下列条件之一时，可判别为不液化或可不考虑液化影响。

a. 第四纪晚更新世（Qp_3）及其以前的土层，Ⅶ、Ⅷ度可判别为不液化。

b. 粉土的黏粒（粒径小于 0.005 mm 的颗粒）含量，Ⅶ度、Ⅷ度和Ⅸ度分别不小于 10%、13% 和 16% 时，可判为不液化土。

c. 浅埋天然地基的建筑，当上覆盖非液化土层厚度和地下水位深度符合下列条件之一时，可不考虑液化影响。

$$d_u > d_0 + d_b - 2 \qquad (4-2-1)$$

$$d_w > d_0 + d_b - 3 \qquad (4-2-2)$$

$$d_u + d_w > 1.5 d_0 + 2 d_b - 4.5 \qquad (4-2-3)$$

式中：d_w 为地下水位埋深，m，宜按设计基准期内年平均最高水位采用，也可按近期内年最高水位采用；d_u 为上覆非液化土层厚度，m，计算时宜将淤泥和淤泥质土层扣除；d_b 为基础埋置深度，m，不超过 2 m 时采用 2 m；d_0 为液化土特征深度，m，可按表 4-2-22 采用。

表 4-2-22　液化土特征深度　　　　　　　　　　　　　　　　单位：m

饱和土类别	Ⅶ度	Ⅷ度	Ⅸ度
粉土	6	7	8
砂土	7	8	9

注：当区域地下水位处于变动状态时，应按不利的情况考虑。

（2）进一步判别

当饱和砂土、粉土的初步判别认为需进一步进行液化判别时，应采用标准贯入试验判别法判别地面下 20 m 范围内土的液化，对于规范中规定可不进行天然地基及基础的抗震承载力验算的各类建筑，可只判别 15 m 范围内土的液化。当饱和土标准贯入锤击数（未经杆长修正）小于或等于液化判别标准贯入锤击数临界值时，应判为液化土。当有成熟经验时，尚可采用其他方法判别。判别液化公式为

$$N < N_{cr} \quad (4-2-4)$$

1）标准贯入试验判别法。在地面下 15 m 深度范围内的液化土判别可按下式计算：

$$N_{cr} = N_0 [0.9 + 0.1(d_s - d_w)] \sqrt{\frac{3}{\rho_c}} \quad (4-2-5)$$

在地面下 20 m 深度范围内，液化判别标准贯入锤击数临界值可按下式计算：

$$N_{cr} = N_0 \beta [\ln(0.6 d_s + 1.5) - 0.1 d_w] \sqrt{\frac{3}{\rho_c}} \quad (4-2-6)$$

式中：N 为饱和土标准贯入锤击数实测值（未作杆长修正）；N_{cr} 为液化判别标准贯入锤击数临界值；N_0 为液化判别标准贯入锤击数基准值，应按表 4-2-23 采用；d_s 为饱和土标准贯入点深度，m；ρ_c 为黏粒质量分数，当小于 3 或为砂土时，均应采用 3；β 为调整系数，设计地震第一组取 0.8，第二组取 0.95，第三组取 1.05；其余符号含义同前。

15～20 m 深度范围内，取 15 m 深度处 N_{cr} 值进行判别。

表 4-2-23　液化判别标准贯入锤击数基准值

设计地震基本加速度	0.1g	0.15g	0.20g	0.30g	0.40g
液化判别标准贯入锤击数基准值/击	7	10	12	16	19

注：g 为重力加速度。

2）铁道部静力触探试验判别法。它适用于饱和砂土和饱和粉土的液化判别。具体规定是：当实测计算比贯入阻力 p_s 或实测计算锥尖阻力 q_c 小于液化比贯入阻力临界值 p_{scr} 或液化锥尖阻力临界值 q_{ccr} 时，应判别为液化土，并按下列公式计算：

$$p_{scr} = p_{so} \alpha_w \alpha_u \alpha_p \quad (4-2-7)$$

$$q_{ccr} = q_{co} \alpha_w \alpha_u \alpha_p \quad (4-2-8)$$

$$\alpha_w = 1 - 0.065(d_w - 2) \quad (4-2-9)$$

$$\alpha_u = 1 - 0.05(d_u - 2) \quad (4-2-10)$$

式中：p_{scr}、q_{ccr} 分别为饱和土静力触探液化比贯入阻力临界值及锥尖阻力临界值，MPa；p_{so}、q_{co} 分别为地下水深度 $d_w=2$ m，上覆非液化土层厚度 $d_u=2$ m 时，饱和土液化判别比贯入阻力基准值和液化判别锥尖阻力基准值，MPa，可按表 4-2-24 取值；α_w 为地下水位埋深修正系数，地面常年有水且与地下水有水力联系时，取 1.13；α_u 为上覆非液化土层厚度修正系数，对深基础，取 1.0；d_w 为地下水位埋深，m；d_u 为上覆非液化土层厚度，m，计算时应将淤泥和淤泥质土层厚度扣除；α_p 为与静力触探摩阻比有关的土性修正系数，可按表 4-2-25 取值。

表 4-2-24 比贯入阻力和锥尖阻力基准值

抗震设防烈度	Ⅶ度	Ⅷ度	Ⅸ度
p_{so}/MPa	5.0～6.0	11.5～13.0	18.0～20.0
q_{co}/MPa	4.6～5.5	10.5～11.8	16.4～18.2

表 4-2-25 土性修正系数值

土类	砂土	粉土	
R_f	≤0.4	0.4～0.9	>0.9
α_p	1.00	0.60	0.45

注：R_f 为静力触探摩阻比。

2. 场地液化等级的判别

存在液化土层的地基，应进一步探明各液化土层的深度和厚度，按下式计算每个钻孔的液化指数，并根据液化指数按表 4-2-26 划分液化等级：

$$I_{LE} = \sum_{i=1}^{n}\left(1 - \frac{N_i}{N_{cri}}\right) d_i W_i \qquad (4-2-11)$$

式中：I_{LE} 为液化指数；n 为在判别深度范围内每一个钻孔标准贯入试验点的总数；N_i、N_{cri} 分别为 i 点标准贯入锤击数的实测值和临界值，当实测值大于临界值时应取临界值，当只需要判别 15 m 范围以内的液化时，15 m 以下的实测值可按临界值采用；d_i 为第 i 点所代表的土层厚度，m，可采用与该标准贯入试验点相邻的上、下两个标准贯入试验点深度差的一半，但上界不高于地下水位深度，下界不深于液化深度；W_i 为第 i 土层单位土层厚度的层位影响权函数值，m^{-1}，当该层中点深度不大于 5 m 时应采用 10，等于 20 m 时应采用 0，5～20 m 时应按线性内插法取值。

表 4-2-26 液化等级与液化指数的对应关系

液化等级	轻微	中等	严重
I_{LE}	$0<I_{LE}≤6$	$6<I_{LE}≤18$	$I_{LE}>18$

案例讲解

某建筑场地位于Ⅷ度烈度区，场地土自地表至 7 m 为黏土，可塑状态，7 m 以下为松散砂土，地下水位埋深为 6 m，拟建建筑基础埋深为 2 m，场地处于全新世Ⅰ级阶地上，试按《建筑抗震设计规范（2016 年版）》（GB 50011—2010）初步判断场地的液化性。

解：土层时代为全新世，晚于第四纪晚更新世；液化层为砂土，可不考虑粉粒含量对液化的影响，可按土覆盖非液化层厚度及地下水位埋深初步判定场地的液化性。

（1）按上覆非液化层厚度判断

由表 4-2-22 查得Ⅷ度烈度区砂土的液化土特征深度 d_0 为 8 m，上覆非液化土层厚度 d_u 为 7 m，基础埋置深度 $d_b=2$ m，得

$$d_0+d_b-2=8+2-2=8(\text{m})$$

因为，d_u 为 7 m，所以

$$d_u < d_0+d_b-2$$

（2）按地下水位埋深判断

$$d_w=6 \text{ m}, \quad d_0+d_b-3=8+2-3=7(\text{m})$$

因为，d_w 为 6 m，所以

$$d_w < d_0+d_b-3$$

（3）按覆盖层与地下水位综合判断

$$d_u+d_w=7+6=13(\text{m})$$

$$1.5d_0+2d_b-4.5=1.5\times 8+2\times 2-4.5=11.5 \text{ (m)}$$

$$d_u+d_w > 1.5d_0+2d_b-4.5$$

因此，可不考虑该场地土液化影响，初步判定场地为不液化。

案例分析

1）《建筑抗震设计规范（2016 年版）》（GB 50011—2010）中判定液化可分为两步，第一步为初步判别，第二步为进一步判别（复判）；

2）初步判别时，当浅埋天然地基上的 d_u 与 d_w 符合式（4-2-1）至式（4-2-3）之一时即可判为不液化；

3）当地质年代为晚更新世及以前时，Ⅶ度、Ⅷ度可判为不液化，Ⅸ度需进一步判别土层液化可能性；

4）对于粉土，可按黏粒含量初步判断其液化性，对于砂土的液化性可不考虑黏粒的含量；

5）非液化土层厚度一般自第一层可液化土层顶面算至地表，且应扣除淤泥或淤泥质土等软土层。

练一练

某民用建筑场地地层资料如下：① 0～3 m 黏土，$I_L=0.4$，$f_{ak}=180$ kPa；② 3～5 m 粉土，黏粒含量为 18%，$f_{ak}=160$ kPa；③ 5～7 m 细砂土，黏粒含量为 15%，中密，$f_{ak}=200$ kPa，地质年代为全新世；④ 7～9 m 密实砂，$f_{ak}=380$ kPa，地质年代为晚更新世；⑤ 9 m 以下为基岩。

场地地下水位为 2.0 m，基础埋深为 2.0 m，位于Ⅷ度烈度区，按《建筑抗震设计规范（2016 年版）》（GB 50011—2010）初步进行判定，不能排除液化的土层有（　　）。

A. ①层　　　　B. ②层　　　　C. ③层　　　　D. ④层

案例讲解

某建筑场地位于冲积平原上,地下水位 3 m,地表到 5 m 为黏性土,可塑状态,水位以上容重为 19 kN/m³,水位以下容重为 20 kN/m³,5 m 以下为砂层,黏粒含量 4%,稍密状态,标准贯入试验见表 4-2-27,拟采用桩基基础,设计地震分组为第一组,Ⅷ度烈度,设计基本地震加速度为 $0.30g$,根据《建筑抗震设计规范(2016 年版)》(GB 50011—2010)判定砂土的液化性,不液化的点数为多少?地基的液化等级为多少?

表 4-2-27 标准贯入试验结果

标准贯入深度/m	实测标准贯入锤击数/击	标准贯入深度/m	实测标准贯入锤击数/击
6	10	14	20
8	18	16	18
10	16	18	29
12	17		

解: 1) 查表 4-2-23,设计基本地震加速度为 $0.30g$,标准贯入锤击数基准值 $N_0 = 16$ 击。

2) 本建筑液化判定深度取 20 m。

3) 液化判别标准贯入锤击数临界值 N_{cr} 计算如下:

$$N_{cr} = N_0 \beta [\ln(0.6d_s + 1.5) - 0.1d_w] \sqrt{3/\rho_c}$$

测试深度为 6 m 时:$N_{cr} = 16 \times 0.8 \times [\ln(0.6 \times 6 + 1.5) - 0.1 \times 3] \times \sqrt{3/3} = 17$(击)

测试深度为 8 m 时:$N_{cr} = 16 \times 0.8 \times [\ln(0.6 \times 8 + 1.5) - 0.1 \times 3] \times \sqrt{3/3} = 19.7$(击)

测试深度为 10 m 时:$N_{cr} = 16 \times 0.8 \times [\ln(0.6 \times 10 + 1.5) - 0.1 \times 3] \times \sqrt{3/3} = 22$(击)

测试深度为 12 m 时:$N_{cr} = 16 \times 0.8 \times [\ln(0.6 \times 12 + 1.5) - 0.1 \times 3] \times \sqrt{3/3} = 23.9$(击)

测试深度为 14 m 时:$N_{cr} = 16 \times 0.8 \times [\ln(0.6 \times 14 + 1.5) - 0.1 \times 3] \times \sqrt{3/3} = 25.5$(击)

测试深度为 16 m 时:$N_{cr} = 16 \times 0.8 \times [\ln(0.6 \times 16 + 1.5) - 0.1 \times 3] \times \sqrt{3/3} = 27$(击)

测试深度为 18 m 时:$N_{cr} = 16 \times 0.8 \times [\ln(0.6 \times 18 + 1.5) - 0.1 \times 3] \times \sqrt{3/3} = 28.3$(击)

4) 标准贯入锤击数临界值及实测值见表 4-2-28。

表 4-2-28 标准贯入锤击数临界值及实测值

测试点深度 m	标准贯入锤击数实测值 击	标准贯入锤击数临界值 击	测试点深度 m	标准贯入锤击数实测值 击	标准贯入锤击数临界值 击
6	10	17	14	20	25.5
8	18	19.7	16	18	27
10	16	22	18	29	28.3
12	17	23.9			

比较标准贯入锤击数实测值与临界值可得出，测试点深度 18 m 时不液化，其余各点均液化，所以，不液化的点数为 1 个。

5）液化等级的判别。

a. 确定各测试点所代表的土层厚度，见表 4-2-29。

表 4-2-29　各测试点所代表的土层厚度

测试点深度 d_s/m	6	8	10	12	14	16	18
代表土层上界/m	5	7	9	11	13	15	17
代表土层下界/m	7	9	11	13	15	17	20
代表土层厚度/m	2	2	2	2	2	2	2
代表土层中点深度/m	6	8	10	12	14	16	18.5

b. 确定单位土层厚度的层面影响权函数值 W_i。

因判别深度为 20 m，按下式计算权函数：

$$W_i = \frac{2}{3}(20 - d_s) \quad (5\text{ m} < d_s \leqslant 20\text{ m})$$

$$W_i = 10 \quad (0 < d_s \leqslant 5\text{ m})$$

计算过程及结果如下：

$$d_s = 6\text{ m 时}, W_i = \frac{2}{3}(20 - d_s) = \frac{2}{3}(20 - 6) = 9.33\text{ m}^{-1}$$

$$d_s = 8\text{ m 时}, W_i = \frac{2}{3}(20 - d_s) = \frac{2}{3}(20 - 8) = 8\text{ m}^{-1}$$

$$d_s = 10\text{ m 时}, W_i = \frac{2}{3}(20 - d_s) = \frac{2}{3}(20 - 10) = 6.67\text{ m}^{-1}$$

$$d_s = 12\text{ m 时}, W_i = \frac{2}{3}(20 - d_s) = \frac{2}{3}(20 - 12) = 5.33\text{ m}^{-1}$$

$$d_s = 14\text{ m 时}, W_i = \frac{2}{3}(20 - d_s) = \frac{2}{3}(20 - 14) = 4\text{ m}^{-1}$$

$$d_s = 16\text{ m 时}, W_i = \frac{2}{3}(20 - d_s) = \frac{2}{3}(20 - 16) = 2.67\text{ m}^{-1}$$

$$d_s = 18\text{ m 时}, W_i = \frac{2}{3}(20 - d_s) = \frac{2}{3}(20 - 18) = 1.0\text{ m}^{-1}$$

c. 计算标准贯入锤击数临界值 N_{cr}，见表 4-2-30。

表 4-2-30　标准贯入锤击数临界值

测点深度 d_s/m	标准贯入锤击数临界值 N_{cri}/击	标准贯入锤击数实测值 N_i/击	测点深度 d_s/m	标准贯入锤击数临界值 N_{cri}/击	标准贯入锤击数实测值 N_i/击
6	17	10	14	25.5	20
8	19.7	18	16	27	18
10	22	16	18	28.3	29
12	23	17			

d. 计算钻孔的液化指数 I_{LE}。

$$I_{LE} = \sum_{i=1}^{n}\left(1-\frac{N_i}{N_{cri}}\right)d_iW_i$$

$$= \left[\left(1-\frac{10}{17}\right)\times 2\times 9.33\right] + \left[\left(1-\frac{18}{19.7}\right)\times 2\times 8\right] + \left[\left(1-\frac{16}{22}\right)\times 2\times 6.67\right] +$$

$$\left[\left(1-\frac{17}{23.9}\right)\times 2\times 5.33\right] + \left[\left(1-\frac{20}{25.5}\right)\times 2\times 4\right] + \left[\left(1-\frac{18}{27}\right)\times 2\times 2.67\right] +$$

$$\left[\left(1-\frac{28.3}{28.3}\right)\times 2\times 1.0\right]$$

$$= 7.68+1.38+3.64+3.08+1.73+1.78 = 19.29$$

判别深度为 20 m 时，液化等级严重。

案例分析

1）各类建筑液化判别深度一般为 15 m，桩基和深埋基础，应判别到 20 m。
2）进行液化判别时，实测标准贯入锤击数不进行杆长修正。
3）β 为与设计地震分组有关的调整系数。
4）当砂土或粉土的黏粒含量小于 3%时，ρ_c 取 3。
5）权函数 W_i 的取值方法应该注意：当 i 点代表的土层上界小于 5 m 且下界大于 5 m 时，宜从 5 m 处分为 2 层计算；i 点代表的土层小于 5 m 时，$W_i=10$ m^{-1}；i 点代表的土层大于 5 m 时，W_i 取土层上界权函数和下界权函数的平均值，即土层中点处权函数值。
6）当 $N_i > N_{cri}$，即土层不液化时，取 $N_i = N_{cri}$ 代入公式计算，即不液化土层的液化指数为 0。

练一练

某砂土场地建筑物按《建筑抗震设计规范（2016 年版）》（GB 50011—2010）规定可不进行上部结构抗震计算，拟采用浅基础，基础埋深为 2 m，地层资料如下：0~5 m，黏土，可塑状态；5 m 以下为中砂土，中密状态。地下水为 4 m，地震烈度为Ⅷ度，设计基本地震加速度为 $0.2g$，设地震分组为第二组，标准贯入锤击数记录见表 4-2-31。

表 4-2-31　标准贯入试验结果

测点深度/m	实测标准贯入锤击数/击	测点深度/m	实测标准贯入锤击数/击
9	12	15	16
11	10	17	20
13	15	18	30

按《建筑抗震设计规范（2016 年版）》（GB 50011—2010）对场地的砂土液化性进行复判，该场地的 6 个测点中液化的有（　　）个。

A. 5　　　　　　B. 4　　　　　　C. 3　　　　　　D. 2

案例讲解

已知某场地饱和粉细砂层,厚为1.4 m,地震烈度为Ⅶ度,地震设计加速度为0.1g,饱和土标准贯入点深度为2 m,黏粒含量为3.0%,饱和土标准贯入锤击数实测值N为6击,试判定土层是否产生液化?若液化,等级是多少?

解: 1)根据场地地震设计加速度为0.1g,可查表4-2-23,得到液化判别标准贯入锤击数基准值$N_0=7$击。

2)计算液化判别标准贯入锤击数临界值N_{cr}:

$$N_{cr}=N_0[0.9+0.1(d_s-d_w)]\sqrt{\frac{3}{\rho_c}}=7\times[0.9+0.1\times(2-0)]\sqrt{\frac{3}{3}}=7.7(击)$$

3)判定是否液化:

$$N_{cr}>N$$

故产生液化。

4)判定液化等级:

$$I_{LE}=\sum_{i=1}^{n}\left(1-\frac{N_i}{N_{cri}}\right)d_iW_i=\left(1-\frac{6}{7.7}\right)\times1.4\times10=3.1$$

查表4-2-26可确定该土层的液化等级为轻微。

案例分析

标准贯入锤击数是判定砂土液化的重要指标,在野外试验时要特别重视基础数据的准确性,同时要注意野外判别的条件。

练一练

已知某场地饱和粉细砂层,厚为2 m,地震设计加速度为0.2g,饱和土标准贯入点深度为2 m,黏粒含量为3.0%,饱和土标准贯入锤击数实测值N为7击,试判定土层是否产生液化?

(四)地震液化的防治和建筑物抗震措施

1. 地震液化的防治措施

(1) 合理选择建筑场地

在强震区应合理选择建筑场地,尽量避开可能液化土层分布的地段。一般应以地形平坦、地下水埋藏较深、上覆非液化土层较厚的地段作为建筑场地。

(2) 地基处理

地基处理可以消除液化可能性或减轻其液化程度。地震液化的地基处理措施很多,主要有换土、增加盖重、强夯、振冲、砂桩挤密、爆破振密和围封等方法,可以部分或全部消除液化的影响。

(3) 基础和上部结构选择

建立于液化土层上的建筑物,若为低层或多层建筑,以整体性和刚度较好的筏基、箱基和钢筋混凝土十字形条基为宜。若为高层建筑，则应采用穿过液化土层的深基础，如桩基础、管桩基础等，以全部消除液化的影响，切不可采用浅摩擦桩。此外，应增强上部结构的整体刚度和均匀对称性，合理设置沉降缝。

由于建筑物类别和地基的液化等级不同，所以抗液化措施应按表4-2-32选用。

2. 建筑物抗震措施

（1）建筑场地的选择

《建筑抗震设计规范（2016年版）》（GB 50011—2010）规定：选择建筑场地时，应根据工程需要、地震活动情况、工程地质和地震地质的有关资料，对抗震有利、一般、不利和危险地段做出综合评价。对不利地段，应提出避开要求；当无法避开时，应采取有效措施；对危险地段，严禁建造甲、乙类建筑，不宜建造丙类建筑。

表4-2-32 液化防治措施的选择

建筑抗震设防类别	液化防治措施		
	液化等级为轻微	液化等级为中等	液化等级为严重
甲类	全部消除液化沉陷	全部消除液化沉陷	全部消除液化沉陷
乙类	部分消除液化沉陷，或对基础和上部结构处理	全部消除液化沉陷，或部分消除液化沉陷且对基础和上部结构处理	全部消除液化沉陷
丙类	基础和上部结构处理，亦可不采取措施	基础和上部结构处理，或更高要求的措施	全部消除液化沉陷，或部分消除液化沉陷且对基础和上部结构处理
丁类	可不采取措施	可不采取措施	基础和上部结构处理，或其他经济的措施

注：甲类建筑的地基抗液化措施应进行专门研究，但不宜低于乙类的相应要求。

选择建筑场地时应注意以下几点：

1）尽可能避开强烈振动效应和地面效应的地段作为场地或地基。属此情况的有淤泥土层、饱水粉细砂层、厚填土层以及可能产生不均匀沉降的地基；

2）避开活动性断裂带和与活动断裂有联系的断层，尽可能避开胶结较差的大断裂破碎带；

3）避开不稳定的斜坡或可能会产生斜坡效应的地段，例如已有崩塌、滑坡分布的地段、陡山坡及河坎旁；

4）避免将孤立突出的地形位置作为建筑场地；

5）尽可能避开地下水位埋深过浅的地段作为建筑场地；

6）岩溶地区存在浅埋大溶洞时，不宜作为建筑场地。

对抗震有利的建筑场地条件应该是：地形平坦开阔；基岩或密实的硬土层；无活动断裂破碎带；地下水位埋深较大；崩塌、滑坡、岩溶等不良地质现象不发育。

（2）持力层和基础方案的选择

地基持力层应以基岩或硬土为宜，避免以高压缩性及液化土层作为持力层。同一建筑物的基础，不宜跨越在性质显著不同或厚度变化很大的地基土上。同一建筑物不要并用几种不同型式的基础。

(3) 建筑物结构型式的选择

强震区房屋建筑与构筑物的平面和立面应力求简单方整,尽量使其质量中心与刚度中心重合,避免不必要的凸凹形状。若必须采用平面转折或立面层数有变化的型式,应在转折处或连接处留抗震缝。结构上应尽量做到减轻重量、降低重心、加强整体性,并使各部分构件之间有足够的刚度和强度。

想一想:地震勘察的重点是什么?

知识小结

本学习任务主要介绍了几种常见的不良地质作用和地质灾害的勘察。重点介绍了岩溶、滑坡、崩塌、泥石流及地震场区的岩土工程勘察要点、评价方法和防治措施。

思考训练

1. 岩溶场地可能发生的岩土工程问题有哪些?
2. 岩溶场地的勘察要点有哪些?
3. 岩溶场地的形成条件及预防和治理措施有哪些?
4. 崩塌与滑坡的勘察要求有哪些?
5. 崩塌与滑坡的形成条件及预防和治理措施有哪些?
6. 泥石流如何分类?勘察要点有哪些?
7. 泥石流的预防和治理措施有哪些?
8. 什么是地震液化?影响地震液化的因素有哪些?
9. 某Ⅷ度烈度区场地位于全新世Ⅰ级阶地上,表层为可塑状态黏性土,厚度为 5 m,下部为粉土,粉土黏粒含量为 12%,地下水埋深为 2 m,拟建建筑基础埋深为 2 m,按《建筑抗震设计规范(2016 年版)》(GB 5001—2010)初步判定场地液化为(   )。

   A. 不能排除液化 B. 不液化 C. 部分液化 D. 不能确定

10. 某民用建筑采用浅基础,基础埋深为 2.5 m,场地位于Ⅷ度烈度区,设计基本地震加速度为 0.10g,设计地震分组为第一组,地下水位埋深为 3 m,地层资料如下:①0~10 m,黏土,I_{LE}=0.35,f=200 kPa;②10~25 m 砂土,稍密状态,f_{ak}=200 kPa。

    标准贯入试验资料见表 4-2-33。

表 4-2-33 标准贯入试验资料

测点深度/m	实测标准贯入锤击数/击	测点深度/m	实测标准贯入锤击数/击
12	8	16	12
14	13	18	17

按《建筑抗震设计规范(2016 年版)》(GB 50011—2010)判定,在 4 个测点中液化点为(   )个。

A. 1 B. 2 C. 3 D. 4

11. 某市可不进行上部结构抗震验算的民用建筑拟采用浅基础,基础埋深为 2 m,场地地下水埋深 3 m,ZK2 钻孔资料如下:0~4 m 为黏土,硬塑状态,4 m 以下为中砂土,中密状态,标准贯入试验结果见表 4-2-34。按《建筑抗震设计规范(2016年版)》(GB 50011—2010)要求,该场地中 ZK2 钻孔的液化指数应为( )。

A. 20.8　　　　B. 28.2　　　　C. 35.7　　　　D. 45.4

表 4-2-34　ZK2 钻孔标准贯入试验记录表

标准贯入点深度/m	实测标准贯入锤击数/击	标准贯入点深度/m	实测标准贯入锤击数/击
6	5	12	7
8	5	16	12
10	6	18	16

12. 某民用建筑场地位于某市,场地中某钻孔资料见表 4-2-35。

表 4-2-35　某建筑场地钻孔资料

土层编号	土层埋深/m	土层名称	测点深度/m	实测标准贯入锤击数/击	地质年代	黏粒含量/%	备注
1	0～8	黏土	2	10	Qh	25	
			4	11			
			6	13			
2	8～10	粉土	8.5	9	Qh	14	
			9.5	8			
3	10～17	中砂土	12	10	Qh	6.2	
			14	11			
			16	12			
4	17～25	粗砂土	18	12	Qp_3	2	
			20	16			

地下水位埋深 4.5 m,采用浅基础,基础埋深 4 m,基础宽度 2 m,该钻孔的液化指数 I_{LE} 应为( )。

A. 4.4　　　　B. 4.9　　　　C. 5.4　　　　D. 11.2

13. 两个建筑场地土层波速测试成果见表 4-2-36,试计算该场地的覆盖厚度、计算深度、等效剪切波速并判断建筑场地类别。

表 4-2-36　建筑场地土层波速测试成果

场地一		场地二	
土层起止深度/m	剪切波速 v_{se}/(m·s^{-1})	土层起止深度/m	剪切波速 v_{se}/(m·s^{-1})
0～2.5	110	0～5	115
2.5～6.2	186	5～12.5	125
6.2～10.4	226	12.5～18.5	146
1.04～22.5	320	18.5～26.5	155
22.5～80	580	26.5～28	400
		28～35	450
		35～56	780

14. 某工程所在地抗震设防烈度为Ⅷ度，设计基本地震加速度为 0.20g，设计地震分组为第二组，经勘察地层结构 0～13.4 m 为细砂层，细砂的黏粒含量为 2.2%；13.4 m 以下为黏土层，地下水位为 0.8 m。对细砂层进行标准贯入试验，结果见表 4-2-37。试判断该地基土层有无液化，列表求出液化指数，判定液化等级。

表 4-2-37 标准贯入试验结果

试验深度/m	标准贯入锤击数/击	试验深度/m	标准贯入锤击数/击
1.3	9	8.2	8
2.2	2	9.2	14
4.3	15	10.2	17
5.3	8	11.5	36
6.2	18	12.1	16
7.2	12	13.0	26

15. 某建筑场地设防烈度为Ⅷ度，设计基本地震加速度值为 0.30g，设计地震分组为第一组，经勘察地层结构 0～4 m 为粉质黏土层；4～29 m 为粉、细砂层，粉、细砂的黏粒含量为 3%；此层以下为粗、中砂层；地下水位为 2 m。对细砂层进行标准贯入试验，结果见表 4-2-38。试判断该地基土层有无液化，求出液化土层深度、液化指数，判定液化等级。

表 4-2-38 标准贯入试验结果

试验深度/m	标准贯入锤击数/击	试验深度/m	标准贯入锤击数/击
5	10	17	35
6.5	14	18.5	42
8	15	20	40
9.5	19	21.5	43
11	23	23	48
12.5	28	24.5	48
14	28	26	49
15.5	30	27	49

任务三 特殊性岩土勘察

知识目标

1. 了解各类特殊性岩土的勘察内容。
2. 掌握各类特殊性岩土勘察的技术要点。

能力目标

具备特殊性岩土勘察的能力。

思政目标

树立质量意识，安全意识，保障各类工程安全正常使用。

特殊性岩土指在特定的地理环境或人为条件下形成的具有特殊物理力学性质和工程特征，以及特殊的物质组成、结构构造的岩土。如果在此类岩土上修建建筑物，在常规勘察设计方法不能满足工程要求时，为了安全和经济，在岩土工程勘察中须采取特殊方法和手段进行研究和处理，否则会给工程带来不良后果。特殊性岩土的种类很多，其分布一般具有明显的地域性。常见的特殊性岩土有湿陷性土、红黏土、软土、填土、多年冻土、膨胀岩土和混合土等。

一、湿陷性土勘察

1. 湿陷性土

指非饱和及结构不稳定的土，在一定压力作用下被水浸湿后，结构迅速破坏，并产生显著的附加下沉。湿陷性土在我国北方广泛分布，除常见的湿陷性黄土外，在我国的干旱及半干旱地区，特别是在山前洪、坡积扇中常遇到湿陷性碎石土、湿陷性砂土等。

2. 湿陷性黄土

（1）含义

湿陷性黄土属于黄土，当其未被水浸湿时，强度较高，压缩性较低，但被水浸湿后，在上覆土层自重应力或自重应力和建筑物附加应力作用下，土的结构迅速破坏，并发生显著的附加下沉，其强度也随之迅速降低。

（2）分布

湿陷性黄土分布在近地表几米到几十米深度范围内，主要为晚更新世（Qp_3）形成的马兰黄土和全新世（Qh）形成的黄土状土（包括湿陷性黄土和新近堆积黄土）。而中更新世（Qp_2）及其以前形成的早更新世（Qp_1）离石黄土和午城黄土一般仅在上部具较微弱的湿陷性或不具湿陷性。我国陕西、山西、甘肃等省区分布有大面积的湿陷性黄土。

（3）性质

1）粒度成分以粉粒为主，砂粒、黏粒含量较少，土质均匀。

2）密度小，孔隙率大，大孔隙明显。在其他条件相同时，孔隙比越大，湿陷性越强烈。

3）天然含水量较少时，结构强度高，湿陷性强烈；随含水量增大，结构强度降低，湿陷性降低。

4）塑性较弱，塑性指数在8～13之间。当湿陷性黄土的液限小于30％时，湿陷性较强；当液限大于30％时，湿陷性减弱。

5）湿陷性黄土的压缩性与天然含水量和地质年代有关，天然状态下，压缩性中等，抗剪强度较大。随含水量增加，黄土的压缩性急剧增大，抗剪强度显著降低。新近沉积的黄土，土质松软，强度低，压缩性高，湿陷性不一。

6) 抗水性弱，遇水强烈崩解，膨胀量小，但失水收缩较明显，遇水湿陷性较强。

3. 湿陷性土的判别

当不能取样做室内湿陷性试验时，应采用现场载荷试验确定湿陷性。在 20 kPa 压力下浸水载荷试验的附加湿陷量与承压板宽度之比等于或大于 0.023 的土，应判定为湿陷性土。

（一）工作准备

1. 了解勘察目的和任务

除应符合常规要求外，尚应查明下列内容：
1) 黄土地层的时代、成因。
2) 湿陷性黄土的厚度。
3) 湿陷系数、自重湿陷系数和湿陷起始压力随深度的变化。
4) 场地湿陷类型和地基湿陷等级的平面分布。
5) 变形参数和承载力。
6) 地下水等环境水的变化趋势。
7) 其他工程地质条件，并结合建筑物特点和设计要求，对场地和地基做出评价，对地基处理措施提出建议。

2. 收集相关资料

与一般勘察要求相同。

3. 相关设备及人员

与一般勘察要求相同。

（二）现场勘察

1. 勘察手段和方法

1) 场址选择或可行性研究勘察阶段：工程地质测绘、勘探和试验综合使用。
2) 初步勘察阶段：以钻探为主，初步勘探线的布置应按地貌单元的纵、横线方向布置，勘探点的间距宜按表 4-3-1 确定。勘探点深度应根据湿陷性黄土层的厚度和地基压缩层深度的预估值确定，控制性勘探点应有一定数量的取土勘探点穿过湿陷性黄土层。

表 4-3-1 初步勘察阶段勘探点的间距

场地类别	勘探点间距/m	场地类别	勘探点间距/m
简单场地	120~200	复杂场地	50~80
中等复杂场地	80~120		

3) 详细勘察阶段。①勘探点的间距应按建筑物类别和工程地质条件的复杂程度等因素确定，宜按表 4-3-2 确定。②在单独的甲、乙类建筑场地，勘探点不应少于 4 个。③勘

探点的深度应大于地基压缩层的深度,并符合表4-3-3的规定或穿透湿陷性黄土层。

表4-3-2 详细勘察阶段勘探点的间距

场地类别	勘探点间距/m			
	甲类建筑	乙类建筑	丙类建筑	丁类建筑
简单场地	30~40	40~50	50~80	80~100
中等复杂场地	20~30	30~40	40~50	50~80
复杂场地	10~20	20~30	30~40	40~50

表4-3-3 勘探点的深度

勘探参数	非自重湿陷性黄土场地	自重湿陷性黄土场地	
		陇西、陇东—陕北—晋西地区	其他地区
勘探点深度(自基础底面算起)/m	>10	>15	>10

2. 现场取样

1) 总体要求:①取不扰动土样,必须保持其天然的湿度、密度和结构,并符合Ⅰ级土样质量要求;②在探井中取样,竖向间距宜为1 m,土样直径不宜小于120 mm,在钻孔中取样,应严格按规范要求执行,避免扰动;③取土样勘探点中,应有足够数量的探井,其数量应为勘探点总数的1/3~1/2,并不宜少于3个。探井的深度宜穿透湿陷性黄土层。

2) 初步勘察阶段现场取样:取土样的勘探点数量,应按地貌单元和控制性地段布置,其数量不得少于全部勘探点的1/2。

3) 详细勘察阶段现场取样:采取不扰动土样不得少于全部勘探点的2/3,采取不扰动土样的勘探点不宜少于1/2。

3. 现场试验

1) 初步勘察阶段:原位测试点的数量,应按地貌单元和控制性地段布置,其数量不得少于全部勘探点的1/2。新建地区的重要建筑,应按规定进行现场试坑浸水试验,并按自重湿陷系数的实测值判定场地湿陷类型。

2) 详细勘察阶段:原位测试的勘探点不得少于全部勘探点的2/3。

4. 现场回填

勘探完毕后,应立即用原土分层回填夯实,并不宜小于该场地天然土的密度。

(三)岩土工程评价

1. 一般湿陷性土的岩土工程评价

一般湿陷性土的岩土工程评价应符合下列规定:

1) 湿陷性土的湿陷程度划分应根据浸水载荷试验测得的附加湿陷量的大小划分,见表4-3-4。

2) 湿陷性土的地基承载力宜采用载荷试验或其他原位测试确定。

表 4-3-4 湿陷程度分类

湿限程度	附加湿陷量 ΔF_s/cm	
	承压板面积 0.50 m²	承压板面积 0.25 m²
轻微	$1.6<\Delta F_s\leqslant 3.2$	$1.1<\Delta F_s\leqslant 2.3$
中等	$3.2<\Delta F_s\leqslant 7.4$	$2.3<\Delta F_s\leqslant 5.3$
强烈	$\Delta F_s>7.4$	$\Delta F_s>5.3$

注：对能用取土器取得不扰动土样的湿陷性粉砂，其试验方法和评定标准按《湿陷性黄土地区建筑规范》(GB 50025—2018) 执行。

3) 对湿陷性土边坡，当浸水因素引起湿陷性土本身或其与下伏地层接触面的强度降低时，应进行稳定性评价。

4) 湿陷性土地基受水浸湿至下沉稳定为止的总湿陷量，应按下式计算：

$$\Delta_s = \sum \beta \Delta F_{si} h_i \quad (4-3-1)$$

式中：Δ_s 为总湿陷量，cm；ΔF_{si} 为第 i 层土浸水载荷试验的附加湿陷量，cm；h_i 为第 i 层土的厚度，cm，从基础底面（初勘时自地面下 1.5 m）算起，$\Delta F_{si}/b<0.023$ 时，不计入；β 为修正系数，cm^{-1}，承压板面积为 0.50 m² 时，$\beta=0.014$ cm^{-1}，承压板面积为 0.25 m² 时，$\beta=0.020$ cm^{-1}。

5) 湿陷性土地基的湿陷等级判定，依据湿陷性土总湿陷量及湿陷性土总厚度综合分析判定，见表 4-3-5。

6) 湿陷性土的处理应根据土质特征、湿陷等级和当地建筑经验等因素综合确定。

表 4-3-5 湿陷性土地基的湿陷等级

总湿陷量 Δ_s/cm	湿陷性土总厚度/m	湿陷等级
$5<\Delta_s\leqslant 30$	≥3	Ⅰ
	≤3	Ⅱ
$30<\Delta_s\leqslant 60$	>3	
	≤3	Ⅲ
$\Delta_s>60$	>3	
	≤3	Ⅳ

2. 湿陷性黄土地基湿陷性评价

黄土地基的湿陷性评价内容：首先，判定黄土是湿陷性黄土还是非湿陷性黄土，如果是湿陷性黄土，再进一步判定湿陷性黄土场地湿陷类型；其次，判定湿陷性黄土地基的湿陷等级。

(1) 判定黄土湿陷性

黄土湿陷性是根据室内浸水压缩试验在规定压力下测定的湿陷系数 δ_s 判定。当 $\delta_s<0.015$ 时，为非湿陷性黄土；当 $\delta_s\geqslant 0.015$ 时，为湿陷性黄土。

(2) 判定自重湿陷性

自重湿陷性是根据饱和自重压力下测定的黄土的自重湿陷系数 δ_{zs} 判定。当 $\delta_{zs}<$

0.015 时，为非自重湿陷性黄土；当 $\delta_{zs} \geqslant 0.015$ 时，为自重湿陷性黄土。

(3) 判定场地湿陷类型

湿陷性黄土场地湿陷类型，应按照自重湿陷量的实测值 Δ'_{zs} 或计算值 Δ_{zs} 判定。湿陷性黄土场地的湿陷类型按下列条件判定：当自重湿陷量的实测值 Δ'_{zs} 或计算值 Δ_{zs} 小于或等于 7 cm 时，应判定为非自重湿陷性黄土场地；当自重湿陷量的实测值 Δ'_{zs} 或计算值 Δ_{zs} 大于 7 cm 时，应判定为自重湿陷性黄土场地；当自重湿陷量的实测值与计算值出现矛盾时，应按自重湿陷量的实测值判定。

(4) 判定地基湿陷等级

湿陷性黄土地基的湿陷等级，应根据湿陷量的计算值和自重湿陷量的计算值等因素按表 4-3-6 判定。

表 4-3-6 湿陷性黄土地基的湿陷等级

Δ_s/mm	非自重湿陷性场地	自重湿陷性场地	
	$\Delta_{zs} \leqslant 70$ mm	70 mm $< \Delta_{zs} \leqslant 350$ mm	$\Delta_{zs} > 350$ mm
$50 < \Delta_s \leqslant 100$	Ⅰ（轻微）	Ⅱ（中等）	—
$100 < \Delta_s \leqslant 300$			
$300 < \Delta_s \leqslant 700$	Ⅱ（中等）	Ⅱ①（中等）或 Ⅲ（严重）	Ⅲ（严重）
$\Delta_s > 700$	Ⅱ（中等）	Ⅲ（严重）	Ⅳ（很严重）

① 当湿陷量的计算值 $\Delta_s > 600$ mm、自重湿陷量的计算值 $\Delta_{zs} > 300$ mm 时，可判定为Ⅲ级，其他情况可判定为Ⅱ级。

(四) 处理措施

除地面防水及管道防渗漏外，应以地基处理为主要手段，处理方法包括换土、压实、挤密、强夯、桩基及化学加固等方法，应根据土质特征、湿陷等级和当地经验综合考虑选用。具体可参照《建筑地基处理技术规范》（JGJ 79—2012）。

案例讲解

某干旱砂土场地中，民用建筑初步勘察资料如下：①0～2.4 m，砂土，$\Delta F_{s1} = 2.91$ cm；②2.4～3.5 m，砂土，$\Delta F_{s2} = 4.2$ cm；③3.5～7.2 m，砂土，$\Delta F_{s3} = 1.05$ cm；④7.2 m 以下，全风化泥岩。承压板面积为 0.25 m²，垂直压力为 200 kPa，求该地基的湿陷等级。

解：1) 承压板宽度：

$$b = \sqrt{A} = \sqrt{0.25 \times 10000} = 50 \text{（cm）}$$

2) 计算附加湿陷量与承压板宽度之比：

$$\Delta F_{s1}/b = 2.91/50 = 0.0582 \text{（cm）}$$
$$\Delta F_{s2}/b = 4.2/50 = 0.084 \text{（cm）}$$
$$\Delta F_{s3}/b = 1.05/50 = 0.021 \text{（cm）}$$

第③层土的附加湿陷量与承压板宽度之比小于 0.023，其湿陷量不计入总湿陷量。

3) 计算总湿陷量：

$$\Delta_s = \sum \beta \Delta F_{si} h_i = 0.02 \times [2.91 \times (240-150) + 4.2 \times (350-240)] = 14.5 \text{ (cm)}$$

4) 湿陷土总厚度：

$$\sum h_i = (2.4-1.5) + (3.5-2.4) = 0.9 + 1.1 = 2 \text{ (m)} < 3 \text{ (m)}$$

5) 确定湿陷等级为Ⅱ级。

案例分析

1) 计算湿陷土的总沉降量时，ΔF_{si} 和 h_i 的单位均使用 cm。
2) 初步设计自地表下 1.5 m 起算，施工图设计自基础底面起算，计算至湿陷性土底面止。
3) 计算总湿陷量时，$\Delta F_{si}/b < 0.023$ 的湿陷量不应计入。
4) 根据总湿陷量和湿陷性土总厚度确定湿陷性土地基的湿陷性等级。
5) 湿陷性土的湿陷程度划分时，采用面积为 0.50 m² 或 0.25 m² 的承压板测得的附加湿陷量。

练一练

某干旱地区民用建筑场地初步勘察资料如下：① 0～2.4 m，砂土，$\Delta F_{s1}=3.9$ cm；② 2.4～4.2 m，砂土，$\Delta F_{s2}=3.8$ cm；③ 4.2～6.1 m，砂土，$\Delta F_{s3}=1.1$ cm；④ 6.1 m 以下为基岩。承压板面积为 0.25 m²，垂直压力为 200 kPa，计算该场地的总湿陷量，并判定该地基的湿陷等级。

A. 32.4 cm，Ⅲ级
B. 20.7 cm，Ⅱ级
C. 32.4 cm，Ⅱ级
D. 20.7 cm，Ⅲ级

二、红黏土勘察

1. 红黏土的性质

红黏土是指在湿热气候条件下碳酸盐岩经过第四纪以来的红土化作用形成并覆盖于基岩上，呈棕红、褐黄等色的高塑性土。其主要特征是：液限（w_L）大于 50%，孔隙比（e）大于 1.0；沿埋藏深度从上到下含水量增加，土质由硬到软明显变化；在天然情况下，虽然膨胀率甚微，但失水收缩强烈，故表面收缩，裂隙发育。

红黏土在我国南方地区广泛分布，主要分布于云贵高原，南岭山脉南北两侧和川南、鄂西、湘西丘陵山地，长江、珠江中下游及沿海岛屿丘陵地区。红黏土是岩溶地区主要的地基土，由于其特殊的岩溶地质环境，使红黏土地区的地质条件比较复杂，存在一系列不良地质因素。

2. 红黏土的分类

1) 红黏土的状态分类：除按液性指数判定外，尚可按含水比对红黏土状态进行划分，见表 4-3-7。

表 4-3-7　红黏土的状态分类

状态	含水比 α_w
坚硬	$\alpha_w \leq 0.55$
硬塑	$0.55 < \alpha_w \leq 0.70$
可塑	$0.70 < \alpha_w \leq 0.85$
软塑	$0.85 < \alpha_w \leq 1.00$
流塑	$\alpha_w > 1.00$

注：含水比 α_w 为含水量与土的液限之比。

2）红黏土的结构分类：可根据红黏土裂隙发育特征，对红黏土结构进行划分，按表 4-3-8 确定。

表 4-3-8　红黏土的结构分类

土体结构	裂隙发育特征
致密状的	偶见裂隙（<1 条/m）
巨块状的	较多裂隙（1～2 条/m）
碎块状的	富裂隙（>5 条/m）

3）红黏土的复浸水性特征分类：可按表 4-3-9 确定分类。

表 4-3-9　红黏土的复浸水性特征分类

类别	I_r 与 I_r' 关系	复浸水特征
Ⅰ	$I_r \geq I_r'$	收缩后复浸水膨胀，能恢复到原位
Ⅱ	$I_r < I_r'$	收缩后复浸水膨胀，不能恢复到原位

注：$I_r = w_L/w_p$，$I_r' = 1.4 + 0.0066 w_L$。

4）红黏土的地基均匀性分类：可按表 4-3-10 分类。

表 4-3-10　红黏土的地基均匀性分类

地基均匀性	地基压缩层范围内的岩土组成
均匀地基	全部由红黏土组成
不均匀地基	由红黏土和岩石组成

（一）工作准备

1. 了解勘察目的和任务

《岩土工程勘察规范（2009 年版）》（GB 50021—2001）规定：红黏土地区的岩土工程勘察，应着重查明其状态分布、裂隙发育特征及地基的均匀性。

勘察任务如下：

1）不同地貌单元的红黏土和次生红黏土的分布、厚度、物质组成、土性等特征及其差异，并调查当地的建筑经验。

2）下伏基岩、岩溶发育特征及其与红黏土土性、厚度变化的关系。

3）地裂的分布、发育特征及其成因、土体结构特征，土体中裂隙的密度、深度、延展方向及其发展规律。

4）地表水体和地下水的分布、动态及其与红黏土状态垂向分带的关系。

5）现有建筑物开裂的原因分析，当地勘察、设计、施工经验等。

2. 收集相关资料

与一般勘察要求相同。

3. 相关设备及人员

与一般勘察要求相同。

（二）现场勘察

1. 工程地质测绘与调查

通过工程地质测绘与调查，初步了解红黏土的分布及特征。

2. 现场勘探

1）勘探点的布置应取较密的间距，查明红黏土厚度和状态的变化。初步勘察阶段，勘探点间距宜取 30~50 m；详细勘察阶段，对均匀地区勘探点间距宜取 12~24 m，对不均匀地区宜取 6~12 m。厚度和状态变化大的地段，勘探点间距还需加密。

2）各阶段勘探孔的深度可按一般土对各类岩土工程勘察的基本要求布置。对不均匀地基，勘探孔深度达到基岩。

3）对不均匀地基、有土洞发育或采用岩面端承桩时，宜进行施工勘察，其勘探点间距和勘探孔深度根据需要确定。

3. 现场试验

红黏土的室内试验除应满足常规试验项目的规定外，对裂隙发育的红黏土应进行三轴剪切试验或无侧限抗压强度试验。必要时，可进行收缩试验和复浸水试验。当需评价边坡稳定性时，宜进行重复剪切试验。

（三）岩土工程评价

1）建筑物应避免跨越地裂密集带或深长地裂地段。

2）轻型建筑物的基础埋深应大于大气影响急剧层的深度；炉窑等高温设备的基础应考虑地基土的不均匀收缩变形；开挖明渠时应考虑土体干湿循环的影响；在石芽出露地段，应考虑地表水下渗形成的地面变形。

3）选择适宜的持力层和基础型式，在满足裂隙和胀缩要求的前提下，基础宜浅埋，利用浅部硬壳层，并进行下卧层承载力验算；不能满足承载力和变形要求时，应建议进行地基处理或采用桩基础。

4）基坑开挖时宜采取保湿措施，边坡应及时维护，防止失水干缩。

5）红黏土的地基承载力应综合地区经验按有关标准综合确定。当基础浅埋、外侧地面倾斜、有临空面或承受较大水平荷载时，应结合以下因素综合考虑确定红黏土的承载力：①土体结构和裂隙对承载力的影响；②开挖面长时间暴露、裂隙发展和复浸水对土质的影响。

6）当岩土工程评价需要详细了解地下水埋藏条件、运动规律和季节变化时，应在测绘调查的基础上补充进行地下水勘察、试验和观测工作。

（四）处理措施

由于红黏土是岩溶地区主要的地基土，常形成不同的岩溶地貌形态，应根据实际情况选择不同的处理方法。砂碎石垫层法和桩基法具体可参照《建筑地基处理技术规范》（JGJ 79—2012）。

案例讲解

某红黏土地基详细勘察时，$w=46\%$，$w_L=58\%$，$w_P=32\%$，试判断该红黏土的状态及复浸水性类别。

解：1）计算含水比 α_w：

$$\alpha_w = w/w_L = 46/58 = 0.79$$

为可塑状态。

2）计算液性指数 I_L：

$$I_L = \frac{w-w_P}{w_L-w_P} = \frac{46-32}{58-32} = 0.54$$

为可塑状态。

3）复浸水特性分类：

液塑比 I_r：
$$I_L = \frac{w_L}{w_P} = \frac{58}{32} = 1.81$$

界限液塑比 I_r'：　　$I_r' = 1.4 + 0.0066 w_L = 1.4 + 0.0066 \times 58 = 1.78$

$I_r > I_r'$，故复浸水特性类别为Ⅰ类。

案例分析

1）红黏土的状态可按液性指数确定，也可按含水比确定。
2）红黏土的复浸水特性可按液塑比和界限液塑比分类。

练 一 练

某红黏土地基进行详细勘察时，$w=44\%$，$w_L=61\%$，$w_P=35\%$，该红黏土的状态及复浸水性类别分别为（　　）。

A．软塑，Ⅰ类　　　　　　　　B．可塑，Ⅰ类
C．软塑，Ⅱ类　　　　　　　　D．可塑，Ⅱ类

三、软土勘察

1. 软土

天然孔隙比大于或等于1.0，且天然含水量大于液限的细颗粒土应判定为软土，包括

淤泥、淤泥质土、泥炭、泥炭质土等。

2. 软土的特征

软土一般是指在静水或缓慢水流环境中以细颗粒为主的近代沉积物。按地质成因，我国软土有滨海环境沉积软土、海陆过渡环境沉积软土、河流环境沉积软土、湖泊环境沉积软土和沼泽环境沉积软土。软土具有如下工程性质：

1）触变性。灵敏度在 3～16 之间。
2）流变性。在剪应力作用下，土体会发生缓慢而长期的剪切变形。
3）高压缩性。压缩系数一般为 0.6～1.5 MPa^{-1}，最高可达 4.5 MPa^{-1}。
4）低强度。不排水抗剪强度小于 30 kPa。
5）渗透性弱。垂向渗透系数为 10^{-8}～10^{-6} cm/s。
6）不均匀性。黏土中常夹有厚薄不等的粉土、粉砂和细砂等。

（一）工作准备

1. 了解勘察目的和任务

除应符合常规要求外，尚应查明下列内容：

1）成因类型，成层条件，分布规律，层理特征，水平向和垂向的均匀性。
2）地表硬壳层的分布与厚度，下伏硬土层或基岩的埋深和起伏。
3）固结历史，应力水平和结构破坏对强度和变形的影响。
4）微地貌形态和暗埋的塘、浜、沟、坑的分布，埋深及其填土情况。
5）开挖、回填、支护、工程降水、打桩、沉井等对软土应力状态、强度和压缩性的影响。
6）当地的工程经验。

2. 收集相关资料

与一般勘察要求相同。

3. 相关设备及人员

与一般勘察要求相同。

（二）现场勘察

1. 勘探方法

软土地区勘察宜采用钻探取样与静力触探相结合的手段。勘探点布置应根据土的成因类型和地基复杂程度确定。当土层变化较大或有暗埋的塘、浜、沟、坑时应予加密。

2. 现场取样

软土取样应采用薄壁取土器，其规格应符合相关规范要求。

3. 原位测试

软土的力学参数宜采用室内试验、原位测试，并结合当地经验确定。软土原位测试宜采用静力触探试验、旁压试验、十字板剪切试验、扁铲侧胀试验和螺旋板载荷试验。有条件时，也可根据堆载试验和原型监测反分析确定。

4. 室内试验

室内宜采用三轴试验确定抗剪强度指标，压缩系数、先期固结压力、压缩指数、回弹指数、固结系数可分别采用常规固结试验、高压固结试验等方法确定。

（三）岩土工程评价

软土的岩土工程评价应包括下列内容：

1) 判定地基产生失稳和不均匀变形的可能性；当工程位于池塘、河岸、边坡附近时，应验算其稳定性。

2) 软土地基承载力应根据室内试验、原位测试和当地经验，并结合下列因素综合确定：

　　a. 软土成层条件、应力历史、结构性、灵敏度等力学特性和排水条件。
　　b. 上部结构的类型、刚度、荷载性质和分布，对不均匀沉降的敏感性。
　　c. 基础的类型、尺寸、埋深和刚度等。
　　d. 施工方法和程序。

3) 当建筑物相邻高低层荷载相差较大时，应分析其变形差异和相互影响；当地面有大面积堆载时，应分析对相邻建筑物的不利影响。

4) 地基沉降计算可采用分层总和法或土的应力历史法，并应根据当地经验进行修正，必要时，应考虑软土的次固结效应。

5) 提出基础型式和持力层的建议；对于上为硬层下为软土的双层土地基应进行下卧层验算。

（四）处理措施

软土地基处理方法可采用换土垫层法、堆载预压法等，具体按照《建筑地基处理技术规范》（JGJ 79—2012）有关规定执行。

想一想：在软土地区最常用的原位测试方法是什么？

四、填土勘察

1. 填土的性质

由于人类活动而堆填的土，统称为填土。根据其物质组成和堆填方式，可将填土分为素填土、杂填土、冲填土和压实填土四类。

填土的性质包括：不均匀性、湿陷性、自重压密性等；压缩性大，强度低。

2. 填土的分类

1) 素填土：由碎石土、砂土、粉土和黏性土等一种或几种土质组成，不含杂质或含杂质很少的土，称为素填土。

2) 杂填土：含大量建筑垃圾、工业废料或生活垃圾等杂物的填土。

3) 冲填土：冲填土也叫吹填土，是由水力冲填泥沙形成的填土。

4) 压实填土：按一定标准控制材料成分、密度、含水量，经过分层压实（或夯实）

而成。压实填土在筑路、坝堤等工程中经常涉及。

（一）工作准备

1. 了解勘察目的和任务

1）收集资料，调查地形和地物的变迁，填土的来源、堆积年限和堆积方式。
2）查明填土的分布、厚度、物质成分、颗粒级配、均匀性、密实性、压缩性和湿陷性。
3）判定地下水对建筑材料的腐蚀性。

2. 收集相关资料

与一般勘察要求相同。

3. 相关设备及人员

与一般勘察要求相同。

（二）现场勘察

1. 勘探方法

1）应根据填土性质确定。对由粉土或黏性土组成的素填土，可采用钻探取样、轻型钻具与原位测试相结合的方法；对含较多粗粒成分的素填土和杂填土，宜采用动力触探、钻探方法，并应有一定数量的探井。
2）填土勘察应在一般土勘察规定的基础上加密勘探点，确定暗埋的塘、浜、坑的范围。勘探孔的深度应穿透填土层。

2. 现场测试

1）填土的均匀性和密实度宜采用触探法，并辅以室内试验确定。
2）填土的压缩性、湿陷性宜采用室内固结试验或现场载荷试验确定。
3）杂填土的密度试验宜采用大容积法确定。
4）对压实填土，在压实前应测定填料的最优含水量和最大干密度，压实后应测定其干密度，计算压实系数。

（三）岩土工程评价

1. 填土的均匀性和密实度评价

1）填土的均匀性和密实度与其组成物质、分布特征和堆积年代有密切关系，因此可以根据以上特征判定地基的均匀性、压缩性和密实度。必要时还应按厚度、强度和变形特性指标进行分层和分区评价。
2）对于堆积年代较长的素填土、冲填土和由建筑垃圾或性能稳定的工业废料组成的杂填土，当较均匀和较密实时可作为天然地基；由有机质含量较高的生活垃圾和对基础有腐蚀性的工业废料组成的杂填土，不宜作为天然地基。

2. 填土的承载力及稳定性评价

填土的承载力应结合当地建筑经验、室内外测试结果综合确定。当填土底面的天然坡度大于20%时，应验算其稳定性。

(四) 填土地基处理与检验

1. 地基处理

1) 换土垫层法：适用于地下水位以上，可减少和调整地基不均匀沉降。
2) 机械碾压、重锤夯实及强夯法：适用于加固浅埋的松散低塑性或无黏性填土。
3) 挤密法、灰土桩：适用于地下水位以上；砂、碎石桩适用于地下水位以上，处理深度一般可达 6~8 m。具体按照《建筑地基处理技术规范》(JGJ 79—2012) 有关规定执行。

2. 地基检验

填土地基基坑开孔后应进行施工验槽。处理后的填土地基应进行质量检验，常用的检验方法有轻型动力触探、静力触探、取样分析法。对于复合地基，宜进行大面积载荷试验。控制压实填土地基的检验，需随施工进程分层进行。

想一想：在填土地区勘察的重点是什么？

五、其他特殊类土勘察

(一) 其他特殊类土的工程性质

特殊类土由于其形成原因不同，所表现出的工程特性也不同，见表 4-3-11。

特殊类土工程案例

表 4-3-11 各类特殊类土的工程性质一览表

特殊类土名称	特殊类土含义	特殊类土工程性质
膨胀岩土	含有大量亲水矿物，湿度变化时有较大体积变化，变形受约束时产生较大内应力的岩土	膨胀性
盐渍土	易溶盐含量大于 0.3%，并具有溶陷、盐胀、腐蚀等工程特性的土	溶陷性、盐胀性、腐蚀性
多年冻土	含有固态水，且冻结状态持续两年或两年以上的土	冻胀性、融陷性
混合土	由细粒土和粗粒土混杂且缺乏中间粒径的土	不均匀性
花岗岩残积土	完全风化的花岗岩未经搬运的土	湿陷性
污染土	由于致污物质侵入，使土的成分、结构和性质发生了显著变异的土	腐蚀性、膨胀性、湿陷性等

(二) 其他特殊类土的现场勘察

特殊类土由于其所表现出的工程特性不同，勘察时采用的勘察内容和技术要求也不同，见表 4-3-12。

(三) 其他特殊类土的岩土工程评价

1. 膨胀岩土的勘察评价

1) 膨胀岩土的场地分类。按地形地貌条件，膨胀岩土场地可分为平坦场地和坡地场地。符合下列条件之一者应划为平坦场地，不符合以下条件者应划为坡地场地。

a. 地形坡度小于 5°，且同一建筑物范围内局部高差不超过 1 m。

表 4-3-12 特殊类土的勘察要点一览表

特殊类土名称	勘察内容	技术要求
膨胀岩土	(1) 查明膨胀岩土的岩性、地质年代、成因、产状、分布、颜色、节理及裂缝等外观特征。 (2) 划分地貌单元和场地类型，查明有无浅层滑坡、地裂、冲沟、微地貌形态及植被情况。 (3) 调查地表水的排泄和积聚情况以及地下水类型、水位和变化规律。 (4) 收集当地降水量、蒸发量、气温、地温、干湿季节及干旱持续时间等气象资料，查明大气影响深度。 (5) 调查当地建筑经验。	(1) 勘探点布置：宜结合地貌单元和微地貌形态，其数量应比非膨胀岩土地区适当增加，其中采样的勘探点不应少于全部勘探点的1/2。 (2) 勘探孔深度：除应满足基础埋深和附加应力的影响深度外，尚应超过大气影响深度；控制性勘探孔不应小于8 m，一般性勘探孔不应小于5 m。 (3) 取样要求：在大气影响深度内，每个控制性勘探孔均应采取Ⅰ、Ⅱ级土样，取样间距不应大于1.0 m，在大气影响深度以下取样间距可为1.5～2.0 m；一般性勘探孔从地表下1 m开始至5 m深度内，可取Ⅲ级土样，测定天然含水量。 (4) 测试要求：除常规试验项目外，还应测定自由膨胀率、一定压力下的膨胀率、收缩系数、膨胀力等。 (5) 重要的和有特殊要求的工程场地，宜进行现场浸水载荷试验、剪切试验或旁压试验。对膨胀岩，应进行黏土矿物成分、体膨胀量和无侧限抗压强度试验。对各向异性膨胀岩土，应测定其不同方向的膨胀率、膨胀力和收缩系数。 (6) 对初判为膨胀土的地基，应计算膨胀变形量、收缩变形量和胀缩变形量，并划分胀缩等级
盐渍岩土	(1) 查明盐渍土的成因、分布和特点。 (2) 查明含盐化学成分、含盐量及其在土中的分布。 (3) 查明溶蚀洞穴发育程度和分布。 (4) 收集气象和水文资料。 (5) 查明地下水类型、埋藏条件、水质、水位及其季节变化。 (6) 调查植物生长状况。 (7) 查明含石膏为主的岩渍岩和石膏的水化深度及含芒硝较多的岩渍岩，在隧道通过段的地温情况。 (8) 调查当地工程经验	(1) 勘探要求：除满足一般土勘探测试要求外，勘探点布置尚应满足查明盐渍土分布特征的要求。 (2) 测试要求：根据盐渍土特征，常采用载荷试验等原位测试方法，宜现场测定有效盐胀厚度和总盐胀量，除进行常规室内试验外，尚应进行溶陷性试验；工程需要时，应测定有害毛细水上升高度。 (3) 取样要求： | 勘察阶段	深度范围/m	取土样间距/m	取样孔占勘探孔总数的比例/%
---	---	---	---
初步勘察	<5	1.0	100
	5～10	2.0	50
	>10	3.0～5.0	20
详细勘察	<5	0.5	100
	5～10	1.0	50
	>10	2.0～3.0	30	
多年冻土	(1) 查明多年冻土的分布范围及上限深度。 (2) 查明多年冻土的类型、厚度、总含水量、构造特征、物理力学和热学性质。 (3) 查明多年冻土层上水、层间水、层下水的赋存形式、相互关系及其对工程的影响。 (4) 查明多年冻土的融沉性分级和季节融化层土的冻胀性分级。	(1) 勘探点间距：在满足工程勘察基本要求的同时，应以适当加密。特别是在初步勘察和详细勘察阶段更要引起注意。 (2) 勘探孔深度：①对保持冻结状态设计的地基，不应小于基底以下2倍基础宽度，对桩基应超过桩端以下3～5 m；②对逐渐融化状态和预先融化状态设计的地基，应符合非冻土地基的要求；③无论何种设计原则，勘探孔的深度均宜超过多年冻土上限深度的1.5倍；④在多年冻土的不稳定地带，应查明多年冻土下限深度，当地基为饱冰冻土或含土冰层时，应穿透该层。 (3) 勘探要求：宜采用大口径低速钻进，终孔直径不宜小于108 mm，必要时可以采用低温泥浆，并避免在钻孔周围造成人工融区或孔内冻结。应分层测定地下水位。保持冻结状态设计地段的钻孔，孔内测温工作结束后应及时回填。 (4) 取样要求：竖向间隔除应满足相应规范要求外，在季节融化层还应适当加密，试样在采取、搬运、贮藏、试验过程中应避免融化。

续表

特殊类土名称	勘察内容	技术要求
多年冻土	(5) 查明厚层地下水、冰锥、冰丘、冻土沼泽、热融滑塌、热融湖塘、融冻泥流等不良地质作用的形态特征、形成条件、分布范围、发生发展规律及其对工程的危害程度	(5) 测试要求：除常规要求外，尚应根据需要进行总含水量、体积含水量、相对含水量、未冻水含量、冻结温度、导热系数、冻胀量、融化压缩等测试试验；对盐渍化多年冻土，尚应测定易溶盐含量和有机质含量。 (6) 工程需要时，可建立地温观测点进行地温观测。 (7) 当需查明与冻土融化有关的不良地质作用时，调查工作宜在2—5月进行；多年冻土上限深度的勘察时间宜在9、10月进行
混合土	(1) 查明地形和地貌特征，成因、分布，下卧土层或基岩的埋藏条件。 (2) 查明组成、均匀性及其在水平方向和垂直方向的变化规律	(1) 勘探点的间距和勘探孔的深度要求：除应满足规范要求外，尚应适当加密加深。 (2) 测试要求：①应有一定数量的探井，并应采取大体积土样进行颗粒分析和物理力学性质测定；②对粗粒混合土宜采用动力触探试验，并应有一定数量的钻孔或探井检验；③现场载荷试验的承压板直径和现场直剪试验的剪切面直径都应大于试验土层最大粒径的5倍，载荷试验的承压板面积不应小于0.5 m²，直剪试验的剪切面面积不宜小于0.25 m²
花岗岩残积土	(1) 查明不同岩石风化带的分布、埋深与厚度变化。 (2) 查明风化岩与原岩矿物、组织结构的变化程度。 (3) 查明风化岩的透水性和富水性。 (4) 查明风化岩内软弱夹层的分布范围、厚度与产状。 (5) 查明风化岩与残积土的岩土技术性质。 (6) 调查当地的建筑经验	(1) 勘探要求：除钻孔外，应有一定数量的探井，并在其中取样，每一风化带不应少于3组。 (2) 勘探点间距：宜为15～30 cm，并可有一定数量的追索、圈定用勘探点。勘探孔深度：一般性勘探孔应穿透残积土和全风化岩；控制性勘探孔应穿透强风化岩。 (3) 在残积土、全风化岩与强风化岩中应取得Ⅰ级试样，在中等风化岩与微风化岩中岩芯采取率不低于90%。 (4) 测试要求：宜采用原位测试与室内试验相结合，原位测试可采用载荷试验、动力触探试验和波速试验，室内试验按土工试验要求进行，必要时应进行湿陷性和湿化试验。 (5) 对花岗岩残积土，应测定其中细粒土的天然含水量、液限和塑限
污染土	(1) 初步勘察：查明污染源性质、污染途径，并初步查明污染土分布和污染程度。 (2) 详细勘察：查明污染土的分布范围、污染程度、物理力学和化学指标，为污染土处理提供参数	(1) 勘察手段要求：污染土场地和地基的勘察，应根据工程特点和设计要求选择适宜的勘探手段，工业污染、尾矿污染和垃圾填埋场以现场调查为主。 (2) 取样要求：采用钻探或坑探采取土样，土样采集后宜采取适宜的保存方法并在规定时间内运送至实验室。 (3) 测试要求：对需要确定地基土工程性能的污染土，宜采用以原位测试为主的多种手段；当需要确定污染土地基承载力时，宜进行载荷试验。 (4) 防护要求：在对污染土进行勘探测试时，当污染物对人体健康有害或对机具仪器有腐蚀性时，应采取必要的防护措施。 (5) 勘探测试工作量的布置，应结合污染源和污染途径的分布进行，勘探孔深度应穿透污染土。 (6) 有地下水的勘探孔应采取不同深度地下水样，查明污染物在地下水中的空间分布

b. 地形坡度大于5°且小于14°，与坡肩水平距离大于10 m的坡顶地带。

2) 对建在膨胀岩土上的建筑物，其基础埋深、地基处理、桩基设计、总平面布置、建筑和结构措施、施工和维护应符合《膨胀土地区建筑技术规范》（GB 50112—2013）的规定。

3) 一级工程的地基承载力应采用浸水载荷试验方法确定；二级工程宜采用浸水载荷

试验确定；三级工程可采用饱和状态下不固结不排水三轴剪切试验计算或根据已有经验确定。

4）对边坡及位于边坡上的工程，应进行稳定性验算，验算时应考虑坡体内含水量变化的影响；均质土可采用圆弧滑动，含有软弱夹层及层状膨胀岩土应按最不利的滑动面验算；具有胀缩裂缝和地裂缝的膨胀土边坡，应进行沿裂缝滑动的验算。

2. 盐渍土的勘察评价

1）岩土中含盐类型、含盐量及主要含盐矿物对岩土工程特性的影响。

2）岩土的溶陷性、盐胀性、腐蚀性和场地工程建设的适宜性。

3）盐渍土地基承载力宜采用载荷试验确定，当采用其他原位测试方法时，应与载荷试验结果进行对比。

4）确定盐渍土地基承载力时，应考虑盐渍土的水溶性影响。

5）盐渍土边坡的坡度宜比非盐渍土的软质岩石边坡适当放缓，对软弱夹层、破碎带应部分或全部加以防护。

6）盐渍土对建筑材料的腐蚀性评价应按相关规范中有关规定执行。

3. 多年冻土的勘察评价

（1）主要内容

1）查明多年冻土的物理力学性质、总含水量、融陷性分级。

2）确定地基承载力时应区别保持冻结地基和容许融化地基，结合当地建筑经验用载荷试验或其他原位试验综合确定，对次要建筑可根据邻近工程经验确定。

（2）处理措施

多年冻土地区地基处理措施应根据建筑物特点和冻土性质选择适宜有效的方法。一般选择以下处理方法：

1）保护冻结法：宜用于冻层较厚、多年地温较低和多年冻土较稳定的地带，以及不采暖的建筑物和富冰冻土、饱冰冻土、含土冰层的采暖建筑物或按容许融化法处理有困难的建筑物。

2）容许融化法的自然融化，宜用于地基总融陷量不超过地基容许变形值的少冰冻土或多冰冻土地基；容许融化法的预先融化，宜用于冻土厚度较薄、多年冻土不稳定地带的富冰冻土、饱冰冻土和含土冰层地基，并可采用人工融化压密或挖除换填法进行处理。

4. 混合土的勘察评价

1）混合土的承载力应采用载荷试验、动力触探试验并结合当地经验确定。

2）混合土边坡容许坡度可根据现场调查和当地经验确定，对重要工程应进行专门试验研究。

5. 花岗岩残积土的勘察评价

1）对岩石风化程度进行分类。

2）风化岩与残积土的承载力，宜采用原位测试方法并结合理论公式计算确定；也可按《建筑地基基础设计规范》（GB 50007—2011）的有关规定确定。

3）风化岩与残积土的变形计算参数。

a. 风化岩与残积土地基的变形模量可采用载荷试验确定,也可采用旁压试验、标准贯入试验或超重型动力触探试验结果,并结合类比验证确定。

b. 花岗岩残积土的变形模量 E_0 可用标准贯入试验的杆长修正击数 N 按公式 $E_0=2.2N$ 计算,并结合建筑经验确定。

4) 评价设在风化岩与残积土中的桩承载力和桩基稳定性。

5) 残积土和不同风化程度岩石的透水性、地下水的富水性与不同层位间的水力联系,分析其对土压力计算、地下设施防水及明挖、盖挖与暗挖施工时的土体稳定性,还需分析降水对周围环境的影响。

6) 分析风化岩岩体内的软弱结构面的组合情况,并就其中与开挖面关系上的不利组合进行稳定性评价。

7) 对易风化岩石进行稳定性评价,并提出支护建议。

6. 污染土的勘察评价

1) 污染源的位置、成分、性质、污染史及对周边的影响。
2) 污染土分布的平面范围和深度、地下水受污染的空间范围。
3) 污染土的物理力学性质,评价污染对土的工程特性指标的影响程度。
4) 工程需要时,提供地基承载力和变形参数,预测地基变形特征。
5) 污染土和水对建筑材料的腐蚀性。
6) 污染土和水对环境的影响。
7) 分析污染发展趋势。
8) 对已建项目的危害性或拟建项目的适宜性进行综合评价。

知识小结

本任务主要介绍了常见特殊类土如湿陷土、红黏土、软土、填土等场地的勘察要点、岩土工程评价和地基处理等内容。

思考训练

1. 湿陷性土的勘察要点有哪些?
2. 如何对湿陷性土进行岩土工程评价?
3. 红黏土的勘察要点有哪些?
4. 如何对红黏土进行岩土工程评价?
5. 软土的勘察要点有哪些?
6. 如何对软土进行岩土工程评价?
7. 填土的勘察要点有哪些?
8. 如何对填土进行岩土工程评价?
9. 某干旱地区砂石场地中民用建筑初步勘察资料如下:①0~2.4 m,砂土,$\Delta F_{s1}=1.13$ cm;②2.4~13.5 m,砂土,$\Delta F_{s2}=2.2$ cm;③13.5~17.2 m,砂土,$\Delta F_{s3}=4.5$ cm;④17.2 m 以下为全风化泥岩;⑤承压板面积 0.25 m²,垂直压力为 200 kPa。试判定该地基的湿陷等级。

主要参考资料

《工程地质手册》编委会. 2018. 工程地质手册. 第五版. 北京：中国建筑工业出版社.

常士镖，等. 1992. 工程地质手册 第三册. 北京：中国建筑工业出版社.

陈希哲. 1998. 土力学地基基础. 第三版. 北京：清华大学出版社.

重庆市建设委员会. 2005. 重庆市地方标准 工程地质勘察规范（DB 50/5005—2005）.

褚桂棠. 1988. 工程地质学. 北京：地质出版社.

郭超英，凌浩美，段鸿海. 2007. 岩土工程勘察. 北京：地质出版社.

国家发展计划委员会，建设部. 2021. 工程勘察设计收费标准. 北京：中国市场出版社.

国家铁路局. 2019. 铁路工程地质勘察规范（TB 10012—2019）. 北京：中国铁道出版社.

国家铁路局. 2018. 铁路工程地质原位测试规程（TB 10018—2018）. 北京：中国铁道出版社.

建设部综合勘察研究设计院. 1998. 岩土工程勘察报告编制标准（CECS：9988）.

蒋辉，邵虹波，李明辉. 2019. 水文地质勘察. 北京：地质出版社.

孔宪立，石振明. 2001. 工程地质学. 北京：中国建筑工业出版社.

李永乐. 2004. 岩土工程勘察. 郑州：黄河水利出版社.

李智毅，唐明辉. 2000. 岩土工程勘察. 武汉：中国地质大学出版社.

林宗元. 1996. 岩土工程勘察设计手册. 沈阳：辽宁科学技术出版社.

凌浩美，郭超英. 2016. 岩土工程勘察. 第二版. 北京：地质出版社.

凌浩美，罗小龙. 2014. 岩土工程勘察. 北京：地质出版社.

钱德玲. 2004. 岩土工程师专业考试模拟题集. 北京：中国建筑工业出版社.

四川省建设厅. 2001. 成都地区建筑地基基础设计规范（DB51/T 5026—2001）.

王珊. 2005. 岩土工程检测、试验与检测技术. 广州：中国科技文化出版社.

张喜发. 1995. 岩土工程勘察与评价. 长春：吉林科学技术出版社.

张咸恭，等. 1988. 专门工程地质学. 北京：地质出版社.

中华人民共和国国家质量监督检验检疫总局，中国国家标准化管理委员会. 2016. 质量管理体系 要求（GB/T 19001—2008）. 北京：中国标准出版社.

中华人民共和国建设部. 2008. 建筑桩基技术规范（JGJ 94—2008）. 北京：中国建筑工业出版社.

中华人民共和国交通运输部. 2011. 公路工程地质勘察规范（JTG C 20—2011）. 北京：人民交通出版社.

中华人民共和国住房和城乡建设部，中华人民共和国国家质量监督检验检疫总局. 2008. 水利水电工程地质勘察规范（GB 50487—2008）. 北京：中国计划出版社.

中华人民共和国住房和城乡建设部，中华人民共和国国家质量监督检验检疫总局. 2016. 建筑抗震设计规范（2016年版）（GB 50011—2010）. 北京：中国建筑工业出版社.

中华人民共和国住房和城乡建设部. 2008. 建筑工程抗震设防分类标准（GB 50223—2008）. 北京：中国建筑工业出版社.

中华人民共和国住房和城乡建设部. 2009. 岩土工程勘察规范（2009年版）（GB 50021—2001）. 北京：中国建筑工业出版社.

中华人民共和国住房和城乡建设部. 2011. 建筑地基基础设计规范（GB 50007—2011）. 北京：中国计划出版社.

中华人民共和国住房和城乡建设部. 2012. 建筑地基处理技术规范（JGJ 79—2012）. 北京：中国建筑工业出版社.

中华人民共和国住房和城乡建设部. 2012. 建筑工程地质勘探与取样技术规程（JGJ/T 87—2012）. 北

京：中国建筑工业出版社．

中华人民共和国住房和城乡建设部．2012.建筑基坑支护技术规程（JGJ 120—2012）．北京：中国建筑工业出版社．

中华人民共和国住房和城乡建设部．2012.膨胀土地区建筑技术规范（GB 50112—2013）．北京：中国建筑工业出版社．

中华人民共和国住房和城乡建设部．2013.建筑边坡工程技术规范（GB 50330—2013）．北京：中国建筑工业出版社．

中华人民共和国住房和城乡建设部．2014.工程岩体分级标准（GB/T 50218—2014）．北京：中国计划出版社．

中华人民共和国住房和城乡建设部．2014.建筑基桩检测技术规范（JGJ 106—2014）．北京：中国建筑工业出版社．

中华人民共和国住房和城乡建设部．2017.高层建筑岩土工程勘察标准（JGJ/T 72—2017）．北京：中国建筑工业出版社．

中华人民共和国住房和城乡建设部．2018.湿陷性黄土地区建筑标准（GB/T 50025—2018）．北京：中国建筑工业出版社．

中华人民共和国住房和城乡建设部．2019.土工试验方法标准（GB/T 50123—2019）．北京：中国计划出版社．

中华人民共和国住房和城乡建设部．2020.工程测量标准（GB 50026—2020）．北京：中国计划出版社．

周景生．2015.基础工程．北京：清华大学出版社．

住房和城乡建设部．2018.工业建筑防腐蚀设计规范（GB/T 50046—2018）．北京：中国计划出版社．

住房和城乡建设部强制性条文协调委员会．2013.工程建设标准强制性条文　房屋建筑部分．北京：中国建筑工业出版社．

附 录

附录1 《岩土工程勘察规范（2009年版）》（GB 50021—2001）强制性条文

1.0.3 各项建设工程在设计和施工之前，必须按基本建设程序进行岩土工程勘察。

4.1.11 详细勘察应按单体建筑物或建筑群提出详细的岩土工程资料和设计、施工所需的岩土参数；对建筑地基做出岩土工程评价，并对地基类型、基础型式、地基处理、基坑支护、工程降水和不良地质作用的防治等提出建议。主要应进行下列工作：

1) 收集附有坐标和地形的建筑总平面图，场区的地面整平标高，建筑物的性质、规模、荷载、结构特点，基础型式、埋置深度，地基允许变形等资料；

2) 查明不良地质作用的类型、成因、分布范围、发展趋势和危害程度，提出整治方案的建议；

3) 查明建筑范围内岩土层的类型、深度、分布、工程特性，分析和评价地基的稳定性、均匀性和承载力；

4) 对需进行沉降计算的建筑物，提供地基变形计算参数，预测建筑物的变形特征；

5) 查明埋藏的河道、沟浜、墓穴、防空洞、孤石等对工程不利的埋藏物；

6) 查明地下水的埋藏条件，提供地下水水位及其变化幅度；

7) 在季节性冻土地区，提供场地土的标准冻结深度；

8) 判定水和土对建筑材料的腐蚀性。

4.1.17 详细勘察的单栋高层建筑勘探点的布置，应满足对地基均匀性评价的要求，且不应少于4个；对密集的高层建筑群，勘探点可适当减少，但每栋建筑物至少应有1个控制性勘探点。

4.1.18 详细勘察的勘探深度自基础底面算起，应符合下列规定：

1) 勘探孔深度应能控制地基主要受力层，当基础底面宽度不大于5 m时，勘探孔的深度对条形基础不应小于基础底面宽度的3倍，对单独柱基不应小于1.5倍，且不应小于5 m；

2) 对高层建筑和需作变形验算的地基，控制性勘探孔的深度应超过地基变形计算深度；高层建筑的一般性勘探孔应达到基底下0.5～1.0倍的基础宽度，并深入稳定分布的地层；

3) 对仅有地下室的建筑或高层建筑的裙房，当不能满足抗浮设计要求，需设置抗浮桩或锚杆时，勘探孔深度应满足抗拔承载力评价的要求；

4) 当有大面积地面堆载或软弱下卧层时，应适当加深控制性勘探孔的深度。

4.1.20 详细勘察采取土试样和进行原位测试应满足岩土工程评价要求，并符合下列要求：

1）采取土试样和进行原位测试的勘探孔的数量，应根据地层结构、地基土的均匀性和工程特点确定，且不应少于勘探孔总数的 1/2，钻探取土试样孔的数量不应少于勘探孔总数的 1/3；

2）每个场地每一主要土层的原状土试样或原位测试数据不应少于 6 件（组），当采用连续记录的静力触探或动力触探为主要勘察手段时，每个场地不应少于 3 个孔；

3）在地基主要受力层内，对厚度大于 0.5 m 的夹层或透镜体，应采取土试样或进行原位测试；

4.8.5 当场地水文地质条件复杂，在基坑开挖过程中需要对地下水进行控制（降水或隔渗），且已有资料不能满足要求时，应进行专门的水文地质勘察。

4.9.1 桩基岩土工程勘察应包括下列内容：

1）查明场地各层岩土的类型、深度、分布、工程特性和变化规律；

2）当采用基岩作为桩的持力层时，应查明基岩的岩性、构造、岩面变化、风化程度，确定其坚硬程度、完整程度和基本质量等级，判定有无洞穴、临空面、破碎岩体或软弱岩层；

3）查明水文地质条件，评价地下水对桩基设计和施工的影响，判定水质对建筑材料的腐蚀性；

4）查明不良地质作用，可液化土层和特殊性岩土的分布及其对桩基的危害程度，并提出防治措施的建议；

5）评价成桩可能性，论证桩的施工条件及其对环境的影响。

5.1.1 拟建工程场地或其附近存在对工程安全有影响的岩溶时，应进行岩溶勘察。

5.2.1 拟建工程场地或其附近存在对工程安全有影响的滑坡或有滑坡可能时，应进行专门的滑坡勘察。

5.3.1 拟建工程场地或其附近存在对工程安全有影响的危岩或崩塌时，应进行危岩和崩塌勘察。

5.4.1 拟建工程场地或其附近有发生泥石流的条件并对工程安全有影响时，应进行专门的泥石流勘察。

5.7.2 在抗震设防烈度等于或大于Ⅵ度的地区进行勘察时，应确定场地类别。当场地位于抗震危险地段时，应根据《建筑抗震设计规范》（GB 50011—2010）的要求，提出专门研究的建议。

5.7.8 地震液化的进一步判别应在地面以下 15 m 的范围内进行；对于桩基和基础埋深大于 5 m 的天然地基，判别深度应加深至 20 m。对判别液化而布置的勘探点不应少于 3 个，勘探孔深度应大于液化判别深度。

5.7.10 凡判别为可液化的土层，应按《建筑抗震设计规范》（GB 50011—2010）的规定确定其液化指数和液化等级。勘察报告除应阐明可液化的土层、各孔的液化指数外，尚应根据各孔液化指数综合确定场地液化等级。

7.2.2 地下水水位的量测应符合下列规定：

1）遇地下水时应量测水位；

2）此款取消。

3）对工程有影响的多层含水层的水位量测，应采取止水措施，将被测含水层与其他含水层隔开。

14.3.3 岩土工程勘察报告应根据任务要求、勘察阶段、工程特点和地质条件等具体情况编写，并应包括下列内容：

1）勘察目的、任务要求和依据的技术标准；
2）拟建工程概况；
3）勘察方法和勘察工作布置；
4）场地地形、地貌、地层、地质构造、岩土性质及其均匀性；
5）各项岩土性质指标，岩土的强度参数、变形参数、地基承载力的建议值；
6）地下水埋藏情况、类型、水位及其变化；
7）土和水对建筑材料的腐蚀性；
8）可能影响工程稳定的不良地质作用的描述和对工程危害程度的评价；
9）场地稳定性和适宜性的评价。

附录 2 工程勘察必备记录资料

附录 2.1 勘察设计中标通知书

勘察、设计中标通知书格式（一）

工程名称		招标编号	
工程建设地址			
批准总投资额		批准总建筑面积	
中标单位名称			
中标价		确定中标日期	
中标方案需要说明的问题			
法人代表：（签章）			
		招标单位：（盖章）	
		年　月　日	

注：本表一式四份，招标单位、中标单位、代理机构及管理部门各一份。
申报单位应对所报材料真实性负责。

建设工程勘察设计中标通知书格式（二）

_____（中标单位）：

经评标小组评审确定，你单位为中标单位，请在___年___月___日前到_____与招标人签订工程设计合同。

工程名称		招标编号	
建设地址			
工程特征			
工程设计费用（大写）：			
工作内容及期限			
招标单位（签章）		招投标管理机构（签章）	
		核准人	

注：本通知一式___份，经市建委核准，抄送中标单位。
未中标单位请于___年___月___日前来我单位领取标书编制补偿费（金额按招标文件规定支付）。

附录 2.2 工程项目质量策划记录表

记录编号：CLK-J-7.1-01　　　　　　使用号：

项目名称		项目地点		
主持人		记录人		日　期
参加人员				
工程概况				
项目质量目标				
质量策划内容				
批准	总工程师：　　　　　日期：			

附录2.3 技术交底记录表

记录编号：CLK-J-7.5.1-02　　　　　　　　使用号：

项目名称	
建设单位	
施工单位	
交底部位	交底时间
交底人	接收人　　　　　接收班组

参加人员签字：

附录2.4 钻孔质量检查记录表

TOTAL:　　　NO:

工程名称		钻 孔 号	
检查参与部门		检查日期	
孔　深			
孔　斜			
岩芯采取率/%			
岩石质量指标/%			
取样与原位测试			
其　他			

检查评定意见：　　　　合格□　　　　　　不合格□

不合格纠正措施：

项目技术负责人（签名）：　　　　　检查代表（签名）：

附录2.5   岩土水试验报告评审表

工程名称		评审日期	
送检委托单		（编号及日期）	

评审内容：
1. 试验报告责任栏签名（章）是否齐全：   是☐   否☐
2. 是否加盖公章：   有☐   无☐
3. 是否有CMA计量标志：   有☐   无☐
4. 试验执行标准是否有效：   有效☐   无效☐
5. 报告内容是否按委托要求提供齐全：   是☐   否☐
6. 样品运到时对不合格品是否予以说明：   是☐   否☐
7. 对非常规测试结果是否予以说明：   是☐   否☐

评审意见（主评人填写）：
不合格纠正措施：
主评人：   工程勘察处：   安全生产技术部： （项目技术负责）   （处长）   （或总工）

附录2.6   勘察工程验收表

工程名称		勘察合同编号	
验收部门		验 收 日 期	

钻探质量验收	指标： 意见： 合格☐ 不合格☐
地质编录验收	指标： 意见： 合格☐ 不合格☐
岩土水 试验验收	指标： 意见： 合格☐ 不合格☐
原位测试验收	指标： 意见： 合格☐ 不合格☐
钻孔定位验收	指标： 意见： 合格☐ 不合格☐
野外记录验收	指标： 意见： 合格☐ 不合格☐

验收评定意见：
工程项目负责（签名）：   验收代表（签名）：

附录2.7 工程勘察报告验收表

工程名称		报告编号	
参与验收部门/责任人意见			签名/日期
总工程师（组织人）： 安全生产技术部： 质管办： 相关技术人员：			
验收内容： 1. 复核原始资料、图纸： 2. 稳定性分析： 　均匀性分析： 　物理力学指标统计计算： 3. 承载力值及计算参数： 4. 建议岩土工程方案： 5. 图表编绘：			

附录2.8 预防措施记录表

记录编号：CLK－J－8.5－02　　　　　使用号：

项目名称			
潜在不合格因素			
拟采取预防措施	生产单位：		日期：
审查批准	项目经理：		日期：
实施结果	生产单位：		日期：
有效性验证	验证人：		日期：

附录2.9 不合格记录表

记录编号：CLK－J－8.3－01　　　　　使用号：

工程名称		施工时间	
工程部位		施工地点	
不合格性质		施工班组	
不合格数量		班组负责人	
不合格综述和原因分析： 　　　　　　　　　　　　　　　　　　报告人：（签名） 　　　　　　　　　　　　　　　　　　　年　月　日			

附录 2.10 不合格评审表

记录编号：CLK-J-8.3-02　　　　　　　　　　　　使用号：

评审会成员签名			
评审主持人		被委托监督人	
工程名称			
不合格的范围、数量、程度			
不合格的主要原因			
评审处置方案	返　工 返　修 让步接收	是□　否□ 是□　否□ 是□　否□	

批示：

　　　　　　　　　　　　　　　　　　　　　　　评审主持人：（签名）
　　　　　　　　　　　　　　　　　　　　　　　　　　年　月　日

附录 2.11 不合格品处置结果报告

记录编号：CLK-J-8.3-03　　　　　　　　　　　　使用号：

工程名称		不合格记录	
工程部位		处置方案	
评审表编号		评审日期	年　月　日

处置后产品的状况：

　　　　　　　　　　　　　　　　　　　　　　　验证员：（签名）
　　　　　　　　　　　　　　　　　　　　　　　　　　年　月　日

施工单位代表：　　　　　　　　　检查人员：
　　年　月　日　　　　　　　　　　　年　月　日

附录 2.12   **让步接收申请表**

记录编号：CLK-J-8.3-04   使用号：

工程名称		施工时间	
工程部位		施工地点	
不合格性质		施工班组	
不合格数量		班组负责人	
申请理由： 单位：（签章） 负责人： 年　月　日			

附录 2.13   **纠正措施记录表**

记录编号：CLK-J-8.5-01   使用号：

项目名称			
不合格因素			
拟采取的纠正措施	生产单位：		日期：
审查批准	项目经理：		日期：
实施结果	生产单位：		日期：
有效性验证	验证人：		日期：

附录 2.14   **顾客财产验证记录表**

记录编号：CLK-J-7.5.4-01   使用号：

业主单位					
项目名称					
财产提供人		提供日期			
财产清单		验证结果			
序号	名　称	数　量	完整性	正确性	适宜性	合法性
需顾客更改补充要求：						
保存和交付情况						
验证人： 日期：						
项目负责人： 日期：						

附录2.15　顾客满意度调查表

记录编号：CLK-J-8.2.1-01　　　　　　　　　　使用号：

调查人员：　　　　　　　　　　　　　　　　　调查日期：

顾客名称		地址	
项目名称		工程类型	
工程规模		开工/竣工时间	
电话（传真）		联系人	
项目承担单位			

调查内容						
序号	调查内容	满意	较满意	一般	较不满意	不满意
1	工程质量					
2	工程进度					
3	合同履约情况					
4	施工安全管理					
5	与顾客的沟通					
6	成果完整性					
7	资料准确性					
8	结论可靠性					
9	服务态度					
10	服务效果					

顾客质量反馈意见	（签章） 　年　月　日